穿過迷霧

巴菲特投資與經營思想

任俊杰　著

商務印書館

責任編輯　　楊賀其

裝幀設計　　趙穎珊

排　　版　　肖　霞

印　　務　　龍寶祺

穿過迷霧 —— 巴菲特投資與經營思想

作　　者　　任俊杰

出　　版　　商務印書館（香港）有限公司
　　　　　　　香港筲箕灣耀興道 3 號東滙廣場 8 樓
　　　　　　　http://www.commercialpress.com.hk

發　　行　　香港聯合書刊物流有限公司
　　　　　　　香港新界荃灣德士古道 220-248 號荃灣工業中心 16 樓

印　　刷　　新世紀印刷實業有限公司
　　　　　　　香港柴灣利眾街 44 號泗興工業大廈 13 樓 A 室

版　　次　　2024 年 3 月第 1 版第 1 次印刷
　　　　　　　© 2024 商務印書館（香港）有限公司
　　　　　　　ISBN 978 962 07 6722 7
　　　　　　　Printed in Hong Kong

目　錄

第一章　買甚麼

第二章　怎麼買

第三章　多面手

第四章　聊市場

第五章　說公司

第六章　談估值

序

20世紀90年代跟老任打過一場球，之後就幾乎沒有聯繫了。若干年前某天，突然發現這個曾經的外管局幹部竟然也做起了投資，還頗有一些心得，所以，當他問我是否可以給他的書作序時，也就糊裏糊塗答應了。作為一個既沒有寫過書也沒有寫過序的人，有個機會說點自己對投資的想法也是蠻好玩的。

其實，我從來沒有系統地看過巴菲特的東西。我非常認同買股票就是買公司這個邏輯。對我來說，這個邏輯其實不是來自於老巴，而是來自於我自己的內心，只是後來發現老巴也是如此，而且幹得很不錯，從而堅定了自己的信心而已。所以，我更認為我喜歡老巴，是因為老巴是我的「同道中人」。

老巴股東信裏講的東西無非就兩個，一個是「做對的事情」，就是去找好公司，關注公司長遠的未來；另一個是「如何把事情做對」，就是如何找到好公司，如何看到公司的未來。

第一個問題其實就一句話，非常典型的「大道至簡」，但非常難，絕大多數人在這點上過不去，所以才會過於關注市場。第二個問題，是每個人的能力圈問題。做投資，每個人都該找自己能搞懂的好企業。老巴懂的我經常不懂，我懂的老巴也可能不懂。我大致看過一些老巴的股東信，也很認真地聽過他在幾間大學的問答式演講。老巴的東西語言精煉、詼諧、邏輯性極強，對我來說，聽起來就好像聽音樂一樣，非常舒服。對於能看懂他的東西的人來說，這些已經足夠好了；對於那些看不懂的人來說，其實就算詳細講解也是沒甚麼用的。

當然，老任傾注多年心血，系統解讀老巴的投資和經營思想，作為工具書而言，這本書還是非常有意義的，尤其是對於那些介乎於似懂非懂，又很想做好投資並且懶得看英文的人而言。

　　總而言之，在投資裏，能説的老巴都説過了，我沒見過誰能比他説得更簡單易明！

段永平

2016 年 8 月 30 日

繁體版序

繁體版的讀者朋友，你們好！很榮幸本書能夠與你們見面，我相信會有不少朋友最終會喜歡的。只要你們能認真閱讀本書，我想一定能從中獲得一些股票投資乃至公司經營管理方面的啟發。

通過本人多年的細心觀察與實踐，我覺得無論在哪個證券市場，巴菲特的投資與經營思想以及具體的操作策略，都有很高參考價值和廣泛用武之地。

綜觀巴菲特的股票投資操作，基本可以用四個字簡單概括：選準、拿住。不過要切記，兩者相輔相成，缺一不可！選對了但拿不住，或者拿得住卻沒有選對，投資回報都會受到不同程度的影響。至於背後的緣由，你們可以在本書中找到答案。

在公司投資、經營和管理方面，數十年來巴菲特也為人們提供了很多成功的範例，其中有不少範例具有其獨創性以及非常好的效果。關於這些內容，本書都做了較為詳細的介紹，相信這些範例可以為你們提供更直觀的現場教學。

最後祝大家諸事順利。謝謝大家！

任俊杰
2024 年 2 月

前言

　　本書系統梳理和解讀了巴菲特的投資與經營思想，其定位是：一本介紹＋解讀式的讀物。基於這樣一個定位，筆者在本書中主要做了以下三件事情：

　　（1）以 1977-2015 年巴菲特致股東信為基礎，將巴菲特的投資與經營思想，解構為 86 個既相互連接，又互為獨立的部分，並刪減了一些筆者認為非巴郡股東可能不太感興趣的內容。經過一番系統的歸類整理和解讀，希望可以達到如下目的：不管你是一個證券投資者，還是公司經營者，又或是某項生意的所有者或債權人，當你拿起本書時，都能夠很快且較為系統地找到你所需要的內容。

　　（2）將筆者搜集到的所有涉及巴菲特投資與經營思想（主要為 1977-2015 年巴菲特致股東信）的中文譯文 —— 只要被本書摘錄 —— 全部進行了逐句逐字的英文核對和必要的重譯。之所以要這樣做，是因為現有的譯文水平參差不齊，且在筆者看來，有很多錯譯，很可能會誤導那些渴望學習巴菲特投資與經營思想的中文讀者。

　　（3）在對巴菲特的投資與經營思想進行摘錄、歸納和整理時，本書還提供了大量的解讀和輔讀性資料，其目的主要有三：第一，為一些摘錄提供必要的背景資料，方便讀者學習與理解；第二，對那些不太了解巴菲特的讀者給出一些筆者的解讀，謹供參考；第三，通過這些資料，突顯巴菲特是一個價值投資的集大成者，他的許多重要思想和觀點，不僅源於前輩的貢獻，也得到了不少後輩投資者和學者的認可與共鳴。

　　經過這一番內容重構後，相比直接閱讀巴菲特致股東信原文，如果可以幫助你更快且更為系統地領悟到巴菲特投資思想的妙處與博大精深，那

麼，筆者創作的目的也就達到了。

在日常的工作和生活中，筆者除了做一些股票投資外，其他領域較少涉及。本書資料繁多，難免存在不足和錯誤，請各界人士不吝賜教。本書出版後，我會在雪球個人頁面連載一些與本書相關的內容，也非常高興與讀者朋友就相關問題有更多的交流與探討。

在寫作的過程中，我得到了兒子任為（美國註冊會計師，就職於深圳畢馬威會計師事務所）的很多幫助（主要是英文與會計方面）。本想讓他參與得更多一些，但由於他工作繁忙，只好作罷。特在此對他表示深深的感謝！除此之外，我的岳母劉朝暉女士也對本書的出版發行有過非常重要的貢獻，一併在此表示由衷的感謝！

買甚麼

1 四把尺

迷霧 在選擇投資標的時，巴菲特手中是否有一個通用的標準？

解析 是的，我們可稱其為「四把尺」。

在 1977 年的致股東信中，我們看到了一組可被稱為「四把尺」（或「四隻腳」）的投資標準：「我們選擇股票時的評估方式與我們買進整家企業的評估方式基本一致，我們想要的企業是：(1) 我們懂的生意；(2) 有良好的經營前景；(3) 由德才兼具的人士所管理；(4) 非常吸引人的價格。」

一年後，在 1978 年的致股東信中，巴菲特再次提到了這一選擇標準：「只有當以下條件全部符合時，我們才會將保險公司的大部分資金投入到股票上：(1) 我們懂的生意；(2) 具有良好的經濟前景；(3) 由德才兼具的人士所經營；(4) 非常吸引人的價格。」

十幾年後，在 1991 年的致股東信中，我們再次看到了它們 —— 儘管表述的方式有了一些變化：「我們持續地在尋找那種擁有容易被理解、有持久性、讓人垂涎三尺的生意，並且由有才幹且以股東利益為導向的管理層所經營的大型企業。僅具備這些條件還不足以保證結果一定令人滿意：我們還需以合理的價格買入，且被投資公司的表現與我們當初所評估的結果保持一致。儘管如此，這種『尋找超級明星』的投資方法卻為我們提供了走向成功的唯一機會。查理（Charlie Munger）和我天資有限，再考慮到公司目前的資金規模，我們實在無法靠着靈巧地買賣一些普通企業的股權來賺取足夠的收益，我們也不認為其他人能夠以這種小蜜蜂在花朵間不停地飛來飛去的方法獲取長久的成功。事實上，我們認為將那些交易頻繁的機構稱為『投資人』，就如同把那些熱衷於尋找一夜情的行為稱為『浪漫』一樣不着調。」

在 1994 年的致股東信中，「四把尺」再一次清晰地展現在我們面

前：「我們的投資繼續保持集中、簡單的風格：一個重要的投資理念完全可以用簡單的一句話來說明。我們喜歡的生意必須具有長久的競爭優勢，並由有才幹且能以股東利益為導向的經理人所管理。當這些條件全部具備時，如果再能以一個合理的價格買進，那麼出錯的機會是很小的（這也是我們一直需要面對的挑戰）。」

重點	四把尺缺一不可，並同時適用於股票投資和企業收購。
關鍵詞	全部符合、超級明星、唯一機會、小蜜蜂、一夜情、出錯機會。

② 能力圈

迷霧　如何正確把握巴菲特提出的能力圈概念？

解析　它包含了多層含義。

易了解才風險可控

在 1993 年的致股東信中，巴菲特是這樣描述能力圈的：「每個投資人都會犯錯，但只要將自己限制在少數幾個容易了解的投資對象上，一個有智慧、有知識和勤勉的投資人，一定能夠將風險控制在一個可控的範圍內。」

簡單而美麗

在 1994 年的致股東信中，巴菲特提出：「投資回報並不與標的複雜程度成正比，投資人應當了解，你的投資成績與奧運跳水比賽的計分方式並不相同，難度高低一點都不重要。你正確投資一家有着單一成功要素、簡單易懂並且可持久保持下去的公司，與你投資一家有着多項競爭變量且複雜難懂的公司相比，即使後者已經過你縝密而深入的分析，它們的回報最終也差不了多少。」

知曉邊界

在 1996 年的致股東信中，在談到有關能力圈的話題時，我們看到了一個非常重要的觀點：「有智慧的投資並不複雜，雖然也遠不能說它很簡單。投資人真正需要的是具備能正確評價一項特定生意的能力。請注意『特定』這個詞彙 —— 你不必成為所有乃至許多公司的專家，你只要能對個人能力範圍之內的公司作出正確評估即可。能力的大小並不重要，重要的是你要很清楚自己的能力邊界在哪裏。」

不碰科技股

巴菲特不買科技股（至少很長時間如此）這個大家已經知道，在 1999 年的致股東信中，巴菲特道出了他不買科技股的原因：「幾家我們擁有較大投資部位的公司其去年的經營狀況令人不太滿意。儘管如此，我們相信這些公司會繼續擁有重要的且可持續的競爭優勢。這種可以讓長期投資獲取不錯成果的商業特質，查理和我有時還是可以分辨出來的。不過，很多時候我們也不敢百分之百保證一定沒有問題。這也是為甚麼我們從來不買科技類股票的原因，儘管我們也承認它們所提供的產品與服務將會改變這個社會。我們的問題 —— 這一點並不能通過學習和研究就能得到解決 —— 是沒有能力分辨出在參與競爭的各項技術中，哪一項技術會有持久的競爭優勢。」

堅守能力圈

說了就要去做，要讓自己做到知行合一。在 1999 年的致股東信中，巴菲特提出了投資者必須要堅守能力圈的觀點：「如果說我們有甚麼能力，那就是我們深知要在我們的能力圈範圍內把事情做好，以及知曉可能的邊界在哪裏。如果一家公司身處一個變化快速的產業中，那麼對其長期經營前景作出判斷就明顯超出了我們的能力範圍。如果有人宣稱他們有能力進行預判並且以公司股價的表現做為佐證，則我們一點也不會羨慕，更不會去仿效。相反，我們會堅守我們所了解的東西。如果我們偏離了軌道，那一定是出於一時的疏忽，絕非有了其他不安定的替代方法。」

機會多多

堅守能力圈會否大幅縮小投資者的視野，從而束縛投資者的手腳並嚴重影響他的投資表現？對於這個問題，巴菲特是這樣說的：「幸運的是，我們幾乎可以確定，巴郡永遠有機會找到它能力範圍內可以做的事情。」（1999 年致股東信）

一個簡單的數學問題

讓事情簡單化還涉及一個簡單的數學問題。在 2004 年的致股東信中巴菲特指出：「我們的失敗再次突顯了一項原則的重要性 —— 儘量讓事情簡單化。我們已將這項原則廣泛應用於我們的投資事業以及生意營運之中。如果某項決策中只有一個變量，而這個變量有九成的成功機率，那麼你就會有九成的勝算。但如果有 10 個變量會影響到你的成功，而每一個變量你都有九成的把握，那麼最後成功的機率就只有 35%。在鋅金屬回收的這項案例中，我們幾乎克服了所有問題，但最後就僅僅因為一個問題出了狀況，就導致了整個計劃失敗。既然一根鏈條的穩固性是由最弱的那個環節所決定，那麼鏈條的環節越少就越好。」

重點	堅守能力圈才有望成功。
關鍵詞	易了解、邊界、變化快速、堅守、永遠有機會、鏈條節點。

③ 後視鏡

迷霧 巴菲特很在意公司歷史是否具有較高的穩定性，但歷史能代表未來嗎？

解析 歷史不能代表未來，但歷史中卻隱藏着不少有用的信息。

在 1987 年的致股東信中，巴菲特較為集中地談了他的幾個「歷史觀」：

鄰家的女孩更美麗

「我們旗下的這些事業實在沒有甚麼新東西需要向各位報告的。實際上這是一件好事。劇烈的變動通常不會有特別好的結果。當然，大部分投資人的行為顯示出的似乎是一個相反的事實。人們通常將最高的市盈率給予那些擅長編制美麗故事的企業，對美好前程的憧憬讓投資人往往忘記去正視現實的經營情況。對於這種愛發夢的投資人來說，任何未曾相識的女孩都比鄰家的女孩更具吸引力——不管後者是如何的才華出眾。」

堅固的城堡需要堅實的土地

「經驗顯示，最賺錢的生意往往是那些 5-10 年來一直做着相同生意的公司。當然，公司經理人不能就此而自滿，企業總有機會改善他們的服務質量、產品線、製造工藝等，且必須要好好把握這些機會。但如果一家公司總是面臨一些大變化，那麼犯大錯的機會也會相應增加。要知道，在一塊動盪不安的土地上不可能建造出一座堅固的而有着市場特許權（Business Franchise）的城堡，而這個市場特許權才是持續創造高資本回報的關鍵所在。」

第一章　買甚麼

7

有來自實證研究的支持

「先前提到的《財富》雜誌的一項研究,可以支持我們的這個觀點。1977 到 1986 年間,每 1,000 家企業中只有 25 家可以通過兩項有關企業是否傑出的測試:(1) 10 年內的平均股東權益報酬率達到 20%;(2) 沒有任何 1 年低於 15%。這些生意上的超級明星同時也是股票市場的寵兒:在這 10 年裏,25 家中有 24 家的股價表現超越了標普 500 指數。」

「這些財富雜誌上的優秀企業在以下兩點或許會讓你感到有些意外:(1) 相對於自身支付利息的能力,他們只使用了很小的財務槓桿,一門真正的好生意是不需要借債的。 (2) 除了一家是高科技公司以及少數幾家是製藥企業外,大多數公司的事業整體上看都相當平凡。他們製造與銷售的產品或服務不僅非常普通,而且與 10 年前也大致相同(只是數量或價格比以前高了很多)。這 25 家公司的記錄顯示:將企業的市場特許權最大化或專注於有希望的單一產品,會創造出極不平凡佳績。」

來自投資實踐的支持

「事實上,巴郡的經驗也是如此。我們的經理人所從事的事業大多都相當普通,但他們所創造的業績卻很不平凡。這些經理人始終致力於保護公司所擁有的市場特許權、努力控制成本、基於現有的競爭優勢去尋找新產品與新市場、從不受外界的誘惑。他們非常努力地工作,不放過工作中的任何一個細節,不斷創造出有目共睹的工作佳績。」

關於歷史與未來的關係,不同人會有不同的看法。為了加深讀者對這一節的印象,下面介紹幾個我本人比較認同的觀點,它們可以從一個側面佐證巴菲特的看法有其合理性和必要性。

歷史是時代的見證,真理的火炬,記憶的生命,生活的老師和古人的使者……如果你對自己出生之前的事情毫不了解,那麼你永遠都是一個無知的孩童。人生如果不是對於歷史密不可分的往事回憶,又能是甚麼呢?

——西塞羅(古羅馬著名政治家)

指引我前進的明燈只有一盞，那就是經驗之燈；幫助我判斷未來事物的方法只有一個，那就是過去之事。

—— 柏德烈・亨利（美國政治家）

要想聰明地進行證券投資，你必須事先對不同的債券和股票在不同條件下的表現有足夠的知識，至少其中某些條件會在一個人的經歷中反覆重演。對於華爾街來說，沒有哪一句話比桑塔亞那（George Santayana）的告誡再真切不過了：「忘記過去的人，必將重蹈覆轍。」

—— 班傑明・葛拉漢（《智慧型股票投資人》導言）

就確定未來而言，沒有比歷史更好的老師……一本 30 美元的歷史書裏隱藏着價值數十億美元的答案。

—— 查理・芒格

> 重點　　一塊動盪不安的土地上不可能建造出一座堅固的城堡
>
> 關鍵詞　鄰家女孩、相同生意、專注、單一產品、外界的誘惑。

4 100：1

迷霧 說事物的確定性就是它的不確定性，這個觀點正確嗎？

解析 當一些條件得到滿足時，投資回報就有很高的確定性。

儘管會有不少讀者覺得在投資領域談甚麼回報的確定性不免有些不着調，但在巴菲特的投資思想中，不僅有着對確定回報的孜孜追求，而且在他看來這完全可以實現。在 1996 年的致股東信中，我們就看到了大量與確定性有關的表述與用詞。

確定性

「在觀察我們的投資時，不論是收購私人企業或是買入股票，大家一定會發現我們偏愛那些變化不大的公司與產業。這樣做的原因很簡單：在從事上述兩類投資時，我們尋找的是那些在未來 10 年或 20 年內能夠擁有確定競爭力的公司。快速變化的產業環境或許可以提供賺大錢的機會，但卻無法提供我們想要的確定性。」

不變的事物

「當然，所有的生意都會有不同程度的改變。時思糖果（See's CANDIES）今日的經營形態與我們當初在 1972 年買下這家公司時已有很大的不同：它提供了不同種類的糖果、使用了不同種類的設備、採取了不同的分銷渠道。不過，人們要購買盒裝朱古力，仍然一定會選擇時思，當中的原因，自從時思糖果在 1920 年代由 See 夫人的家族創立以來就沒有改變過，並且在我看來，在往後的 20 年乃至 50 年內都不會有任何改變。」

可預期

「在投資股票時，我們同樣追求可預期的未來。以可口可樂為例，其產品所代表的熱情與創造力在 Roberto Goizueta 的帶領下得到了快速昇華。在為公司股東創造出可觀價值方面，Roberto Goizueta 作出了巨大貢獻。在 Don Keough 與 Doug Ivester 的協助之下，他對公司的每一個運行部分都進行了全新的思考和進一步的完善。不過，公司的生意基礎──即支撐公司競爭強勢和出色表現的產品品質，卻從未改變。」

結果必然如此

「像可口可樂與吉列這類的公司，應該被稱為『結果必然如此』的企業。公司分析師對於這兩家企業在未來 10 至 20 年內到底能生產出多少飲料和剃鬚刀也許意見會稍有不同，當我們說『結果必然如此』時，也不代表公司可以忽略那些涉及產品製造、分銷、包裝和創新等各經營環節上需要一以貫之的重要工作。不過到最後，就算是一些敏銳的觀察家──甚至那些聲稱自己會作出客觀評估的公司競爭對手，也不得不承認，可口可樂與吉列將會持續在其各自的領域裏佔據全球性的霸主地位。事實上，它們的領導地位目前還在進一步加強。過去 10 年來，兩家公司已分別再提升了原本已經很大的市場份額。而所有的跡象都顯示出，在接下來的 10 年裏，他們還會繼續擴大其業務的版圖。」

高概率勝出

「當然，查理和我終其一生恐怕也只能發現少數幾個『結果必然如此』的公司。產業的領軍企業並不能提供我們所要的確定性：過去幾年來，我們先後見證了通用汽車、IBM 與西爾斯這些曾經在很長時間裏幾無競爭對手的公司所經歷的巨大震盪。儘管有些行業或生意的內在屬性能讓它們的領導者佔據一些似乎難以逾越的競爭優勢，使得所謂『大者恆強』幾乎成了一種自然規律。但對於它們中的大多數來說，最終結果卻並非如此。因此，在那些貌似『結果必然如此』的公司裏，難

以避免地會隱藏着不少假冒者。儘管它們發展速度很快，但卻很容易在產業競爭的打擊下受傷。至於甚麼才是真正的『結果必然如此』類型的企業，查理和我深知，我們不僅不能提供一個類似『漂亮50』的企業名單，而且恐怕連『閃耀20』也提不出來。因此，就我們自己的投資組合而言，除了少數幾個『結果必然如此』的公司外，我們也只能再增加幾個『高概率勝出』的公司而已。

確定的好結果

「當然，對於一些高科技企業或一些新創立的事業來說，它們的增長速率也許會遠遠高於這些『結果必然如此』的企業。但我寧願要確定的好結果，也不要有希望的偉大結果。」

儘管巴菲特對其投資回報的確定性深信不疑，但也並非毫無憂慮，大可以放入箱底不再理會。畢竟商場如戰場，威脅與誘惑無處不在，企業也難免會有把持不住自己的時候。就在這一年的致股東信中，巴菲特也表達了自己在這方面的一些憂慮：「當一家優秀公司的運行軌跡出現偏差，比如將原本運轉良好的主業棄之不顧，反而跑去購買一堆普通甚至更差的公司時，就會出現一些大的問題。而一旦發生這樣的事情，投資人承受痛苦的時間便會加長。不幸的是，這種事情幾年前就曾經發生在可口可樂與吉列身上。（你能想像就在十幾年前可口可樂公司曾進入養蝦產業，而吉列竟讓自己熱衷於石油勘探嗎？）捨棄生意的重心，是查理和我在期待投資一個看起來很不錯的公司時，最為擔心的事情。屢見不鮮的是，當傲慢或不甘寂寞使公司經理人的注意力發生偏離時，公司的價值就會停滯不前。」

尋找確定的投資回報，不僅需要找到「結果必然如此」或「高概率勝出」的投資標的，投資者的操作策略也不能出現任何的偏差。就在1996年的致股東信中，巴菲特還為我們提出了兩個比較著名的操作準則。

兩門課

「投資要成功，你不需要明白甚麼是 Beta、有效市場、現代投資組

合、期權定價以及新興市場等知識。事實上,大家不懂這些反而會更好。當然,我的這種看法在大部分的商學院裏並不流行。在那裏,與金融有關的課程已被上述這些東西所主導。然而,以我個人觀點,研讀投資的學生只需要學好兩門課程即可:(1)如何去評估一項生意的價值;(2)如何看待市場價格的波動。」

10 分鐘與 10 年

「身為一位投資人,你的目標應當是以一個合理的價格買進一家容易被了解,其利潤在未來 5 年、10 年和 20 年內有確定性高成長的企業的部份股權。長期來看,你會發現只有少數幾家公司符合這一標準,所以如果你真的找到了這樣的公司,就應當買進足夠的數量。你必須堅持讓自己不要脫離既定的投資軌道:如果你不打算持有一家公司 10 年以上,那最好連擁有它 10 分鐘的想法都不要有。」

看到這裏,也許有讀者會問:不斷追求確定性回報的巴菲特,其投資成果真的有很高的確定性嗎?在 2002 年的致股東信中,巴菲特回答了這個問題:「在投資股票時,我們預期每一次行動都會成功,因為我們已將資金集中在那些具有穩健財務、較強競爭優勢、由才幹與誠實兼具的經理人所管理的公司上。如果我們再能以合理的價格買進,出現投資損傷的機率通常就會非常小。事實上,在我們經營巴郡的 38 年裏(不含由通用再保險與 GEICO 自行作出的投資),我們從股權市場獲取的投資收益與投資虧損的比值關係大約是 100:1。」

在巴菲特看來,尋找優秀的投資標的,然後長期持有,這是投資獲勝的不二法門:「雖然很少被認識到,但這正是巴郡股東創造財富的方式:我們的透視盈餘在過去幾年裏快速增長,同期我們的股票價格也隨之相應得到了提升。」

重點	投資要成功,就必須努力找到那些「結果必然如此」或者「高概率勝出」的投資標的。
關鍵詞	確定的競爭力、產品品質、霸主地位、運行軌跡、確定的好結果與有希望的偉大結果。

5 砂糖

迷霧　在巴菲特的眼中，甚麼是較差的商業模式？

解析　企業只會生產一般化商品

在給出具體答案之前，我們先來看看在巴菲特筆下，這類企業是如何慘淡經營的：「1977 年，紡織業的表現依舊萎靡不振，過去兩年來我們的樂觀預期均未實現。出現這樣的結果，要麼是因為我們的預測能力很差，要麼也許這就是紡織產業的自然屬性。儘管付出了很多努力，但存於行銷與製造環節上的各類問題依舊存在。雖然許多市場困境與產業的發展情勢有關，但其中也有不少問題是我們自己造成的。」（1977年信）

一年後，巴菲特對巴郡旗下的紡織業運營情況給出了更詳細的描述：「1978 年，紡織業的利潤達到了 130 萬美元，儘管比 1977 年有了較大的改進，但相對於 1700 萬美元的資本投入，其報酬率還是有些低。廠房及設備的賬面淨值遠低於它們的重置成本。雖然這些設備相當老舊，但大部分的功能與業內採用的全新設備相比，其差異並不大。儘管固定資產的投入不大，但銷售中所累積的應收賬款及存貨卻相當沉重，從而導致了較低的資本回報。」

這裏描述的紡織業境況與我們上面所說的商業模式有甚麼關聯呢？

當然有關聯。為何早期被巴菲特收購的紡織企業一直都經營不善？就是因為它們只會生產不具任何差異性的一般化商品，當一家企業長期處於這種狀態時，慘淡經營就是必然的結局。在 1978 和 1982 年的致股東信中，巴菲特指出了這種商業模式的特質所在（表述互有你我，逐步深化）。

資本密集且產品無重大差異

「紡織業的現狀充分印證了教科書中所講的：除非市場出現供不應求的情況，否則處於資本密集但產品無重大差異的生產者，將只能賺取微薄的利潤。只要產能過剩，產品的價格就只會反映其經營成本而非已投入的資本。這種供給過剩的情況正是紡織行業的一種常態現象，所以我們也只好期望能獲取勉強滿意的資本回報即可。」（1978 年信）

產品過剩且自身產品僅為一般化產品

「當企業處在產品供給過剩且自身產品僅為一般化商品時（即指在客戶關注的產品性能、外觀、售後服務等方面與其他商品相比沒有甚麼不同），便極有可能最先出現獲利訊號。」（1982 年信）

產品成本與價格完全由市場競爭來決定

「如果產品成本與價格完全由市場競爭來決定，而市場的可拓展空間又非常有限，再加上客戶也不在乎其所用產品或分銷渠道由誰提供，這樣的產業一定表現平平，甚至會面臨悲慘的結局。」（1982 年信）

企業是否可以自我改變「較差的商業模式」呢？在巴菲特看來，這是有條件的，某程度上會說，企業的努力會受到所在產業的強大制約：「這種做法（實現產品差異化）在糖果身上有用（消費者會選某個品牌的糖果，他不會只是說：『來 5 盎司糖果』），在砂糖上則沒有用（你聽過有人說：『我的咖啡要加 ×× 牌子的砂糖』嗎？）」。（1982 年信）

我們可以做一些延伸思考，在以下產品與服務當中，是否存在重大的差異化選擇空間：國產電視機、低端白酒、感冒藥、航空旅行、股票交易中介、房屋買賣中介、電影院、洗衣粉以及柴米油鹽醬醋等等。相信讀者都會給出偏否定的回答。基於此，單一生產和提供這些產品與服務的上市公司，其長期業績也就難以令人放心和滿意。

企業如果做不到差異化經營，那麼降低產品與服務的成本是否可行呢？在 1982 年致股東信裏，巴菲特給出了偏悲觀的回答：「產業中的

某些企業，只要具有較大且可持久的成本優勢，就可以長期經營良好。然而按照一般慣例，這樣的企業並不多見。在不少產業那裏，連是否存在這樣的企業都值得質疑。對於大多數生產一般化商品的公司來説，只能被迫讓自己持續地去承受巨大的經營壓力。產業的供應過剩再加上不加管制的價格（或成本）廝殺，最終只會帶來慘淡經營和利潤微薄的結局。」

既然某些產業中企業能做的事情不多，那麼產業自身呢？如果產業能夠不斷地進行自我調整，改善供求失衡的狀況，企業是否有望獲得新的生機？請看下面的兩段話，它們同樣都來自 1982 年信：

「當然，產能過剩會伴隨着產能縮減或需求增加而進行自我修正。但不幸的是，這種自我修正通常會很久才會到來。當情況好不容易出現轉機時，緊接着往往又是新一輪擴張的開始，用不了幾年，產業又要面對先前的窘況。換句話説就是，在這樣的產業環境下，成功也就意味着失敗的開始。」

「在這樣　種經營狀態下，能決定利潤豐厚還是微薄的要素，是供給吃緊與供給過剩年度的比率。但同樣不幸的是，這種比率通常都很小——以我們在紡織業的經驗來説，供給吃緊的狀態要追溯到許多年以前，且大約僅維持不到一個早上的時間。」

重點　　只能生產一般化商品的企業，長期獲利前景堪憂。

關鍵詞　無重大差異、一般化產品、價格競爭、一個早上。

6 市場特許經營權

迷霧 差的商業模式已清楚了，甚麼是好的商業模式呢？

解析 具有市場特許經營權的生意。

如果說巴菲特非常重視一家企業的商業模式，就沒有理由只對較差的商業模式給出描述。實際上，在巴菲特多年的致股東信中，巴菲特都談到了他心目中的好商業模式就是企業具有市場特許經營權。

在 1991 年致股東信中巴菲特給出了清晰定義：「有着市場特許權的產品和服務有以下特質：(1) 它被人們需要或渴求；(2) 被消費者認定找不到其他替代品；(3) 不受價格管控的約束。企業是否存在這三個特質，可以從企業能否定期且自由地對其產品與服務定價，從而可以賺取較高的資本回報上看出來。此外，特許事業能夠容忍不當的管理。能力低下的經理人儘管會降低特許事業的獲利能力，但不會對業務造成致命傷害。」

按照巴菲特的有關表述，我們是否可以認為在他的眼裏所有的上市公司均可簡單分為「市場特許經營」和「一般化事業」兩種呢？情況也沒有這樣簡單，還是在 1991 年的致股東信中，巴菲特對這個問題是這樣解答的：「請記住，很多事業實際上是介乎於這兩者之間，所以最好將它們定義為弱勢的特許事業或是強勢的一般事業。」

有了「市場特許經營權」或「弱勢的市場特許權」，就會帶來「較高的資本回報」嗎？反之，如果商業模式屬於其他兩種類型，其資本回報就會略輸一籌嗎？我們不妨以中國的上市公司為例，看看巴菲特的看法是否也適用於中國股市：

表 1.1　特許事業的資本回報

	2005	2006	2007	2008	2009	2010	2011	2012	2013	2014
貴州茅台	23.99	27.67	39.30	39.01	33.55	30.91	40.39	45.00	39.43	31.96
雲南白藥	30.91	29.32	28.18	29.40	17.98	23.07	21.80	25.16	28.94	24.86

註：資本回報採用的是加權淨資產收益率（下同）

表 1.2　弱勢特許事業的資本回報

	2005	2006	2007	2008	2009	2010	2011	2012	2013	2014
招商銀行	17.51	18.49	24.76	27.41	21.18	21.75	24.17	24.78	23.12	19.28
雙匯發展	21.88	24.78	26.73	31.71	34.96	34.23	14.86	27.93	30.44	28.60

表 1.3　強勢一般事業的資本回報

	2005	2006	2007	2008	2009	2010	2011	2012	2013	2014
格力電器	18.72	21.92	31.94	32.13	33.48	36.51	34.00	31.38	31.43	35.23
上海家化	3.24	7.78	16.56	18.85	19.43	19.87	22.33	27.77	24.89	23.60

表 1.4　一般事業的資本回報（隨機選取）

	2005	2006	2007	2008	2009	2010	2011	2012	2013	2014
海南航空	-14.00	6.00	8.88	-20.78	5.27	32.00	19.00	11.00	9.00	9.00
深康佳	2.26	3.16	6.05	6.84	3.93	2.13	0.62	1.14	1.11	1.28

　　幾點說明：（1）企業分類由筆者自行給出；（2）沒有考慮企業對財務槓桿的使用程度；（3）市場特許經營企業和弱勢特許經營企業的資本回報區別並不明顯（也許時間再長一些方可見高低）；（4）總體來看，巴菲特關於商業模式與資本回報有關聯的看法與中國上市公司的財務表現基本吻合。

重點	那些有市場特許經營權的上市公司通常會有較高的資本回報
關鍵詞	市場特許經營權、弱勢的市場特許經營權、強勢的一般事業。

⑦ 船與船長

迷霧 買公司就是買管理嗎？巴菲特怎麼看？

解析 這個問題回答起來有點複雜……

　　根據本人的研究，巴菲特在講述這個問題時並沒有一個統一的答案，要視具體情況而定。我們知道巴郡旗下有數十家非上市公司並且大多運轉良好，背後原因與其說是有着出色的商業模式，不如說它們只是有着出色的企業管理。在很多場合聊起這些公司時，巴菲特經常說的一句話就是：「如果不是 XX 在管理，我是不會買這家公司的。」

　　如何看待馬與騎師、船與船長的關係呢？這似乎不是一個簡單的問題。在本書後面的討論中，我們還會涉及到這個話題，不過在這一節，我們讀到的恐怕都是一些較為悲觀的觀點：當商業模式或所處產業環境較為惡劣時，即使是較為出色的騎師或船長也大多都無能為力。

　　「在過去幾年的報告中我們一再指出，當你買入那些所謂具有『轉機』題材的公司後，最後的結局大多只會讓你大失所望。這些年，我們作為參與者或觀察者，大約接觸和目睹了數百家這樣的公司，最後的結果都是事與願違。我們的結論是：當一位名聲顯赫的管理人遭遇到一個聲名狼藉的夕陽產業時，往往是後者的名聲得以繼續。」（1980 年信）

　　「我從個人的經驗以及對不少企業的觀察中得出一個結論，那就是一項優異的管理記錄（以經營回報率來衡量）揭示的往往是這樣一條道理：你划一條怎樣的船，是勝於你怎樣去划這條船（儘管無論是好企業還是壞企業，經營者的智慧與勤奮都非常重要）。幾年前我曾說過：『當一個以管理出色而聞名的人遇到一家經營慘淡的公司時，最後的結果通常是後者維持原狀。』如今我的看法一點也沒有改變。當你遇到一條總是會漏水的船時，與其不斷花費力氣去修修補補，不如乾脆換一條好點兒的船。」（1985 年信）

請注意巴菲特說這些話的時間，這正是巴郡（紡織事業）遭遇最困難且面臨收攤的時期。也許正是這種如鯁在喉乃至遍體鱗傷的刺痛，才讓巴菲特發出了無可奈何的仰天長歎。

在備受「較差商業模式」煎熬的同時，巴菲特也一直在觀察那些「出色生意」帶給投資人的種種好處。在 1995 年的致股東信中，巴菲特為我們做了不同商業模式之間其經營情況的對比：

「零售業的經營充滿艱難。在我個人的投資生涯中，看過許多零售企業曾在某段時間有很快的成長並擁有極高的股東權益報酬率，但突然間就會快速逆轉且經常難逃倒閉的命運。比起一般製造業或服務業，這種曇花一現的現象在零售業較為普遍。這些零售業者必須時刻保持高度警惕，競爭對手隨時都會複製你的做法，然後再想辦法超越你。同時，消費者也絕不吝於以各種方式給那些新加入的業者提供機會。在零售業，業績下滑就意味着開始走向失敗。」

「相對於這種『必須每天聰明』的生意，還有一種被我稱之為『只需要聰明一次』的生意。比如，如果你在很早以前就能很睿智地買下一家電視台，你甚至可以把它交給一個既笨拙又懶惰的親屬去打理，但這項事業仍然可以成功地運營數十年之久。當然，如果你能聘請到 Thomas Murphy[1]，你就會更加成功。不過即使你沒有 Thomas Murphy，你一樣會活得很自在。但是對零售業來說，如果用人不當，就等於買了一張通往破產的捷運車票。」

船與船長究竟誰更重要？在巴菲特眼裏，也許不同時間會給出不同的答案。但總體來看，巴菲特對企業的商業模式應當更為看重一些。當然，本人的看法不一定準確，還望讀者從本書的各個章節中去細心地自我領會。

重點　你划一條怎樣的船，勝於你怎樣去划這條船。

關鍵詞　漏水的船、每天必須聰明、只需聰明一次。

---

[1] 美國廣播公司的行政總裁，巴菲特曾稱他是「我所遇過最理想最全面的企業經理人」。

8 護城河

迷霧 常聽到人們說起護城河，如何準確把握這個概念呢？

解析 當競爭優勢難以模仿時，企業就有了自己的護城河。

說起巴菲特的投資，護城河是一個被經常提起的概念。在巴菲特歷年的致股東信中，護城河這個詞彙也確實被多次提及。那麼應如何準確把握其背後的含義呢？這個聽起來似乎簡單易懂，但卻又看不到、摸不着的概念，背後究竟有着怎樣的故事？

三組競爭要素

先來看巴菲特筆下的第一組要素：「超低成本＋誠實價格」。在1983 年的致股東信中，當說起 B 夫人的大賣場時，巴菲特是這樣說的：「奧馬哈的零售商開始察覺到 B 太太給顧客提供的價格比他們的要低很多，於是便聯手向家具及地毯製造商施壓，讓他們不要供貨給 B 太太。但憑藉着各種不同策略，她還是能夠取得貨源並大幅降價。B 太太後來甚至被告進了法院，說她違反了公平交易法。最後，她不但贏了所有的官司，更是因此而大大提升了個人知名度。在其中一個官司接近尾聲時，當她向法庭證明，即使在現行市價上再打一個大的折扣，她仍有所獲利時，她賣了一條價值 1400 美元的地毯給法官。」

這家位於奧馬哈市，由 B 夫人打理的家具店有着一個怎樣的成本與費用，這裏就不展開談了，總之我們可以用「超低」來形容。正是這一超低成本結構，加上 B 夫人對其顧客的坦誠與率真，讓我們似乎摸到了一些護城河的影子。

再來看巴菲特筆下的第二組要素：「出色的產品＋優秀的服務」。在 1983 年的致股東信裏，巴菲特這樣描繪巴郡旗下的時思糖果：「除去銷量上的一些問題，時思具有多項重要的競爭優勢。在我們主要的銷售

地區美國西部，喜歡我們糖果的消費者遠比任何一個競爭者都多。事實上，我相信這些朱古力愛好者甚至願意多花 2-3 倍的價錢來享受時思糖果（糖果和股票一樣，價格與價值有所不同。價格是你付出的，價值是你得到的）。我們的全美直營店（非加盟店）服務品質與產品品質一樣好。親切而貼心的服務人員與糖果包裝盒上的產品商標形象高度吻合。對於一家每年需要僱用 2000 名季節性員工的企業來說，這些都不容易辦到。據我所知，在同等規模的組織中，還沒有哪一家的顧客服務能做得比查克・哈金斯（Chuck Huggins）[2] 和他的團隊更好。」

本人很早以前就買過時思糖果，後來因為購買不便再加上懶惰，就沒有再買過。2014 年去美國西部時，順便又買了很多帶回國內。可以這樣說，凡是吃過的親屬和朋友無不讚好。

最後看巴菲特筆下的第三組要素：「品質＋品牌」。巴菲特在 2011 年致股東信中指出：「多年來，『買商品，賣品牌』一直是企業成功的方程式。這一方程式讓可口可樂自 1886 年以來，以及箭牌自 1891 年以來，都相繼產生了數額巨人且可持續的經營利潤。」

讀到這裏，也許會有讀者質疑：護城河就這樣簡單嗎？通過以上這些例子，讓人感覺所謂企業的護城河既不如想像的那樣高不可攀，也不如原來設想的那樣神秘莫測。然而，正是這些看起來樸實無華的東西，構築起了企業難以逾越的護城河。在 1988 年致股東信中，巴菲特給我們提供了一個護城河可讓企業免受競爭之苦的實例：「最近，Dillard 進駐奧馬哈，這是一家在全美地區經營得相當成功的百貨公司。在此之前，它的各分店都設有品種齊全的家具部門，也同樣經營得很成功。然而，就在其奧瑪哈分店開張前不久，Dillard 的董事局主席 William 宣佈這家分店將不會售賣家具。他提到了 NFM [3]：你不會想要與他們競爭，我想他們在當地是最棒的零售商。」

我對這段話的體會是：當企業的某項（關鍵）競爭優勢難以模仿時，就會構築起難以逾越的護城河。

---

② 時思糖果的行政總裁，1972-2006 年期間任職。
③ B 夫人的大賣場

加寬護城河

羅馬不是一天建成的，企業的護城河也同樣如此。在 2005 年的致股東信中，巴菲特對此可謂說了一段很重要的話：「每一天，通過無數方式，我們旗下每一家公司的競爭地位要麼變得更強，要麼變得更弱。如果我們能取悅於我們的客戶、消除不必要的成本支出、不斷改善我們的產品和服務，我們就會變得更強。如果我們對客戶保持一種冷淡甚至是自我膨脹的態度，我們的生意就會逐步萎縮。就每一天而言，我們行動的效果也許難以察覺，但經過日積月累，它的影響力將是巨大的。當這些毫不顯眼的行動最終導致我們的長久競爭力得到改善時，我們稱這種現象為『加寬護城河』。」

說到超低的成本結構，巴郡旗下除了 B 夫人的家具店外，比較知名的還有蓋可保險（GEICO Insurance）與波仙珠寶（Borsheims Jewelry）。

在 1987 的致股東信中，巴菲特對蓋可保險作出了如下描述：「蓋可之所以能夠成功，一個重要因素就在於它的營運成本非常低，使公司能把其他數百家車險公司遠遠拋在後面。蓋可去年的承保及損失調整費用（loss adjustment expense）佔年度保費收入的比率只有 23.5%，而許多大公司的此項比率要比蓋可高出 15 個百分點。即使是像 Allstate 與 State Farm 這樣的大型車險直銷公司，其綜合成本也比 GEICO 高出不少。」

而在 1989 年的致股東信中，他是這樣介紹波仙珠寶的：「如果你還沒有到過那裏，你一定不知道竟然還有像波仙這樣的珠寶店。由於在一家店鋪裏就匯集了數量如此眾多的珠寶，在那裏你會看到有各式各樣、各種價格的商品可供你挑選。基於同樣的理由，它的營業費用大概只有一般同類型珠寶店的三分之一。他們嚴格控制費用支出，且有着極強的採購能力，從而使得它所銷售的商品要比其他珠寶店便宜很多，而便宜的價格又反過來吸引更多的顧客上門。作為這種良性循環的結果，該珠寶店在忙季裏的單日顧客流量有 4,000 人之多。」

說到出色的產品品質，巴郡公司旗下公司除了有時思糖果外，還有布法羅新聞以及眾多的食品加工企業。說到市場品牌，巴菲特手上除了有可口可樂外，還有美國運通、富國銀行、華盛頓郵報、吉列公司等。

可以這樣說，在巴郡旗下各種類型的上市與非上市公司中，其運行鏈條中最重要的一個環節，就是對護城河的發現、創建、維護與拓展。「我們總是想在短期內就能賺到更多的錢，但當短期目標與長期利益衝突時，加寬護城河必須放在優先的地位。」（2005 年信）「我要求旗下公司的經理們要永無止境地去專注於那些能夠加寬企業護城河的機會。」（2012 年信）

巴菲特很重視一家企業是否有護城河，這一點我們已經清楚了。讀者進一步關心的也許是，巴郡旗下的那些經理們是否也能像巴菲特一樣重視這個問題呢？下面我們就用一段話作為本節的結束：「蓋可保險與其競爭者之間的成本差異，就是保護其美麗城堡不受侵犯的護城河。沒有人比 Bill Snyder（蓋可公司的主席）更懂得『城堡周圍的護城河』這一概念的重要性了。依靠持續降低的成本開支，他不斷地將護城河予以加寬，致使蓋可的市場特許權變得更加穩固。過去兩年，蓋可的綜合比率從 24.1% 降至前面提到的 23.5%。展望未來，在 Bill Snyder 的領導下，可以確定這項比率還會進一步降低。如果公司能夠持續保持原有的服務質量與承保水準，公司的前途將一定會一片光明。」

重點　難以模仿的競爭優勢就是企業的其中一種護城河
關鍵詞　成本、品質、服務、品牌、日積月累、優先地位。

⑨ 小投入，大產出

迷霧 巴菲特會時不時提到商譽，它代表着甚麼呢？

解析 如果是經濟商譽，它代表着小投入，大產出。

巴菲特筆下的商譽有兩種，一個是經濟商譽，一個是會計商譽，兩者代表着完全不同的意思。而巴菲特較多提及的應當是經濟商譽。

理念轉變

我們都知道巴菲特的許多投資思想來自於他的老師葛拉漢，特別在他的早期投資階段尤其如此。比如撿起煙蒂，吸上一口；比如買較多的股票，分散風險；比如趁低價買入，趁高價賣出；比如更着眼於企業的現在，而不是它的未來；比如關注企業的有形資產，而不是它的無形資產……

然而到了後來，巴菲特的投資思想漸漸發生了一些改變。比如放棄煙蒂型企業，擁抱傑出公司；比如放棄分散持股，改為集中投資；比如仍會低價買入，但很少或不再高價賣出；比如更着眼於企業的未來，而不是它的現在；比如更偏重企業的無形資產，而不是它的有形資產……

「不用了解商譽和攤銷，你一樣可以生活得很美好。但對於學習投資和管理的人來說，卻有必要了解其中的些微不同。我現在的想法與 35 年前相比，已有明顯的改變。在那之前，我所學到的知識，都是要重視企業的有形資產並儘量迴避那些主要倚靠經濟商譽去估算內在價值的公司。當初的偏見讓我在生意上出現了不少錯誤以及工作上的失職，儘管這些錯誤相對來說還不算太多。」

「凱恩斯發現了我的問題，『困難不在於要有新觀念，而是如何擺脫舊觀念的束縛』。我的擺脫進程之所以比較慢，部分原因在於我的老師所教導的東西一直以來（未來也會如此）都讓我感到非常有價值。最終，

從商的經歷直接或間接地讓我對擁有持久經濟商譽,並且僅需要少量有形資產的公司大有好感。」(1983 年信)

這兩段話發出了幾個信息:(1) 想法已有明顯的改變;(2) 過去的想法曾導致很多錯誤 (那些認為巴菲特後來進行長期投資只是因為資金規模加大的讀者尤其要注意這一條);(3) 從商的經歷促使巴菲特改變了初衷 (當然還是有費雪與芒格等人的影響)。

經濟商譽的重要性

如何理解「從商的經歷⋯⋯」這句話呢?讓我們一起看看巴菲特在 1985 年信中的有關描述:「我把內布拉斯加家具店、時思糖果店與水牛城新聞放在一起討論,是因為這幾家公司的競爭優勢、競爭劣勢以及產業前景與我一年前報告的一樣,沒有甚麼改變。簡短的敍述,不代表它們在我們公司中的重要性有任何的削弱。1985 年,它們的合計稅前利潤為 7,200 萬美元,而在 15 年前我們還未買下它們時,這一數字為 800 萬美元。利潤從 800 萬增長到 7,200 萬,聽起來好像很驚人 (事實上也的確如此),但你千萬不要以為事情就是這樣簡單。首先,你必須確定基準數據沒有被嚴重低估。其次,如果利潤的增長需要投入新的資金,那麼更加重要的一點是,你還需要搞清楚這部分新增利潤使用了多少資本。」

儘管這段話的重點不是我們常說的資本支出,而是股東權益 (僅限於新股發行和利潤留存) 增加額,但其含義卻是相通的:由於商譽大幅減少了企業的資本支出,從而也大幅減少了新股本的投入。

這段話同樣適用於 A 股,下面給出的是幾家有著經濟商譽的公司其資本支出的近況:

表 1.5　資本支出佔當年利潤的比率

	2006	2007	2008	2009	2010	2011	2012	2013	2014
貴州茅台	45.60	26.03	25.27	29.72	32.43	23.62	30.08	33.85	27.23
雙匯發展	29.57	26.55	31.66	38.15	32.01	70.29	39.13	32.83	58.05

	2006	2007	2008	2009	2010	2011	2012	2013	2014
東阿阿膠	23.38	37.14	17.23	30.22	22.89	25.75	26.67	3.93	20.12
上海家化	94.44	29.53	37.43	33.05	38.40	24.93	21.50	19.15	10.91

　　表 1.5 給出的信息只是這些公司的年度利潤遠遠超出其資本支出的需要，僅此而已。讀者如果有興趣，還可以進一步與那些沒有經濟商譽的公司進行對比，看看會有一個怎樣的情況。當然，進行對比時，有時還要融入一些其他財務指標。分析一家公司的財務特質，單項指標往往不足以給出足夠的信息。比如評估一家公司是否屬於小投入，大產出時，還有一些指標可以一併考慮，比如利潤增加值與資本支出總額的比率以及利潤增加值與股東權益增加值的比率等。

　　最後還需要提示一點的是，巴菲特在寫上述文字時，正值美國高通脹時期（70 年代的均值為 7.4%，80 年代的均值為 5.1%），而通脹對一家資本密集企業的影響，要遠遠大於那些小投入，大產出的公司，其背後的理由也是不難理解的。在 1985 年致股東信中，巴菲特特別提到了這一點：「這三家公司運用少數增量資金便能大幅提高盈利能力，它很好地解釋了一間公司的經濟商譽在高通脹時期所能發揮出的巨大魔力（在 1983 年的年報中我們對此有詳細解釋）。這些公司身上所具有的財務特質，使得我們可以將他們所得利潤的大部分花在其他用途上。然而，其他美國公司則做不到這一點——為了大幅提高利潤，絕大部分的美國公司需要投入大量新資本。平均來看，美國公司每創造 1 美元的稅前利潤，就大約需要投入 5 美元。如果套用在我們這個例子上，等於需要額外投入 3 億美元才能達到我們這三家公司目前的獲利水準。」

重點	有着較高經濟商譽的公司，往往會小投入而大產出。
關鍵詞	有形資產、經濟商譽、利潤增加值、權益增加值、巨大魔力。

10 股東利潤

迷霧 應當如何準確理解巴菲特所說的股東利潤?

解析 我們可按時間順序分八步走去逐步加深理解。

第一步:企業的再投資回報才是決定了股東利潤大小

在 1980 年的致股東信中,巴菲特為我們指出了背後的玄機所在:「我們對利潤真實性的看法與一般公認會計原則不太一致,尤其在目前通貨膨漲高企或極不確定的時候就更加如此(不過批評一件東西比修改它要容易多了,而且有些問題早已是根深蒂固)。我們有些 100% 持股的公司,其實際利潤比其報告利潤可能要小很多 —— 即使依照會計原則我們可以百分百地控制它們(我們的控制權僅僅是理論上的,實際上我們必須把所賺到的每一分錢都要投在更新的設備之上,以維持原有生產能力,然後再去賺取遠低於市場平均值的資本回報)。我們也有一些僅持有少數股權的公司,由於其有較強的再投資能力,使得那些被保留下來的本屬於股東的利潤,有望為大家創造出更多價值。」

當然,權益佔比非常重要,上面這段話只是提醒我們除了關注那些表面數據之外,還要關注數據背後的故事。

第二步:大投入+高通脹=海市蜃樓般的利潤

還是在 1980 年的致股東中,巴菲特為我們指出了這個公式背後的含義:「對於併購的對象,我們偏愛那些能產生現金而非消費現金的公司。當通貨膨脹逐漸加劇時,越來越多公司發現,他們必須將所賺得的利潤全部再投入才能維持原有營運規模。這些企業運營就像海市蜃樓般虛幻。不管公司利潤數據有多麼好看,由於這些利潤幾乎不可能轉換為實實在在的收入,我們對其將保持高度警戒。」

消費現金一般是指那些有着高資本投入的公司，而當通貨膨脹肆虐時，這種公司往往就會變成股東價值的殺手。

第三步：給出股東利潤的定義

在 1986 年的致股東信中，巴菲特給出了股東利潤的定義，它包含：報告利潤 (a)，加計折舊、攤銷與其他成本 (b)，扣除用於維持公司長期競爭地位的資本支出 (c)。如果企業需要額外的營運資金來維持既有的競爭地位，這部份的增量支出也需要納入 (c) 項 —— 不過存貨計價方式採用後進先出法的公司應當沒有這方面的問題。

對上面這段話，請讀者務必關注這兩組定語：「用於維持公司長期競爭地位的資本支出」和「維持既有的競爭地位」。對，不是資本支出，而是「維持既有競爭地位」的資本支出。甚麼意思呢？會計上好像沒有做這種區分吧？請再往下讀。

第四步：模糊的正確好過精確的錯誤

在 1986 年的致股東信中，巴菲特是這樣提出和回答問題的：「從我們的股東利潤算式中，得不出按照一般公認會計準則計算出來的那些表面看起來很精準的數字，因為 (c) 項不僅需要去估算，有時這種估算還很不容易。儘管存在這些問題，我們仍然認為股東利潤（而不是按照一般公認會計準則計算出來的數據）是我們進行公司價值評估時需要考慮的一個重要數據 —— 不管是股票投資還是私人企業併購都是如此。在這個問題上，我們認同凱恩斯的看法：我寧願對得模模糊糊，也不願錯得清清楚楚。」

既然難以計算，那麼按照巴菲特對股東利潤的定義，我們能否粗略地用折舊與攤銷等同於這種「用於維持現狀」的資本支出呢？我們繼續往下看。

第五步：大部分美國公司的「c」大於「b」

下面這段話仍來自 1986 年信：「大部分的經理人或許認為，長期來看他們需要花費比 (b) 項更多的錢來維持公司的現有規模與競爭地位。當這種情況確實存在時，也就是說當 (c) 項的資金需求遠超過 (b) 項的資金供給時，就意味着，按一般公認會計準則計算出來的數據會高估股東利潤。通常情況下，這個高估的數字會非常的驚人。近年來，石油產業就為這一現象提供了明顯的例證。如果這些石油公司每年的資本支出只相當於 (b) 項資金的話，它們的實際產能將會大幅度縮水。」

想一想，如果美國的公司大多如此，那麼中國的上市公司呢？對於不少資本密集型的公司來說，那些報表上的利潤數據，是否也會像海市蜃樓般地虛幻？

第六步：不靠譜的現金流量數據

接着上面那段話，巴菲特繼續指出：「以上這些觀點，充分指證明『現金流量』這個被華爾街經常使用的概念所內含的荒謬性。這一數字通常只包含 (a) 和 (b)，但卻未扣除 (c)。大部分投資銀行所撰寫的公司推介報告都會使用類似的欺騙手法。這等於是在暗示，他們所推廣的公司就像一座商業領域中的金字塔，會永遠地傲視羣雄、不會被取代、不用維修，甚至把外表洗刷一下也不需要。事實上，如果全美的企業同時被我們這些具有超前思維的投資銀行所推介，或者說由他們編寫的分析報告都十分可信的話，那麼政府每年編制的全美工廠及設備採購預算將會大幅減少 90% 以上。」

既然在現金流量並不十分嚴謹，給不出企業經營的真實情況，能否改一改公認的會計準則呢？

第七步：現金流量背後的故事

「為甚麼『現金流量』在今天如此流行呢？在回答這個問題前，需要先表達一下我們的犬儒哲學觀，我們認為，這些數字通常都是某些企

業或證券推銷員用來證明一些難以證明的事物（或者説是售賣一些本不應售賣的東西）。當（a）── 即按一般公認會計原則核算的利潤 ── 看起來不足以支撐垃圾債券的債務負擔或過高的股票價格時，那麼在數據（a）的基礎上再加上（b），對於這些推銷員來説，是再方便不過的事情了。但是你不能只加上（b）而不扣除（c）。雖然牙醫會告訴你，如果你不在乎你的牙齒，他們便會走開。但對於（c）來説，是不能套用牙醫這個故事的。當一家公司或一個投資人在估算某家公司的償債能力或權益價值時，如果他只關注（a）和（b），卻忽略了（c），將來肯定會遇上大麻煩。」（1986 年信）

明白了吧，有人需要這些數據……難就沒有別的辦法了嗎？

第八步：把會計數據只當作一個起點

下面這段話還是來自 1986 年的信：「不管怎樣，會計數字是企業的語言，對於評估一項生意的價值以及追蹤其經營的過程相當有幫助。如果沒有這些數據，查理和我將會迷失方向：對我們來説，這些數字一直是我們評估自身公司以及其他公司價值的一個起點。然而無論是公司經理人還是所有者都需要謹記：會計只是我們進行商業思考的一個輔助性工具，而不是替代品。」

至此，我們一共走了八步。對股東利潤這個概念，你是否已經有一個初步了解了呢？

重點	既關注會計利潤，更要關注股東利潤。
關鍵詞	股東利潤

11 踮腳

迷霧 怎樣理解資本支出中的「踮腳」效應？

解析 顧名思義即可

記不清是 2007 年尾還是 2008 年初了，有北京奧運火炬手從我居住的小區門前經過。我和我的太太提前半個小時就趕到門口，沒想到馬路兩旁早已擠滿了人，都在熱切等待着火炬手的到來。時間過得很快，似乎沒多久，火炬傳遞選手的前哨隊伍就過來了，人們開始躁動、歡呼、沸騰。我和我太太隔着 4-5 層的人羣隊伍，伸長了脖子往火炬手過來的方向看，但由於人太多，除了能看見前面一羣人的腦袋外，甚麼也看不見。於是，我們開始踮起腳後跟，視野果然好了一些。可是當火炬于真的跑過來時，眼前又是一片人的腦袋，因為前面的人也都踮起了雙腳。

當公司身處惡劣的環境時，企業的資本支出計劃恐怕大多都會面臨這種「踮腳」效應。在 1985 年致股東信中，巴菲特對此作出了生動描繪：「多年以來，我們一再面臨向紡織業投入大量資本以降低企業變動成本的選擇。每次的投資計劃看起來都很快就能讓我們成功。事實上，如果按照標準的投資報酬率來衡量，它們的投資回報甚至比我們有着較高獲利能力的糖果與新聞事業還要好。但是這些預期的效益最後都被證明只是一種幻象。我們許多的競爭者，不管來自國內或是國外，全部都在進行相似的行動。一旦行動結束，其降低後的成本很快就會變成全行業新的價格底線。站在單一公司的角度看，每家公司的資本支出計劃看起來都是合理而有效的。但如果整體觀之，其最終效果就會被相互抵消掉（這就好比每個去看遊行隊伍的人都以為自己踮一踮腳就可以看得更清楚一樣）。每一輪的資本支出儘管都增加了遊戲中的資金籌碼，但最終的結果卻是依然如故。」

A 股案例

下面我們來看一組數據，表 1.6 為中國某航空公司的資本支出情況。

表 1.6　某航空資本支出佔當年利潤的比例

	2006	2007	2008	2009	2010	2011	2012	2013	2014
淨利（億元）	1.83	7.08	負數	3.56	32.21	28.34	19.45	21.08	26.43
資本支出（億元）	29.30	62.62	85.08	63.42	46.65	79.51	82.61	90.12	77.85
資本支出／淨利	1601%	884%	不適用	1781%	144%	280%	425%	427%	294%

註：2008 年公司利潤是負值（數據來源：新浪財經）

這一組數據不僅告知我們公司的股東利潤相對於資本支出有多麼的單薄，而且公司資本支出的「踮腳」效應也是較為明顯的：2007-2014 年公司資本支出總計為 588 億元人民幣，而利潤只增加了 19.35 億元。

美國案例

讓我們再回到巴菲特筆下的美國。

「大筆的資本支出雖然可以令我們的紡織事業得以存活，但投資回報卻少得可憐。每投入一筆資金後，依然要面對國外低勞動成本的強力競爭。但如果不再繼續投資，我們將變得更加沒有競爭力，那怕是與國內同業相比也是如此。我總覺得我們就好像是活地·亞倫在他的某一部電影中所形容的：『比起歷史上的任何一刻，此時的人類處於一個更加需要抉擇的路口，一條通往絕望的深淵，另一條則通往毀滅。請大家一起祈禱我們有足夠的智慧去作出正確的抉擇吧』」（1985 年信）

在那一年的致股東信中，巴菲特也為我們講述了一個類似於上述某航空的例子：「想要了解一般商品產業『投與不投』的窘境，不妨看看 Burlington 的情況。Burlington 決定固守紡織業，到 1985 年，其營業額達到了 28 億美元。從 1964 到 1985 年，公司總計投入了大約 30 億美元的資本支出，這一數字遠比其他同業高出許多，換算為每股數據相當於每

股 60 美元的價格對應每股 200 多美元的資本支出。我相信，其中絕大部份的支出都用在了降低成本與產業擴張上。由於公司要固守紡織業，這種投資決策看起來無可厚非。儘管如此，比起 20 年前，公司的銷售額與資本回報早已今非昔比。公司股票經過 1965 年 1 拆 2 後，目前的股價為 34 美元，僅略高於當年的 60 每元。與此同時，消費者物價指數卻增加了 3 倍，每股價格因此僅剩下當初三分之一的購買力。雖然公司每年都有固定的股息發放，但它們的購買力一樣遭遇到嚴重的萎縮。」

　　無論是上述某航空，還是 Burlington，他們都付出了艱辛的努力，但就像觀看奧運火炬的我，儘管在那裏持續地踮起雙腳，但境況最終也沒有好多少。這種情況就如同 Samuel Johnson 的那匹馬：一隻能數到 10 的馬是只了不起的馬，卻不是了不起的數學家。同樣，一家能夠在其所屬產業中明智而合理地分配資金的紡織公司，是一家了不起的紡織公司，但卻不是甚麼了不起的公司。」（1985 年信）

重點　　當產業環境不佳時，注意資本支出的「踮腳」效應。

關鍵詞　　踮腳、依然如故、一匹能數到 10 的馬。

12 EJA（企業主管飛行計劃）

迷霧　巴郡旗下的 EJA 公司經營情況如何？

解析　提供了高資本支出公司經營狀況的實例。

經營模式

我們先來看巴菲特對 EJA 公司的簡要介紹：「想要了解企業主管飛行計劃（Executive Jet Aviation）的巨大潛力，你需要先對這項生意有個了解：它出售小型噴氣式客機的部分產權給有需要的人士，然後為它的眾多所有者運行和管理此項飛行計劃。Rich Stantulli —— EJA 的行政總裁，在觀察到人們使用飛機服務上會出現一些新需求後，於 1986 年，靠着其個人膽識與才幹，開創了這項事業。

按照部分產權計劃，你可以買下飛行機隊（有各種不同類型的飛機）的部分產權（比如說 1/8），然後你便獲得了每年 100 小時的飛行時數（不含空飛時數，獲得的飛行時數可在 5 年內平均使用）。不過，你還需要每個月向公司支付一筆管理費，以及使用飛行服務的鐘點費。然後，你只要在幾個小時前通知我們，EJA 就可以在遍佈全美的 5,500 個機場為你安排好所要的飛機（或同等級別的飛機）。實際上，這種便利性就與你打電話叫的士一樣方便。（1998 年信）

競爭優勢

「EJA 是這個產業中規模最大的公司，擁有 1000 多個客戶和 163 架飛機（包括 23 架由 EJA 自身擁有或租賃的『核心』飛機），以確保在訂位需求強勁時，還能保持高品質的服務……成為這個產業的領軍企業是一項很大的優勢。我們的客戶會因為我們有遍佈全美的飛行機隊而受惠，我們也由此可以提供難以匹敵的服務。同時，此項優勢還可以讓我們大

幅減少空飛的成本消耗。我們另一個吸引客戶的優勢是可以提供各種不同類型的飛機：波音、灣流、獵鷹、塞斯納、雷神等。而我們的兩個競爭對手，由於其所有人是飛機製造商，因此他們只能提供有自家公司生產的飛機。事實上，NetJets 就像一位內科醫生，可以為不同的病人開出不同藥物。對比之下，我們的競爭對手則像是一個房屋品牌商，只能不停地為自己尋找合適的客戶。」(1998 年信)

資本模式

「EJA 的設備所有權則屬於客戶，當然我們自己也必須擁有一支核心機隊以滿足額外的需要。舉例來說，感恩節後的那個星期天往往是我們最忙碌的一天，它幾乎會耗盡我們所有的飛機資源。由於 169 架飛機分屬於 1,412 位所有權人，許多人都想在當天下午 3 點到 6 點坐飛機返回家中。在那一天 (其他忙碌的日子也是一樣)，我們就需要提供公司自己擁有的飛機，以便讓每個客人可以在他們提出的任何時候到達任何他們想要去的地方。」

ELA 是資本密集型公司嗎？好像是，又好像不是。不管怎樣，那支「核心機隊」應當花費不少。不過下面這段話似乎顯示公司資本支出的擔子並不輕：「專機部分所有權產業還只是處於起步階段，EJA 目前在歐洲正在逐步擴大它的營業規模。假以時日，我們的業務觸角將會遍及全世界。當然，要做到這一點，必須要有巨大 —— 而且是相當巨大的投入。」(1998 年信)

投資實情

EJA 服務很優秀、同競爭對手相比有很大的競爭優勢、市場前景看好。唯一不足的是公司的資本支出壓力即使不算大，也不算小。畢竟，維持一個核心機隊 (含機長) 以及優質與安全的服務是需要不少花費的。

巴菲特在 1998 年以 7.25 億美元的價格從創辦人手裏買下了這家公司，那麼後來公司經營的情況究竟如何呢？請看我下面整理的相關記錄。

(1) 2001 年初提警號：「我們擁有的規模優勢及其他方面的優勢讓

NetJets 擁有了較強的競爭力，然而在近幾年產業競爭較為激烈的環境下，這些優勢最多也只能讓我們獲取一些還算說得過去的利潤。」（2001年信）

（2）2002 年再提警號：「雖然 NetJets 的營業額在 2002 年創下歷史新高，但它仍然繼續在虧錢。美國地區雖有小賺，但仍抵不過歐洲業務的虧損。總的來說，專機部分產權計劃這項事業在過去的一年裏虧了不少錢。可以肯定的是，2003 年將會是同樣的結局。殘酷的事實是：供養一支飛機編隊實在是一項很沉重的負擔。」（2002年信）

（3）2003 年報告虧損：「NetJets —— 我們的飛機部分產權營運計劃 —— 2003 年的稅前損失是 4100 萬美元。該公司在美國地區尚有不錯的營業利潤，但是這些都被 3200 萬美元的飛機存貨跌價損失以及歐洲業務的持續虧損抵消殆盡。」（2003年信）

（4）2005 年情況繼續：「出售及管理飛機分時業務的 NetJets，在經營方面有明顯的改善。該公司的成長從來不是問題，自 1998 年被巴郡收購以來，其營業收入已經增長了 596%。不過，其盈利狀況卻是飄忽不定。」（2005年信）

（5）2009 年一聲歎息：「在我們擁有 NetJets 的 11 年裏，錄得的稅前虧損總計 1.57 億美元。此外，公司的債務也從我們收購它時的 1.02 億美元，增長至去年 4 月的 19 億美元。如果不是巴郡為其債務提供了擔保，恐怕 NetJets 已經倒閉了。對於 NetJets 走到今天這個地步，我個人難辭其咎。」（2009年信）

（6）2010 年情況依舊：「儘管 NetJets 在客戶服務方面做得很好，但自從 1998 年我們收購 NetJets 以來，它的財務表現卻一直是個失敗的故事。在包含 2009 年的過去 11 年裏，公司的稅前虧損總計達到 1.57 億美元。這個數字其實已過於保守，因為公司一直都在免費使用巴郡的信用。如果 NetJets 是個獨立經營體，這些年的損失恐怕會多出幾億美元。」（2010年信）

在巴菲特買下該公司後的 12 年裏，其營業情況一直不盡人意。背後的故事也許不簡單，但有一條恐怕不能迴避：來自高資本支出的壓

力。儘管不少飛機以部分產權出售的方式被賣出了，但估計維持一個「核心機隊」（公司客戶越多，核心機隊的規模就會越大）以及在保障高度安全和優質服務方面，公司恐怕一直需要有一個較大的資本支出和營運費用。此外，由於存在其他競爭對手，即使公司運行成本不低，但在服務收費方面相信也會受到不少掣肘。

簡言之，航空運輸服務，是一個不容易賺錢的產業。

重點	應迴避有「巨大投入」的非壟斷性公司
關鍵詞	核心機隊、產業競爭、債務、免費信用。

13 船長

迷霧　在巴郡，有一個怎樣的船與船長的故事？

解析　在巴郡，故事的演繹似乎有些不太一樣。

巴郡旗下有眾多非上市公司，因此也就有為數眾多的管家。本節主要是對這些管家的「角色」給出一個簡要的「速描」。不過在作出速描之前，我想先説三句話：

第一句話：平凡的事業創造了不平凡的業績。

所謂平凡的事業，是指巴郡旗下的這些非上市公司大多屬於巴菲特筆下的「一般商品事業」，最多也只是「強勢的一般商品事業」，它們距離「市場特許經營事業」或者「弱勢的特許經營事業」還相差不小的距離。然而，巴郡正是靠着這些平凡的事業創造出極為不平凡的業績：在1965-2014 的近 50 年裏，每股收益的年複合增長率達到 20% 以上。

第二句話：非凡的業績源自非凡的管理人。

既然事業是平凡而普通的，那麼出色的業績必然源自出色的管理人。有多麼出色？按照巴菲特自己的話説就是：這些人都是「藝術大師」級的人物。

第三句話：非凡的管理人造就了非凡的管理邊界。

聽聽巴菲特怎樣説：「在我們不斷增加旗下的業務時，我會被問及我一個人究竟可以應對多少個經理人同時向我報告。我的回答相當簡單：如果他是一顆酸檸檬，那麼即使我只管理一個人也已太多；如果我所管理的部下，都像我們現時旗下的那些經理人，那麼對於我來説，這個數目將沒有任何限制。」（1995 年信）

巴菲特對巴郡旗下那些出色的經理作出簡短的「速描」。

內布拉斯加家具大賣場

「我很高興地跟各位報告，家具店的負責人 B 太太雖然已有 92 歲的高齡，但每天仍以任何人都跟不上的步伐在店裏忙碌着。她坐在輪椅上，一個禮拜工作 7 天，我希望當大家造訪奧馬哈時，能到店裏看看她，相信你會與我一樣精神為之一振。」（1985 年信）

水牛城新聞報

「去年我曾明確表示水牛城新聞 1988 年的稅前利潤一定會下滑。這一預測如果指的是其他同等或更大規模的報紙無疑是正確的，但 Stan Lipsey 在這一年裏的所作所為讓我的預測看起來很蠢 —— 上帝保佑他！」（1988 年信）

時思糖果

「查理和我在買下時思糖果的五分鐘之後，便決定讓 Chuck Huggins 負責這家公司的管理。在看過他這些年的表現之後，你會懷疑為何我們要考慮那麼久。」（1988 年信）

寇比吸塵器與史考特飛茲

「所有 Ralph Schey 所管理的事業，包含世界百科全書、寇比吸塵器與史考特飛茲製造集團（Scott Fetzer Manufacturing Group），在 1988 年的表現均相當出色。交由 Ralph 打理的資金均取得了不錯的回報，能夠擁有 Ralph Schey 這樣的經理人，實在是巴郡的幸運。」（1988 年信）

布朗鞋業

制鞋產業的生意並不好做，全美每年大約 10 億雙的採購量中差不多有 85% 是從國外進口的，這個產業中的大部分製造商都可謂是在慘淡經營。由於款式與型號極其繁多，導致這個行業的庫存壓力很大，同時大量的資金又被綁在應收賬款上。這樣的經營環境，只有像 Frank 這樣

出色的經理人以及由 Heffernan 先生（布朗鞋業創辦人）所建立的事業，
才有可能取得成功。」（1991 年信）

赫爾茨伯格鑽石（Helzberg Diamond）

「巴郡被要求提出一個報價，我們花了好長一段時間才在價格上達
成協議。但以後我再沒有針對下列事實有過任何的疑問：(1) 赫爾茨伯
格一定是那種我們想要擁有的事業；(2) Jeff 一定是我們喜歡的經理人。
事實上如果這項事業不是由 Jeff 來管理，我們可能不會買下它。」（1995
年信）

吉列

「無論怎樣強調一個 CEO 對公司的重要性，都不會過分。在 Jim
Kilts 於 2001 年進入吉列之前，這家公司正在為其錯誤的資本配置處於
苦苦的掙扎之中。公司對金霸王電池（Duracell）的收購讓股東們付出了
數十億美元的代價，而這種代價在傳統的會計處理上是根本看不出來
的。Jim Kilts 入主吉列以後，馬上開始嚴格財務紀律、全面收緊公司業
務以及着力推動市場營銷的工作。這一系列措施大幅提升了公司的內在
價值。」（2005 年信）

艾斯卡

「艾斯卡生產小型、消耗性的切割工具，其用途主要是作為一些昂
貴大型設備的零配件。這項事業沒有任何神奇之處，只有靠優秀的管理
才能賦予其價值。而 Eitan、Jacob 以及他們的團隊成員真的就像魔術師
一樣不斷生產出出色的產品，使其下游顧客的生產力得以不斷提升。我
們的觀察結論是：艾斯卡的賺錢之道在於它能幫助顧客賺更多的錢。還
有比這更能創造持續成功的方法嗎？」（2006 年信）

| 重點 | 在巴郡，船長比船重要。 |
| 關鍵詞 | 管理邊界 |

14 六道門檻

迷霧 如何才能在巴郡旗下做一個稱職的管家呢？

解析 至少要過六道門檻。

能在巴郡旗下當一名稱職的管家可不是一件容易的事情。我們在前面已經聊過，巴菲特無論是投資上市公司股票還是進行私人企業收購，都會用手中的四把尺進行仔細的衡量，其中的第二把尺就是「才德兼具的管理人」。不符合這個標準的企業，是無緣進入巴郡這個大家庭的。那麼如何正確理解所謂「才德兼具」呢？我們下面就用「六道門檻」做一個大致的介紹。

門檻一：以股東利益為導向

「布朗鞋業的一個與眾不同特質是其薪酬制度，可謂深得我心。公司對幾個主要經理人每年會支付 7800 元的底薪，然後再從公司的年度利潤中，扣除資本使用費用後，按一個事先約定的比例附加到經理人的基本年薪上。這樣的處理代表了公司經理人完全與股東站在同一條船上。相比之下，大部分公司經理人都是說一套而做一套，其薪酬與獎罰體系都是蘿蔔長長而棒子短短（在他們眼裏，使用股東資金是不需要考慮成本的）。布朗鞋業的薪酬體系對公司和經理人都是有利的：那些敢於用自己的工作能力下重注的經理人，通常也都有很強的工作能力。」（1991 年信）

請注意「扣除資本使用費用」這句話。我們不妨快速地想一下，在你熟知的企業中，有無這樣發放經理人薪酬的？

「在去年年報中，我曾經談到我們目前的最大持股——可口可樂。可口可樂繼續擴大其在全世界飲料市場的霸主地位，但很不幸的是，我們已失去了這個產業最傑出的領導者——該公司的董事長 Roberto

Goizueta 已於去年 10 月過世。在他死後，我再次逐一閱讀了過去 9 年來 Goizueta 寫給我的超過上百封的書信。這些書信不僅可以作為經營一家公司的指南，也可以指導一個人應如何去度過他的一生。在這些書信中，Roberto 展現出他清晰而卓越的戰略眼光，永遠將公司的經營目標放在如何提升股東價值上面。Roberto 很清楚自己要將公司帶往何處、要如何做才能到目標、為何這樣做才最有利於股東價值的提升以及，同等重要的是，他對於達成這一目標始終有着強烈的渴望。」(1997 年信)

再回想一下，你身邊或你了解的企業中，有無這樣進行企業使命定位的：「永遠將公司的經營目標放在如何提升股東價值上面」？

需要特別指出的是，在巴菲特關於「德」的考察中，經理人是否能事事以股東利益為先，是一個最為重要的、最為核心的標準。正像巴菲特在另一場合說過的那樣：經理人如能事事以股東的角度考慮問題，這將是我們對經理人的最高褒獎。

門檻二：較強的資金配置能力

「我們並不反對旗下子公司將所賺取的利潤全部保留，如果他們可以有效利用這些資金以創造出更高的投資回報。對於我們持有少數股權的上市公司，如果他們同樣可以好好地運用這些資金，為股東創造出更高的價值，我們又何樂而不為？（這一提議也代表着，如果某些產業不需要太多的資本投入或是管理層過去有資金使用的不佳記錄，那麼利潤就應該分還給股東或是用於股票回購，這也是目前大多數情況下資本運用的最好選擇。）」(1983 年信)

注意，這裏一共提出了兩個評估標準：主觀標準和客觀標準。如果主觀標準比較難以做到的話（誰不認為留存利潤會有大用途呢？），公司經理人和股東至少還有第二個評判與行動標準：管理層關於資金使用的歷史記錄。那麼如何把握這個歷史記錄呢？

「我們認為應該定期檢驗（資金使用的）效果。我們測試的標準是保留下來的每一塊錢是否能否為股東創造出至少一塊錢的市場價值。到目前為止，我們尚能達到標準。我們會以五年為一個循環，持續地進行這

樣的考評。不過隨着公司淨值的成長，合理使用資金的難度將會越來越大。」（1983 年信）

看到這裏，請讀者不妨對那些被人們稱為鐵公雞或近似於鐵公雞的上市公司進行一次留存利潤使用效果的考察，看看它們是否都能符合上面提出的標準，每一元的保留利潤都創造了大於一美元的市場價值。不過需要提示的是，這種關於歷史記錄的考察也許沒有那麼直白和簡單。

「在判斷公司是否應當保留利潤時，股東不能只是簡單地對照近幾年的資本回報，因為這一指標有可能會被公司的核心事業所扭曲。在高通脹時代，公司具有特殊競爭力的核心事業有可能僅運用少量的資金即可創造很高的投資回報（就像去年我們曾提過的商譽問題）。除非公司正在經歷巨幅的增長，否則一家出色的企業理應可以產生大量的閒置資金。如果這家公司將這些現金的大部分投入低回報的事業，在核心事業繼續表現良好的基礎上，公司的投資回報仍會在整體上看起來相當不錯。」（1984 年信）

門檻三：嚴格的成本控制

巴郡旗下的那些非上市公司，幾乎個個都是成本控制的高手，因此也頗得巴菲特的賞識。下面隨便列出幾例。

「根據我們的經驗，一家高成本運行公司的經理人，永遠能找到增加公司開支的理由。一家低成本運行公司的經理人，也永遠能找到為公司進一步節省開支的新方法，即使其成本支出已遠低於競爭對手。關於第二點，恐怕沒有人能比 Gene Abegg（伊利諾國民銀行負責人）做得更好了。」（1978 年信）

「我們不是要批評 Levitz（B 夫人的競爭對手），事實上該公司的經營也頗為出色。但是內布拉斯加家具賣場（NFM）的表現實在是太好了（記着所有這一切都是從 B 太太 1937 年 500 美元的初始投資開始）。依靠極高的工作效率和採購上的規模成本優勢，NFM 在創造較高資本回報的同時，還能為購買了相同商品的顧客每年平均節省 3000 萬美元的購物成本。憑藉這一點優勢，使得該公司客戶的地理分佈越來越廣，而

商店營業額的增長速率也高於奧馬哈家居用品市場的自然增長。」（1984年信）

「一看完 Cathy 總共兩頁紙的來信，我就覺得美國商業資訊婿（Business Wire）與巴郡是一對佳偶。我特別喜歡她在信中倒數第二段中所作出的表述：『我們嚴格控制成本，限制一切不必要的支出。我們公司沒有秘書，也沒有管理中層。但我們會花費大量的資金去換取技術的領先和推動業務不斷地向前發展。』」（2005年信）

「當我們在 Charlie Heider 的辦公室準備簽約以完成此次收購的當天，Jack Ringwalt（60 年代巴菲特收購國民保險公司時的所有者）遲到了。他踏進辦公室，解釋說之所以遲到是因為他要開車在附近繞來繞去，以便能找到一個計時器還未用完的車位。對我來說，那真是一個美妙的時刻，因為我知道 Jack Ringwalt 就是我想找的那種經理人。」（2006年信）

巴郡旗下這些非上市公司能做到的，不代表公司所投資的那些上市公司也都能夠做到。在 2006 年的致股東信中，巴菲特為我們提供了一個有趣的例子：

「企業界裏的許多大人物，常常會對美國政府的開銷問題進行抨擊，指責這些官僚在花費那些不屬於自己的錢時總是那樣的大手大腳。不過，這些企業界的大人物在處理個人消費時，有時也要看他們花費的到底是誰的錢包。下面講一個我在擔任所羅門公司董事長時曾經發生的小故事。1980 年代，公司聘請了一位名為吉米的理髮師，每個星期都要來公司為高層人士理髮，隨行的還有一位指甲美容師。後來公司開始消減行政費用支出，提出接受此項服務的人必須自行負擔相關的費用。其中有一位公司高管，以前是每週向吉米報到 1 次。在新規定實施後，立刻改為每 3 周報到 1 次。」（2006年信）

門檻四：真誠

「從我們第一次碰面開始，Gene Abegg 就一直表現出百分之百的坦誠——這也是他唯一的行事風格。談判一開始，他就把公司所有的負面

因素都攤在桌面上；除此之外，在交易完成數年後，他還會定期地告訴我一些之前未曾討論過的公司情況。」（1980 年信）

「我可以確定，大家只要放心把錢交給 Ike.Friedman 及其家族，就一定不會讓各位失望。我們購買波仙珠寶股權的經歷就可以提供最好的證明。波仙沒有經會計師審計的報告，因此我們沒有去進行盤點，也沒有去驗證和審計應收賬款或其他經營項目的真偽。只是在 Ike 做了一個簡要介紹後，雙方就擬定了一份僅有一頁紙的的買賣合約，然後由我開出一張大額支票。」（1988 年信）

需要指出的是，巴菲特要求別人做到的，自己也一直在身體力行：「我們會以坦誠的態度對待大家，尤其是與公司價值有關的信息 —— 不管是好的還是壞的 —— 我們更加會如實相告。我們的行為準則是：當我們的位置對調時，凡是我們希望從你那裏得知的內容，也應該是我們應該告知給你的內容。此外，巴郡擁有多家媒體事業，當我們用較高的標準去要求這些媒體人時，如果我們自己的信息披露做得不夠準確、均衡和深入，那是不可原諒的。我們深信：坦誠，對於身為經理人的我們來說肯定是有益的。一個誤導別人的 CEO，最後也會把自己給騙了。」（1983 年信）

讀者中可能有不少人知道，巴菲特在收購公司時很少做所謂的謹慎調查，我想其中一個原因就是，在巴菲特看來（基於面對對面的接觸和對方提供的資料）這些公司創辦人都很真誠，真誠到會把「所有的負面因素都攤在桌面上」，因此進行謹慎調查的動因就弱化了，甚至沒有必要再去做了。

門檻五：樂在其中

「B 太太，公司董事會主席，現年 91 歲，最近的報紙刊載了一篇關於她的採訪報道，報道中 B 太太是這樣形容自己的：『我們每天下班回家後只是吃飯和睡覺，第二天不等天亮便急着要趕回店裏上班。』B 太太每週工作 7 天，每天從一開門一直工作到關門，她一天內所做的決策可能比大部分 CEO 一年內所做的還要多（當然是指好的決策）。」

（1984 年信）

「波仙珠寶的營運模式並不會因為巴郡的加入而有任何的改變。所有的家族成員仍然像以前一樣在他們各自的崗位上努力工作着。查理和我則繼續呆在屬於我們自己應該呆的地方默默地給予支持。當我們説『所有的家族成員』時，這並非虛言，已經分別有 88 歲和 87 歲高齡的 Friedman 先生和他的夫人，仍然堅持每天到店裏來工作。他們的兒媳婦 Ike、Alan、Marvin 和 Donald 也都是從早忙到晚，家族的第四代也已開始學習做各種生意的技巧。」（1988 年信）

先舉這兩個例子，在下面的「插滿蠟燭的雪糕」一節中，讀者可以繼續從中感受甚麼是「樂在其中」。

門檻六：理性併購

由於這個話題包含的內容很多，本人決定對它進行單獨的討論，請看接下來的「非理性併購」一節。

重點 一個合格的管家至少要過六道門檻。

關鍵詞 同一條船、資金成本、股東價值、最好選擇、定期檢驗、配對賽。

---

15 非理性併購

迷霧 甚麼叫做「理性併購」？

解析 關注小精靈的去向而不是它現在的位置。

　　併購是企業發展的路徑之一，成功的或理性的併購有望帶來股東價值的提升，而失敗的或非理性的併購無疑會造成傷害。那麼甚麼才是成功或理性的併購呢？哪些又是失敗或非理性的併購呢？對於這些問題，巴菲特在 1981、1983、1994 和 1995 年的致股東信中較為集中地給出了回答。為方便理解，我把理性併購歸納為七種模式。

旨在內在價值而不是管理版圖的擴充

　　「我們收購的目標着眼於經濟價值的最大化，而非管理版圖與報告利潤的最大化（長久以來，管理層太過注重企業的會計表現而非內在價值的提升，最終將導致兩者都獲益不佳）。」（1981 年信）

　　「大部份的公司、機構或其他組織，在進行自我評估或被其他公司與機構評估，抑或是在制定經理人的薪酬標準時，大多是以組織的規模而非其他指標作為量度的標尺（問一問那些名列財富 500 強的企業負責人──或許他們從來都不知道──如果他們的公司是以盈利能力而不是銷售規模來重新進行排序的話，會排在第幾位？）」（1981 年信）

價格重於權力。

　　「不考慮對短期報告利潤的影響，我們更希望以 X 元 / 股的價格購買好生意 T 的 10% 股權，而不是以 2X 元 / 股的價格購買其 100% 的股權。大多數公司經理人的行為偏好與我們正好相反，而且也從不缺少對這種行為的解釋。」（1981 年信）

這一條，恐怕也同樣適用於我國資本市場。當然，中國的商業環境與美國有很多的不同，許多控股性收購也許是不得已而為之。但我們也不能就此完全排除那些旨在滿足自己權力慾望，而不是看股東價值是否得到提升的收購行為。

天性抑制

「公司或其他機構的領導者很少有缺乏動物天性的，而且喜歡接受各種挑戰。然而在巴郡，即使是購併在即，我們的心跳也不會加快哪怕一下。」（1981 年信）

「管理大師彼得·德魯克幾年前在對《時代》周刊的一次專訪中指出問題所在：讓我告訴你一個秘密，撮合一筆交易比努力工作要好很多。促成交易刺激而有趣，而後者卻盡是一些齷齪污濁之事。經營任何事業都無可避免地會面對一大堆繁雜的工作……而交易則顯得浪漫、性感。這就是為甚麼許多交易毫無道理可言的癥結所在。」（1995 年信）

毋庸贅言，在我國資本市場，這種類似的收購我們是不乏看到的。

公主情結

「許多經理人明顯是讓自己沉迷於一本頗為吸引人的兒童讀物了——關於一個已被施予魔法的英俊王子因美麗公主的深情一吻而被救贖的童話故事，從而也認為那些被收購的公司，只要被他們優異的管理天賦輕輕一吻，便同樣可以脫胎換骨。」（1981 年信）

無論是美國還是中國的資本市場，為何總是會有那麼多的高溢價收購？其中一個重要原因，恐怕就是收購者都不缺乏這種濃濃的公主情結，堅信在自己的親吻之下，一個普普通通或境況不佳的公司就會煥發出勃勃的生機。但實際情況究竟如何呢？

「如果剔除這些美麗的幻想，投資人完全可以用青蛙的價格買到青蛙。如果投資人願意用雙倍的代價資助公主去親吻青蛙的話，最好保佑奇跡會發生。我們見過很多公主式的親吻，但卻少有奇跡發生。然而，許多公主依然堅信她們的吻有讓青蛙變成王子的魔力——儘管在公司的

49

後院早已爬滿了一大片毫無反應的青蛙。

要知道因為併購而產生管理奇蹟的事情，即使收購者是像巴郡這樣的公司也是很少發生的：「我們已經嘗試過用便宜的價格買下一些青蛙，至於最後的結果，在過去的報告中已多有提及。很明顯，我們的親吻效果平平。我們也曾經在幾個王子身上做得不錯，只是早在我們買下他們時，他們就已經是王子了，至少我們的吻沒讓他們再變回青蛙。最終，當我們的投資目標聚焦於部分股權時，我們倒是成功地以青蛙的價格購買到了一些很容易就能加以識別的王子。」（1981 年信）

盯住小精靈的去向而不是現在的位置

「會計的短期結果不會對我們的經營或資金配置決策有任何的影響，當購併成本接近時，我們更喜歡購買的是依照標準會計準則不需列示在賬面上的兩塊錢利潤，而不是完全可以列示在賬面上的一塊錢利潤。這也正是我們經常要面對的選擇，因為選擇收購整家公司（會計利潤可以完全反映）的價格通常要兩倍於我們購買上市公司部份股權（會計利潤僅反映其中的一小部分）的價格。但就整體和長期而言，我們預計這些沒有列示在報表上的利潤會累積於公司的內在價值中，並最終通過資本增值的方式顯露出來。」（1983 年信）

「在思考企業合併或收購時，許多公司經理人都專注於每股收益（金融機構偏重的則是每股淨值）是否會增加或是被稀釋。這樣做其實是很危險的。回到我們先前有關教育投資的例子：假設一位 25 歲的 MBA 一年級學生正在考慮將他未來一生的經濟利益與另一位同樣 25 歲，但只是打一些散工的年輕人的一生權益進行合併，這位暫時無任何收入的 MBA 學生自然會發現，經過這樣的合併，他的近期收入馬上就會大幅度增加。但是我們不妨想一想，還有比這更愚蠢的交易嗎？」（1994 年信）

「在巴郡，我們不知拒絕了多少儘管會大幅增加我們的短期利潤，但長期來看卻可能損傷公司每股內在價值的合併案或收購案。我們的處事方式追隨 Wayne Gretzky（80 年代的加拿大職業冰球明星）的建議：「要緊盯小精靈的去向，而不是它現在的位置」。長期下來，比起按照較為

流行的教義去行動，我們的股東已多賺了數十億美元。」（1994 年信）

不要問設計師你是否需要一個價值不菲的地毯

「長期而言，公司經理分配資金的技能會對企業的內在價值有很大的影響。幾乎可以確定的是，一家好公司所能創造出的現金（至少在度過它的初期發展階段後），一定會超過其本身所需。公司當然可以透過分配股利或回購股票的方式將資金回饋給股東，但是通常企業的 CEO會詢問公司策略企劃部門、企業顧問或是投資銀行：我們是否可以收購1-2 個公司？這樣的行事方法無異於一個人去問他的室內設計師，他是否應該增添一條價值 5 萬美元的爐邊地毯。」（1994 年信）

避免「別家的小孩都有一個」的思維模式

「幾年前，我的一位 CEO 朋友半開玩笑地在無意間透露出許多大宗交易背後的病態心理。這位朋友經營的是一家財產意外保險公司，當時他正在向公司董事解釋為何他們必須要收購一家人壽保險公司。當談到此次收購究竟有何經濟與策略上的合理性時，他在進行了一番毫無說服力的解釋後，突然間停止了演說，然後露出頑皮的眼神說：『好吧！小夥伴們，誰叫其他的孩子都有一個呢。』」（1994 年信）

一次非理性的併購，有關方會得到相同的結果嗎？當然不會。巴菲特在 1994 年的致股東信中指出了非理性併購之所以流行的原因所在：「遺憾的是，大部分的大型併購方案充滿了不公平性：對於被收購方來說，得到是財富；對收購方的管理層來說，得到的是名和利；對投資銀行家與併購顧問來說，得到是蜜糖罐；對於併購方的股東來說，得到的卻是財富即時或長期縮水。」

重點　不是基於股東價值提升的併購大多都是非理性的。

關鍵詞　經濟價值、動物天性、親吻青蛙、愚蠢的交易。

16 用結果說話

迷霧 巴菲特在評價旗下經理人的表現時有沒有量化指標？

解析 有一組逐步遞進的量化指標。

當巴菲特評價旗下經理人的表現時，除了上面說的「六道門檻」這些非量化指標外，還有一組完全可以量化的評價標準。你幹得好與壞，最終還需要用公司的長期財務表現來說話。在整理巴菲特 1989 和 1990 年致股東信時，我們發現了這一組指標。請注意，這是一組較為簡單但需要逐步遞進的指標（以下摘錄全部來自 1989 和 1990 年信）。

稅前利潤

「在給股東的報告中，CEO 往往會用幾個篇幅詳細描述企業的表現是如何的不能令人滿意，但最後卻會以感性的口吻來形容他的管理團隊是『公司最珍貴的資產』。這種形容有時不免會讓人質疑：那公司其他的資產又算是甚麼呢？不過在巴郡，我個人對於旗下經理人的稱讚都是恰如其分的。要想知道背後的原因何在，不妨先看看第 7 頁，它顯示了本公司旗下 7 個最大的非金融事業體 —— 水牛城晚報（Buffalo News）、費區海默（Fechheimer）、寇比吸塵器（Kirby）、內布拉斯加家具賣場（Nebraska Furniture）、史考特飛茲集團（Scott Fetzer Manufacturing Group）、時思糖果（See's Candies）以及世界百科全書（World Book）的盈利情況（股東權益均以歷史成本計價）。1987 年，這 7 家公司的息稅前利潤總計為 1.8 億美元。」

你也許覺得這一指標沒甚麼好稀奇的，因為它太普通了，哪家公司 —— 無論是上市還是沒有上市 —— 在評價其經理人表現時不看利潤數據呢？不要急，上面我說過了，這是一組逐步遞進的財務指標。

資金投入

「只看數字本身，並不足以說明甚麼。要想知道這一數據是否具有某種特殊性，還需要了解在利潤的背後究竟使用了多少資金——有息負債加權益資本。在這 7 間公司中，負債只扮演了很小的角色：1987 年的利息支出僅為 200 萬美元。因此，扣除利息後的稅前利潤為 1.78 億美元，而按歷史成本計價的權益資本僅為 1.75 億美元。」

注意，這裏說的是有息負債，如果公司有能力利用其他公司的無息負債來為自己賺取更多的回報，那是公司的本事（想想格力電器和貴州茅台這樣的公司）。

權益報酬率

「如果把這七家企業視為一個獨立經營的公司，那麼 1987 年的稅後淨利大約為 1 億美元，其股東權益報酬率高達 57%。這是一個你很難在其他公司——更不要說大型公司——能夠看到的比率。根據《財富》雜誌 1988 年出版的《投資人手冊》，在全美 500 大工業與 500 大服務業公司中，在過去的 10 年裏只有六家公司其平均股東權益報酬率達到了 30%。最高的公司 Commerce Clearing House，也不過只有 40.2%。」

是的，你沒有看錯，57%。當然，我們在這裏先不必糾結於指標的大小。要知道，這一數據道出了巴菲特評價經理人表現的一個核心指標：不是看你賺了多少錢，而是你為股東的資本賺了多少錢。有讀者可能會質疑：權益報酬率是個有缺陷的指標，它背後可能隱藏着公司對財務槓桿的使用，單看這個指標容易引起誤導。我們接着往下看。

財務槓桿

「大部分的公司經理人（指巴郡旗下的八家私人企業）並不是為了生活而工作，他們出現在棒球場上，只是為了要擊出全壘打。事實上，他們也正是這樣做的。他們在公司財務上（包括一些較小的事業體）的整體表現，可以彰顯出他們的業績有多麼的出色。以歷史成本為計算基

準，他們現在每年的平均股東權益報酬率高達 57%。值得一提的是，達到這樣高的回報水平卻並無使用任何的淨財務槓桿：賬上的現金就足以清償所有的借款。」

精明的巴菲特自然是不會忽略這個問題的。當你在評價所關注的上市公司有一個怎樣的權益回報率時，別忘了看看它的資本乘數是多少。

非凡的業績是否出自壟斷型生意

「我們的獲利並不是來自類似香煙或電視台這些擁有特殊經濟權的事業。相反，它們來自於一些再平凡不過的產業，諸如家具零售、糖果製造、吸塵器乃至鋼鐵倉儲等。成功背後的原因也很清晰：非凡的回報源自於非凡的經理人，而不是先天的產業環境優勢。」

數據背後的故事

「從以上所列數字中可以得出三點重要推論：(1) 這七家企業的內在價值遠高於賬面淨值，也遠高於巴郡賬列的投資成本；(2) 由於經營這些事業不需要太多的資金，因此公司可以通過將營業所得用於新的生意機會而讓自己不斷成長；(3) 這些事業都由能幹的經理人所打理，如：Blumkins、Heldmans、Chuck Huggins、Stan Lipsey 與 Ralph Schey 等。他們集才幹、精力、品格於一身，把自己所供職的事業經營得有聲有色。」

大家不妨關注一下巴菲特得出的這三點結論，當我們為特定的上市公司做價值評估時，它提出了三個值得思考的問題：(1) 如果確定公司的內在價值是否高於賬面價值；(2) 如果看待公司的資本投入；(3) 如何看待經理人對公司內在價值的貢獻。

重點	評價公司經理人的表現需要引入一組逐步遞進的量化指標。
關鍵詞	稅前利潤、資本投入、資本回報、財務槓桿、平凡的產業。

17 插滿蠟燭的蛋糕

迷霧 商場競爭慘烈，巴郡是否擁有一批年輕有為、年富力強的商業才俊？

解析 恰恰相反，從某種程度上說，巴郡是老人當道。

說巴郡是老人當道，至少在很長一段時間內是一點也不過分的。不過，這與我們平常理解的某某領導崗位的老齡化現象並不是一回事。巴郡不是一家國營企業，更不是甚麼事業單位或主管機構，它是身處競爭激烈的商業領域中的一家上市公司，經理人的表現如何會直接影響到公司的長短期業績，並進而是股東的利益。當我們說公司是老人當道時，是因為這家公司對「管家」的要求有着獨特視角，以及與眾不同的思維模式。

在巴菲特 1988 年的致股東信中，我們看到了這一獨特視角：「在巴郡，這樣的關係可以維持相當長的時間。我們不會因為這些傑出經理人年紀到了一定歲數就把他們換掉，不管他是 65 歲，還是 B 太太在 1988 年光明節前夕將要達到的 95 歲。出色的經理人實在是可遇不可求的稀有資源，即使在這些人的生日蛋糕上已插滿蠟燭，還是讓人捨不得把他們撤換。相較之下，我們對於新鮮出爐的 MBA 則不是太有興趣。他們的學術經歷看起來總是很嚇人，講起話來也一直頭頭是道，但在企業與生意上的見識卻顯得十分有限。此外，你也很難去教一隻新狗玩老把戲。」

以下是幾個實例：

Gene Abegg：80 歲

「去年，雖已 80 歲高齡，但依然獨自領導着銀行運營的 Gene Abegg（伊利諾銀行的創始人）提出讓一個候選者接手管理。因此，曾任奧馬

哈美國國民銀行 CEO 的 Peter Jeffrey 於 3 月 1 日正式加入伊利諾國民銀行擔任行政總裁，老當益壯的 Gene 依然擔任董事會主席。我們預期該銀行仍會成為 Rockford 地區銀行業的領導者並繼續表現出色。」（1977 年信）

Ben：75 歲

「Ben（聯合零售商店的創辦人）今年 75 歲，與伊利諾國民銀行 81 歲的 Gene Abegg 以及 Wesco 公司 73 歲的 Louie Vincenti 一樣，依舊每天以無比的熱情為企業操勞着。不知情的人或許以為我們對於這輩傑出的經理人有年齡上的過分偏好。儘管我們的做法有些離經叛道，但這種關係卻讓我們獲益良多，無論是在財務上或私人感情上都是如此。與這些喜歡每天早晨一起牀就開始工作，而且始終能像企業家那樣思考的人一起共事是非常愉快的。」（1978 年信）

B 夫人：100 歲

「B 太太在 12 月 3 日度過她 100 歲生日，本來當天家具店計劃到了晚上再開始營業，但對於已習慣於每週工作 7 天（不論每天工作多少小時）的 B 太太來說，毫不猶豫地作出了對她來說明顯是正確的決定：等到晚上商店關門之後才開始她的生日宴會。」（1993 年信）

Frank：71 歲

「過去我曾向各位提到過 Frank 在 Melville 企業擔任 23 年 CEO 期間所作出的傑出貢獻，如今他已 72 歲高齡，在巴郡的運作速度甚至比以前還要快。雖然 Frank 的行事風格有些低調和閒散，但千萬不要被他的外表所欺騙，一旦他開始揮舞手中的球棒，球就會被擊得一飛衝天，然後消失在圍牆之外！」（1993 年信）

Al Ueltschi：83 歲

「FSI（國際飛安公司）的 Al Ueltschi（公司創始人）今年已經 83 歲，目前仍然處於全速前進的狀態。儘管我本人不喜歡進行股票分割，但我正在計劃當 Al Ueltschi 到 100 歲時，將他的年齡一分為二」（2000 年信）

Lou Simpson：74 歲

「去年夏天，Lou Simpson 告訴我他打算退休。Lou 只有 74 歲，在查理和我看來，這年紀在巴郡只適合當培訓生，所以我們對 Lou 的要求感到很驚訝。Lou 於 1979 年加入 GEICO 出任投資經理，他後來對這家公司所作出的巨大貢獻是難以估量的。在 2004 年的年度報告中，我詳細列舉了他的股票投資業績，後來沒有進一步更新，那是因為他的投資表現顯得我本人的投資成績差得遠了，誰願意看到這樣的對比呢？Lou 從來不曾給自己的投資才能做任何宣傳，那麼就由我來完成這個工作吧。」（2010 年信）

巴菲特：86 歲

巴郡董事局主席兼多家上市公司董事。

芒格：92 歲

巴郡董事局副主席兼威斯科公司董事局主席。

這是一個在其他公司幾乎無法看到的景象，我們甚至可以說，巴郡公司為企業管理課程，提供了又一個需要深入思考和認真研究的管理實例。一羣老頭和老太太把公司「玩」得風生水起、眼花繚亂，甚至不乏讓人歎為觀止的事例，這背後的故事是很值得細味的。

重點	很難去教一隻新狗玩老把戲。
關鍵詞	可遇不可求、新鮮出爐、MBA、學術經歷、生意見識。

18　大贏家

迷霧　當巴菲特打算長期持有一家公司時，價格和品質誰更重要？

解析　早期會偏向前者多一些，中後期則會偏向後者多一些。

讀過一些巴菲特和芒格的人，對這句話恐怕都已耳熟能詳：「以出色的價格買入一家普通的公司，不如以普通的價格買入一家出色的公司」。對，這句話是芒格先說的，然後逐漸被被巴菲特接受並且身體力行，為後期巴郡創造了令人稱道的業績。如何正確理解這句話？對於早期熱衷於「撿煙蒂」策略並取得不錯投資回報的巴菲特來說，究竟經歷了一個怎樣的心路歷程？

要想完整地回答上面這個問題恐怕不容易，畢竟這種轉化不是一兩天就能完成的。即使如此，本節還是願意就這個問題展開一次專題討論，儘管不能還原於事情的全貌，但透過巴菲特的一些相關表述，我們還是可以從中體會到一些思想轉化的細節。

撿煙蒂

我們先來看較早期階段的一些回憶：「各位的董事長，也就是本人，在數年前決定買下位於英國曼徹斯特的 Waumbec 紡織廠，以擴大我們在紡織業的投資。無論你怎樣測試，這筆買賣都相當划算，出售價格低於其營運資本，大量機器設備與不動產幾乎就是半買半送。但這次收購仍然被證明是個錯誤。即使我們再怎麼努力，在舊問題得到解決後，新問題又冒出來。」（1979 年信）

出售價格低於營運資本，如果沒有理解錯的話，這應當指的是售價低於公司的流動資產淨值，而這個指標源於葛拉漢關於股票（投資）價值評估的其中一個思想。那麼，這筆「無論你怎樣測試，買賣都相當划算」的交易，其結果究竟又如何呢？下一年的致股東信中就找到了答

案：「去年，我們縮減了紡織業的經營規模。雖然有些不情願，但卻不得不關閉了 Waumbec 工廠。除了一些設備轉移至 New Bedford 外，餘下的大部分設備，連同房地產都已經或即將給賣掉。你們的董事長由於無法早日面對現實而犯下的錯誤可謂代價高昂。」（1980 年信）

轉變

儘管那時巴郡的經營（指被巴菲特合夥公司收購後）還處於早期階段，但由於公司對時思糖果的成功買入，巴菲特已經開始思考價格與品質的問題：「某些生意，比如電視台，其有形資產回報多到你擋都擋不住。不過這些生意的售價也特別高，賬面 1 塊錢的東西可以叫價到 10 塊錢，充分反映其資產有着驚人的獲利能力。雖然價格高得嚇人，但那樣的生意做起來反而會更容易一些。」（1979 年信）

在同一年的致股東信裏，巴菲特明確提出了那句出自芒格的重要投資思想：「我們在生意運營和股票投資上的雙重經歷讓我們得出如下結論：(1) 所謂有「轉機」的公司最後鮮有成功的案例；(2) 以低廉的價格購買一家正在慘淡經營的企業，不如以合理的價格購買一家優異的企業，因為後者更能發揮管理人的才幹。」

進化

時間到了 1985 年，當巴菲特決定買入大都會公司的股票時，其思想轉變似乎又往前走了一大步：

「我們此次購買大都會的股票可謂是為其價值支付了全款，在價格上並未佔到甚麼便宜。這反映出近年來市場對媒體事業或媒體股票的熱衷（其中有一些投資案例已達到瘋狂的地步）。事實上，我們也沒有多少討價還價的餘地。然而，我們這次對大都會股票的投資，讓我們能夠成功地把傑出人材與出色生意緊密結合在一起。而且，還是我們所喜歡的大規模介入。」

巴菲特在這段話裏似乎向我們作出了暗示：購買大都會公司股票時，他支付的價格尺度比往常寬鬆了不少。之所以會這樣做，想必是因

為在他看來，這家公司真正做到了出色生意與出色管理的完美結合，而這種結合會讓投資前景變得更加具有確定性。這就像巴菲特在另一個場合說過的那樣：湯姆·墨菲就是我的安全邊際。

兩年後，在 1987 年的致股東信中，巴菲特再次夯實了自己對這個問題的感悟：「每一次行動，我們都試着買進一家具有長期經濟特質的公司。我們的目標是以合理的價格買到優秀的企業，而不是以便宜的價格買進平庸的企業。查理和我發現，在投資領域，同樣是種瓜得瓜，種豆得豆。」

與此同時，巴菲特也對自己過去的錯誤再次提出反省：「需要特別注意的是，你們的董事長雖然以反應快速著稱，不過我卻用了 20 年的時間才明白買下好生意的重要性。在那段時間裏，我一直在努力尋找便宜的貨色，不幸的是真的就被我找到了。我在這些諸如農具機械製造、三流百貨公司與新英格蘭地區的紡織工廠身上，結結實實地上了一課。」（1987 年信）

思考

寫到這裏，我禁不住想與大家共同思考一個問題：巴菲特後來的對投資模式的改變（即從撿煙蒂轉到長期持有優秀上市公司），只是因為資金規模變大了嗎？從上面的這些表述中，我覺得問題沒有那麼簡單。資金規模問題自然不能忽略，但如果把策略改變的全部原因都歸於此，恐怕也與事實不符。排除價格因素不談（50 年代的股票價格很低），遍覽巴菲特歷年的致股東信（包括上面的這幾段表述），我們不難看出：巴菲特之所以會在行為模式上出現了「進化」，是因為過去那種投資方法已經難以為繼，而那些對高品質公司的偶然擁抱（比如時思糖果），卻給巴郡帶來了優異並且是長盛不衰的回報。

最後，讓我們用 2012 年的一段表述結束本節的討論：「當然，如果買價過高，一項非凡的生意也會轉變成一次失敗的投資。對於我們旗下的這些公司，我們差不多都支付了高於其有形淨資產的價格，這些成本反映在我們巨額的無形資產科目裏。不過總體上看，我們的這些收購讓

我們取得了還算不錯的資本回報，這些業務的內在價值在總體上也都大幅超過了它們的賬面價值。除此之外，我們保險和公用事業的內在價值與其賬面價值的差異還要更加巨大。這裏才是發現大贏家的地方。」

重點	以出色的價格買入一個普通公司，不如以普通的價格買入一個出色的公司。
關鍵詞	傑出人才、出色生意、合理價格、安全邊際、大贏家。

19 基石

迷霧 安全邊際在巴菲特的投資操作中究竟佔有甚麼樣的地位？

解析 與葛拉漢的思想基本一致，儘管內涵已變得稍有不同。

評價安全邊際思想在巴菲特投資實踐中的地位，同樣需要通讀本書的全部內容，因為一個章節的討論並不足以給出全面的展現。但由於這一思想實在是過於重要，因此本書專門使用了三個章節進行討論：除了本節外，上一節的「大贏家」以及下一節的「打棒球」，它們都與安全邊際這一投資思想密切相關。

需要特別指出的是，儘管安全邊際思想在巴菲特的投資操作中佔有很重要的地位，但隨着巴菲特投資實踐在時間與空間上的不斷延伸，這一思想也在悄然發生着變化。

都有哪些變化呢？個人認為至少有三：(1) 好價格的首要地位逐漸讓位給好生意；(2) 評估價格是否安全的依據，由過去的基於資產評估和歷史評估改為基於對企業未來長期前景的評估；(3) 當對企業的品質與未來充滿信心時，會適度放寬價格尺度。總之一句話，對買入價格是否具有安全邊際的評估，如今更多的是基於企業的內在價值。當然，是保守評估下的內在價值。

儘管如今巴菲特對安全邊際的要求與老師的安全邊際思想已不是絲絲入扣般的全面吻合，但從他歷年的致股東信中我們仍然可以深深地感受到，當初由葛拉漢提出的安全邊際理念對巴菲特投資操作一直具有着深遠影響。

「我們投資上市公司的部分股權，唯有當買入的生意與交易的價格具有同等吸引力時才能夠成功。這些努力需要一個溫和的市場配合。然而市場就像上帝一樣，只幫助那些會自我幫助的人。但市場與上帝也有不一樣的地方——它不會原諒那些不知道自己在做甚麼的人。對投資人

來說，如果買進一家優秀企業的價格過高，那麼有可能抵消掉公司未來十年的發展成果。」（1982 年信）

從這段表述中，我們可以看到巴菲特在投資股票時具有的「生意」情結，「買入的生意」、「買進一家優秀企業」、「公司未來十年的發展成果」。但儘管如此，巴菲特也同樣意識到：如果「價格過高，那麼有可能抵消掉公司未來十年的發展成果。」

「當股票市場漲到很高時，我們使用資金買進公司部分股權的能力與效果就會削弱甚至完全消失。這種情況會週期性地出現：就在 10 年前，當股市和私人股權市場同時發高燒時（企業的資本回報率被機構投資者捧上天），巴郡保險子公司僅持有 1800 萬美元市值的股票，這還不包括我們在藍籌印花上的持股。那個時候，股權投資僅佔保險公司投資總額的 15%，而目前這個比例是 80%。與 1982 年一樣，1972 年也有一樣多的好公司可供我們挑選，但當時這些公司的股票價格實在是太高了。儘管股價高漲可以讓公司的短期報表好看，但卻會降低我們對公司長期前景的期望。」（1982 年信）

從這段表述中，儘管我們可以深深感受到巴菲特在購買股票時所具有的長遠目光或戰略視角，但敘述的重點卻是價格：當價格高漲時，我們保持原地不動；當價格大幅下降時（1981 年美股仍處於熊市），我們開始大量買入。這種逆向操作的背後，其實是對安全邊際的孜孜追求。

「記得 1979 年夏天，在我的眼裏四處都是便宜的股票，為此我特地在《福布斯》上寫了一篇文章，名為「樂觀的共識會帶來股價的高漲」。當時市場上到處瀰漫着懷疑與悲觀的情緒，而我提出的看法是投資人對於這種現象應該感到高興，因為悲觀情緒會使許多公司的股價跌至相當吸引人的價位。不過現在，我們倒是有一個樂觀的共識了。當然，這不代表我們現在就不能買股票：近年來，美國企業的盈利水平比幾年前已有大幅提升，而且基於目前的利率水準，企業賺取的每一元利潤比起過去也有更高的價值。不過，現在的股票價位已經嚴重背離了葛拉漢一直強調的安全邊際準則——這是聰明投資的基石所在。」（1997 年信）

這段話的重點顯然在最後一句，建議重複閱讀三遍。

「我們在所持股票未來表現上的保留態度，與我們對股市整體在下一個 10 年表現的保留態度基本吻合。去年七月份，在一場由 Allen 公司舉辦的會議中，我表達了本人對於股市未來回報的看法（兩年前我已表達過類似的觀點）。在同年 12 月 10 日的《財富》雜誌中，你們也可以看到關於我這些看法的修正版。我已將這篇文章附在本年報的後面。登錄公司的網站，你們也可以看到這篇文章。查理和我相信，長期而言，美國企業定會有一個不錯的經營成果，但目前股票的價格預示着投資人只能得到一個過得去的市場回報。股市的表現優於公司本身的表現已有很長一段時間了，這種現象終將會結束。不過，市場經常性地不與企業的發展同步，這一點會讓許多投資者感到失望，特別是那些股市的新手們尤其如此。」（2001 年信）

從上面這段話中，我們是否可以解讀如下內容：不妨在電腦屏幕上劃出隨時更新的兩條曲線，一條是某企業的股票價格曲線，一條是這家企業的內在價值（可用每股收益替代）曲線。當價格曲線處於業績曲線的上方時，顯示這不是買入其股票的最佳時間。當價格曲線處於業績曲線的下方時，則顯示你已進入買入股票的安全區域。

重點	安全邊際準則是聰明投資的基石所在
關鍵詞	自我幫助、短期報表、長期前景、樂觀共識、終將會結束、股市新手。

20 打棒球

迷霧 巴菲特投資股票時也會進行時機選擇嗎？

解析 會，不過是基於價值評估上的時機選擇。

常聽到有人說，巴菲特投資股票時只注重「time」，而不注重「timing」。如果這裏說的「timing」是指基於股市預測的那種時機選擇（機構投資者比較熱衷於玩這種遊戲），則此話沒有錯。但如果換作另一個視角談這個問題，我們也可以說巴菲特在買股票時，其實是很注重「timing」的，不過這個「時機選擇」是以價值評估為基準。

也許會有讀者對上面的看法提出異議，基於價值評估的機會選擇與基於價格走勢預期的時機選擇會有甚麼聯繫呢？看完本節的討論，也許你會消除心中的疑慮。

下面我會按照時間順序，分別給出 1997 年、1998 年、1999 年、2002 年、2003 年以及 2004 年巴菲特在買股票時進行「時機選擇」的實證。再說一遍：此「timing」不同於彼「timing」。除此之外，我還會在每一項歷史記錄的後面給出本人的一些個人解讀，其中有兩條解讀我認為非常重要，他回答了不少投資者多年一直疑慮的兩個問題，望讀者能予以注意。當然，個人感悟，不一定對。

1997 年實證

「目前，不管是私人股權市場還是股票市場，價格都過於高了……在這種情況下，我們試着去模仿棒球明星 Ted Williams 的做法。在其所著《打擊的科學》一書中，他說他會把打擊區域劃分為 77 個，每個區域只有一個棒球大小。他深知，只有當球滑進最理想的那個區域再去揮棒打擊時，才能保持四成的打擊率。如果勉強去擊打位於最邊緣位置的球，他的打擊率只會驟降到二成三以下。換句話說，耐心等待好球出現

後再發力一擊，才是通往名人堂的大道；那些不管青紅皂白而胡亂揮棒的打者，只會迎來一個完全不同的命運。」(1997 年信)

閱讀筆記：(1) 投資股票如同打棒球，你需要劃分出從好到壞的多個擊球區域；(2) 不管落球區域的胡亂擊球（這正是許多業餘投資者的行為模式）不會有好的結果；(3)「只有當球滑進最理想的那個區域再去揮棒打擊時」，才有望擊出好球。

1998 年實證

「到年底，我們手上持有超過 150 億美元的現金及其等價物（包含一年內到期的高等級債券）。現金從來不是我們的最愛，但是我們寧願讓這 150 億美元在我們的口袋裏燒成一個大洞，也不願讓它們舒適地躺在別人的口袋裏。查理和我會繼續尋找規模較大的股票投資機會，如果能遇到一個大型企業購併案並花光我們手中的現金則更好。不過到目前為止，我們還沒有發現目標。」(1998 年信)

閱讀筆記：儘管有源源不斷地浮存金流入，儘管「現金（含債券）不是我們的最愛」（說不是最愛，可能過於婉約了），但只要球還沒有進入最佳擊球區，就會堅持坐在那裏一動不動。

1999 年實證

「目前，我們擁有的這些好公司的股票價格並不吸引人。換句話說，現在更能讓我們感到安心的是它們的生意而不是它們的股票價格。這也是為甚麼我們並不急着增加持股的原因所在。儘管如此，我們也沒有相應地降低我們的投資部位。如果讓我們在股價令人滿意但公司有問題，與股價有問題但公司令人滿意之間作出選擇，我們寧願選擇後者。當然，真正引起我們興趣的，是公司與股價都能令人滿意。」

閱讀筆記：這段話似乎已回答了困擾不少投資者多年的一個問題：即「持有」是否等於「買入」？曾有不少投資者認為，如果對某只股票選擇繼續持有，就意味着在這個價位上可以對這只股票進行增持，即持有等於買入。對這個問題，巴菲特似乎給出了否定回答：「雖然沒有降低我

們的投資部位」，但也「並不急着增加持股。」

2002 年實證

「查理和我目前對於股票有所牴觸的態度並非天生如此。我們喜歡投資股票，但前提是能夠以一個較具吸引力的價格買入。在我 61 年的投資生涯中，大約有 50 個年頭都能提供這樣的機會，我想以後也會同樣如此。不過除非我們發現有很高的概率可以讓我們獲得至少稅前 10%（也可視為公司稅後的 6.5%-7%）的回報，否則我們寧可坐在一旁觀望。儘管讓手中的資金賺取不到 1% 的回報不是一件讓人開心的事，但成功的投資有時候就需要投資者坐在那裏甚麼也不做。」

閱讀筆記：這段話似乎回答了困擾不少投資者多年的另一個問題：甚麼是合理（普通）的價格？記得有一次我在一家基金公司和幾個基金經理聊價值投資，當講到用合理價格買入優秀企業時，他們中有很多人詢問我：甚麼是合理價格？我覺得這個答案就隱藏在上面這段話裏。

2003 的實證

「我們仍將保持過去慣用的資金分配方式。如果投資股票比買下整家公司便宜很多，我們就會積極地去持有更多的股票。如果特定債券變得足夠吸引人，就像是 2002 年一樣，我們就會大量買進這類債券。不管市場或經濟狀況如何，我們隨時都願意買進符合我們標準的生意，而且規模越大越好。目前我們的資金並未被充分利用，不過這種情況只是時而有之。雖然這會讓人感到有些不太好受，但也總比幹出一些蠢事要好得多（我可是從慘痛的教訓中走過來的）。」

閱讀筆記：這段話透露出巴菲特作為投資者與其他人的不同之處：腳踏三隻船。乍聽起來，股票和債券倒也沒甚麼稀奇的，每個投資者都可以做這種選擇。但巴菲特的不同之處在於：在他的眼裏，債券也是一門生意，一門特殊的生意（對葛拉漢和巴菲特有一定了解的人應當知道我在說甚麼）。至於在投資股票與買下整家公司之間的閃轉騰挪，就不是每一個業餘投資者都能做到的了。

2004 年實證

「去年我沒有做好份內的工作。我本希望能夠談成幾個數十億美元的收購，好讓我們能夠在原有基礎上再多增加一些利潤，可惜我一事無成。此外，我也沒發現甚麼可吸引我的股票可以購買。到年底，巴郡賬面累積的現金和現金等價物已高達 430 億美元，我對此感到有些壓力。查理和我會更加努力地工作，爭取在 2005 年能將這些閒置資金轉化為較有吸引力的資產，不過我們不敢說一定能成功。」

閱讀筆記：430 億美元！居然還能坐得住，讓人佩服。

重點	沒有好球，絕不揮棒。
關鍵詞	耐心等待、發力一擊、通往名人堂的大道、稅前（或稅後）回報。

21 財務 2 + 2

迷霧 巴菲特對財務數據有甚麼獨特見解嗎？

解析 見解是否獨特不清楚，但都很重要。

　　財務數據是投資者或債權人進行證券或公司分析時的重要參考信息。然而，由於會計準則制定的目標並不只限於為投資者和債權人服務，加上某些不良人士的有意誤導以及投資者的一些不正確認識，使得人們在使用財務數據時不免會出現一些偏差。

　　不過，財務分析是一個龐雜的工程，難以通過一個章節的討論就能把事情全部給說清楚。在巴菲特的歷年致股東信中，儘管有不少關於「財務課」的討論，但許多是屬於巴郡信息披露的範疇，這裏就不逐一介紹了。考慮到本書的讀者大多為投資者或債權人，下面僅就大家可能會關注的四個財務指標做一個簡要介紹。

權益報酬率

　　「大多數公司根據年度每股收益的變化來定義公司收益的「新記錄」。由於生意在年度間的擴充常常是以資本投入為基礎，所以我們並不認為這樣的經營表現有甚麼特別之處，比如公司資本擴充了 10%，而每股收益只增長了 5%。即使是一個靜止不動的定期存款賬戶，由於複利的關係，每年也都可以穩定地為儲戶帶來利息的增長。」(1977 年信)

　　「我們一向認為，營業利潤 (不含資本收益) 與股東權益 (所有資產淨值按原始成本計價) 的比率，是衡量單一年度經營表現的最佳指標。」(1979 年信)

　　利潤數據的最大問題是顯示不出其背後使用了多少資金，畢竟貨幣都是有成本的。每股收益 (EPS) 儘管比利潤指標向前邁進了一步，但還是沒能解決這個問題。直到今天，我們還會經常看到不少公司喜歡說公

司利潤創了新高，但卻絕口不談資本投入的情況，這其實就是一種有意或無意的誤導。一個數十年前就被指出來的問題，如今還在有人誤導公眾，不能不說事情有點可悲。

「評估一家公司經營好壞的首要指標，是其能否保持一個較高的股東權益報酬率（排除不當的財務槓桿或會計做賬），而非每股收益的持續增長。在我們看來，如果企業經理人和證券分析師們能夠修正一下他們對每股收益及其增長率的過分關注，則公司股東及一般投資大眾將會對公司的經營情況有更加深入的了解。」（1979 年信）

事實真如巴菲特所講：企業經理人和證券分析師對「每股收益」給予了「過分關注」關注嗎？下面這張表也許能夠說明一些問題：

表 1.7　美林證券機構調查 (1989-1997 年)

關注要素	1997	1996	1995	1994	1993	1992	1991	1990	1989
每股收益驚喜	1	1	1	1	1	2	3	1	1
權益報酬率	2	4	4	4		1	4		
收益回顧	3	2	2	2	2				
價格與現金流量比	4	5	3	3	4	5		3	4
5 年增長預期	5		5	5					
每股收益動力		3			3	4	2	2	2
紅利折現模型					5				5
價格與淨值比						3		4	3
負債與權益比							1		
淨收益率							5		

註：1-5 為受歡迎的程度，1 最高，5 最低。

對於上表所反映的情況，讀者也許並不陌生。在巴菲特指出問題所在的數十年後，今天的機構投資者仍然熱衷於玩「每股收益競猜」的遊

戲。每當公司年報披露後，為了贏得機構投資者的關注，證券公司研究報告最愛說的一句話就是「利潤符合預期」。至於利潤增長的背後使用了多少資金，則少有人提及。為何這種情況能夠延續這麼多年而沒有甚麼大的改變呢？想必讀者也都清楚，這裏就不展開談了。

如果不是機構投資者中的一員，如果你覺得買股票就是買公司，如果你想做的是股東而不是股民，那麼就應當像巴菲特那樣，把審視目光的重點始終聚焦在權益報酬率上面。

每股淨值增長

這項指標背後的含義儘管不如權益報酬率那麼簡單明瞭以及更能切中「要害」，但其實也很很重要。我們先看巴菲特對此曾說過甚麼。

「最近幾年，我們都會在這一部分詳細談到我們保險業的股權投資情況。 1979 年它們繼續表現優異，主要是因為我們投資的公司幾乎全部都有着出色的表現，屬於我們保險公司但由被投資公司留存下來的利潤數額繼續增加着，至今已形成巨大的數額。我們相信，這些被留存下來的利潤會被公司管理層予以有效利用，並最終為我們創造出更多的商業價值和市場價值。」（1979 年信）

此段話至少透露出兩個含義：(1) 屬於巴郡的利潤被投資公司進行了「巨大數額」的截留；(2) 相信這些被截留的利潤會得到「有效利用」。巴菲特究竟想說甚麼呢？個人覺得他在這裏道出了公司財務分析或價值評估中的一個重要課題：是甚麼驅動了內在價值？

為了能清楚地說明這個問題，我們不妨看一個簡單的公式：「每股收益＝每股淨值 × 淨資產收益率」。從公式中我們可以看出公司每股收益的增長是由兩個要素共同驅動：每股淨值與淨資產收益率。它代表着公司每股收益的增速不僅取決於它的資本回報，還取決於公司資產淨值的增速。

還不是很清楚？那我們再來看一個公式：每股收益增長率＝淨資產收益率 × (1—現金分紅比率)。這個公式告訴我們一個同樣的道理：每股收益的增速不僅直接受到資本回報率的影響，也直接受到公司當年現

金分紅比率高低的影響。換句話說就是，在資本回報不變的前提下，你分得越少，公司的利潤增速就會越快（想想巴郡）。

是這樣的嗎？我們接着往下看。

「我們在意的是企業的經濟利潤，包括企業全部的未分配利潤，而不是我們在這些利潤中的佔比。在我們看來，這些未分配利潤對於全體股東的價值，主要取決於它後來的使用效益，而不是誰佔了多少比例。如果你在巴郡擁有萬分之一的權益，過去 10 年來，你一定已受益於公司對留存利潤的使用，不管你採用的是何種會計準則。同樣，如果你擁有的權益是 20%，效果也是一樣的好。如果你 100% 擁有一家資本密集型企業，即使你每年的會計報告能認列所有的公司利潤，你最終獲得的經濟價值卻仍有可能乏善可陳，甚至是零。」（1982 年信）

儘管巴菲特在這裏重點談的也許不是公司資產淨值的增長，但我們從中不難看出：過去 10 年來，讓巴郡股東「受益」的不僅是公司的新資本回報率（即公司對留存利潤的使用效益），也包括公司對當年利潤的留存比率。

10 年後，在 1992 年的致股東信中，巴菲特再次提到了這個問題：「如果暫時把價格問題放在一邊，投資人最值得擁有的，應是那種在一段很長期間內可以把大筆資金運用在高回報項目上的企業。最不值得擁有的企業則正好相反 —— 長期把大量的資金運用在低回報項目上。不幸的是，第一類企業可遇不可求，因為大部分擁有高回報的企業通常都不需要投入太多的增量資金。這類企業的股東通常會因為公司發放大量的股利或是大量買回自家公司的股票而受惠。」

所謂「可遇不可求」，是指這類公司非常少（市場上能有幾家像巴郡這樣的公司呢），但這並沒有就此淹沒上面提到的財務邏輯。特別是當那些被稱為「現金牛」的公司大量回購公司股票時，每股收益同樣可以得到快速地提升，只是一種不同方式的提升罷了。

財務數據的時間刻度

「到 1977 年底，我們未實現的資本利得大約有 7,400 萬美元。對於

這個數字，就像對其他單一年度數字（我們在 1967 年時曾有 1,700 萬美元的賬面虧損）一樣，大家不必太過在意……一個題外的例子也許可以說明上述情況。巴郡紡紗與哈薩威工業是在 1955 年合併成為巴郡‧哈薩威公司（Berkshire Hathaway）。1948 年 —— 假設它們那時已經合併 —— 其稅前盈餘為 1,800 萬美元，旗下擁有 12 個遍佈新英格蘭地區的工廠，員工人數有一萬人。在當時的商業環境下，他們算得上是地區經濟增長的一個發電站。要知道 IBM 在同一年度的盈餘也不過才 2,800 萬美元（現在的年度利潤則為 27 億美元），Safeway Stores 的年度利潤為 1,000 萬美元，3M 公司只有 1,300 萬美元，時代雜誌則僅為 900 萬美元。然而在雙方合併後接下來的 10 年內，累計營收雖然達到 5.95 億美元，但卻出現了 1,000 萬美元的虧損。時至 1964 年，公司營運僅剩下兩家工廠，資產淨值更從合併時的 5,300 萬美元縮減至 2,200 萬美元。單一年度所透露出公司營運信息實在有限。」（1977 年信）

上面這段話究竟想說甚麼想必讀者已經很清楚了。

「1983 年，公司的每股資產淨值由上一年的 737.43 美元增加到 975.83 美元，增長了 32%。我們從未把單一年度的表現看得太認真。畢竟，沒有甚麼道理要把企業反映盈餘的期間，與地球繞太陽一周的時間劃上等號。我們建議至少應以 5 年為一個週期來評估企業的經營狀況。如果 5 年的所得遠低於美國企業平均的權益回報率，紅燈就應亮起。」（1983 年信）

這段話告訴我們兩點：(1) 企業評估週期不應短於 5 年；(2) 比較基準是美國企業平均權益報酬率。

引入這個話題應當不難理解：市場上有太多的投資人（想一想我們剛才提到的機構投資者偏好），他們關注的不是企業內在價值的長期發展趨勢，而是聚焦於某一年甚至某一季度公司利潤的變化情況。不過這也沒甚麼好責難的，不同類型的投資者自然有不同的思維與操作模式。但是，如果你把自己當作是一個企業投資者，就應當把審視企業的目光放得長久一些。

我們不妨以葛拉漢在《證券分析》中，說過的一段話作為本專題討

論的結尾，你從中不難看出師徒二人在相關問題上的看法可謂是高度一致：「公司當期收益對普通股市場價位的影響程度要大於長期平均收益。這個事實構成了普通股價格劇烈波動的主要原因。這些價格往往（雖然不是一定）隨着年景好壞所導致的收益變化而漲落不定。顯然，根據公司報告利潤的暫時性變化而等幅地改變對企業的估計，就這一點而言股票市場是極不理性的。一家私營企業在繁榮的年景下，可以輕而易舉地賺取兩倍於不景氣年份的利潤，而企業的所有者決不會想到要相應地增計或減計他的資本投資價值。這正是華爾街的行事方法和普通商業原則之間最重要的分野之一。」

EBITDA

熟悉財務分析的讀者應當清楚這一堆英文字母背後的含義，它代表的是企業息、稅、折舊與攤銷前的利潤數據，常常被當作一個重要指標運用於不同場合。對於這項指標，巴菲特在其 2000 年致股東信中給出了自己的看法：「當查理跟我在閱讀財務報告時，我們對於那些有關人事、工廠或產品的描繪沒有多大興趣，關於財務指標 EBITDA（即扣除折舊、攤銷、稅負和利息前的利潤）的引用更是讓我們膽顫心驚，難道公司管理人員真的認為半夜到訪的牙仙女 ④ 可以為他們夢幻般地送來大筆的資本支出嗎？」

對現金流量表比較熟悉的讀者想必清楚巴菲特的這段表述是想說些甚麼：折舊和攤銷儘管沒有當期的現金支付，但這並不代表以後也不會有。因此，不論把這個指標當作是企業還債能力的分析還是投資價值的分析，恐怕都存在一些瑕疵且容易引起誤導。

在 2001 年的致股東信中，巴菲特又一次提到了這個話題：「2000 年我們投資了 2.72 億美元用於購買飛行模擬器，今年的投資金額也基本相同。那些認為每年的折舊費用算不上真實成本支出的人，應該讓他們到

---

④ 源於美國的一個民間傳說：美國小孩子們都被告之，有一個仙女專門收集小孩子換牙時掉落的牙齒，因此小孩子應該把自己掉落的牙齒放在自己的枕頭下面，牙仙女半夜到訪時不僅會收集你的牙齒，還會送一些錢財或禮物給你。

國際飛安公司來做實習生，這樣他們就會知道每一分錢的折舊都和員工薪酬或原料成本一樣的真實。每一年我們都必須投入相當於折舊費用的資金用於更新設備，而這樣做僅僅可以維持現有的競爭地位，如果我們還想成長，就必須投入額外的資金。」

讀者也許質疑：用一個資本密集型的公司來舉例是否恰當？其實，國際飛安公司只是提供了一個較為極端的例子，但它並不代表其他的美國公司（或中國的公司）就可以無視企業未來資本支出的需要，就可以拿着 EBITDA 到處說事兒。從我們身邊的公司身上讀者應不難發現，企業要想長久地維持或爭取一個好的的競爭地位，資本支出一直小於折舊的例子恐怕是少之又少的。

也許是過於厭惡 EBITDA 這個指標了，巴菲特在 2005 年的致股東信中再次指出了這一數據的荒謬性：「鼓吹 EBITDA 這一觀念，將是一項有害的舉動。它好比是說由於不涉及現金支出，因此折舊算不上一項真實的費用。這樣講是毫無道理的。的確，折舊是一項不容易引起人們注意的費用，因為它的實際（現金）支出在所購資產還未創造出效益之前就已經完成了。然而我們不妨可以想像，如果有一間公司於年初就向其員工預先支付了未來 10 年的薪酬（這與為一批年限為 10 年的固定資產預先支付費用的情形一模一樣），那麼在接下來的 9 年裏，所有的薪酬支出都將變成一項沒有實際現金支付的費用 —— 會計上則會作為預付費用科目的一個減項。面對這樣一種狀況，不知道是否還會有人說這些賬上的處理不過是走走形式而已？」

| 重點 | 關注驅動公司價值的兩個關鍵要素；關注企業財務數據的時間刻度。 |
| 關鍵詞 | 權益報酬率、財務槓桿、留存利潤、當期收益、長期收益、EBITDA、資本支出。 |

22 下滑的電梯

迷霧　對於高通脹，巴菲特發表過甚麼觀點？

解析　可了解一下「投資人痛苦指數」。

　　從表 1.8 可以看出，美國 70 和 80 年代曾有過一次時間較長的高通脹時期。在 1979 和 1980 年的致股東信中，巴菲特曾就高通脹會給投資者帶來甚麼影響深入談了自己的觀點。由於涉及的內容較多，為了便於讀者理解和直奔重點，我把這些內容劃分成了五個小部分。不過既然是個人解讀，難免會有錯漏之處，這一點請讀者務必注意。

表 1.8　美國年平均通脹率

1970-1980	1970-1990	1970-2000	1980-1990
7.4%	6.2%	5.1%	5.1%

資料來源：《投資收益百年史》

通脹率已成為決定投資回報高低的首要因素

　　「在各位沉溺於一片歡樂氣氛之前，還是先進行一項更加嚴格的自我檢視吧。幾年前，當一家公司的每股淨值以年複合 20% 的速率增長時，可以確定其股東也同時獲得了很高的投資回報。但在目前環境下，情況已變得不那麼確定了，因為在判斷公司的經營成果是否已讓股東有了一個滿意的投資回報（即購買力的提升）時，通貨膨脹率與個人所得稅率已成為最後的決定因素。」

　　「我們仍會盡力妥善地打理公司生意，但大家必須了解，影響幣值是否穩定的一些外部因素，將會決定各位在巴郡的投資是否能最終獲取一個真實的回報。」

「一位友好而眼光敏銳，並且長期觀察巴郡公司的評論員指出，1964 年年末，我們的每股賬面淨值大約可以買入半盎司黃金。15 年之後，在我們流血流汗地努力耕耘了一番後，每股賬面淨值還是只能買入半盎司黃金。相同的道理也適用於購買中東地區的石油。問題的關鍵就在於，我們的政府在印製鈔票及製造承諾方面有着很強的能力，卻沒有甚麼能力出產黃金和石油。」

以上三段話摘自巴菲特 1979 年致股東信。從前兩段話裏我們可以清楚看到，當通脹率高企時，巴菲特認為它們已變成決定投資者回報的首要因素。後面一段話則是用實例提供了佐證。1964-1979 年，巴郡資產淨值的年複合增長率為 20.5%，如果 1979 的淨值「還是只能買入半盎司黃金」，我們不僅可以想像當時的通脹有多麼的嚴重，而且也可以看出：它確實已變成影響投資者回報的決定性因素。

投資人痛苦指數

在同一年的致股東信中，巴菲特還為我們引入了一個新的概念——投資人痛苦指數。「通貨膨脹率，加上股東在將自己的獲利放入口袋之前必須支付的所得稅率（股息稅及公司未來將以前的未分配利潤最終發還給股東時需繳納的所得稅），構成了『投資人痛苦指數』。當這個指數超過公司股東權益報酬率時，就意味着投資人的購買力（即使他沒有消費一分錢）會不增反減。對於這樣的情況我們無計可施，因為高通脹率不代表企業的權益報酬率會跟着提高。」（1979 年信）

由於投資人「必須支付的所得稅率」和「通脹率」是投資回報的減項，因此這個概念不難理解。這就好比投資人面前有兩條增長曲線，一條是名義回報曲線，一條是所得稅率和通脹率增長曲線。只有在名義增長曲線中扣除所得稅和通脹後，才是投資者的實際回報。當前一條曲線增長較高時，投資者有正回報，當後一條曲線增長較高時，投資者的實際回報就會變成負值。

下滑的電梯

在 1980 年的致股東信中，巴菲特形象地將高漲率比喻成一部正在高速下滑的電梯：「高通脹率等於是對投入的資本又額外課了一次稅。如果我們用實際回報來衡量一項投資的話，它可能會使許多投資開始變得不再划算。這個基本門檻 —— 公司必須給股東創造實際的資本回報 —— 近幾年來可以說是大幅提高。每個納稅人就好像是在一個不斷下滑的電動扶梯上拚命往上跑，而加速跑的結果卻往往等於只是在原地踏步。」

「舉例來說，假設一項生意的資本回報率為 20%（一般人很難達到的成績），而當年的通脹率為 12%，公司決定把利潤全部以股息的形式發放給股東，如果公司適用的稅率是 50% 的話，投資人的實際資本回報其實就是負的（20% 的資本回報中有一半要上繳國庫，剩下的 10% 全部被通脹吃光後還不夠。這種結局，可能比在零通脹率下投資一家獲利極為平庸的公司還不如）。」

想想這些年房價、教育以及醫療費用的巨大漲幅，工薪階層那點可憐的工資收入可以抵消這「三座大山」的不停崛起嗎？

「虧空」稅

我們聽過因賺錢而交付所得稅，從未聽過出現虧空時也要交付所得稅。但在高通脹時期，這一奇聞就會變成現實。

「如果只有顯性的所得稅率而無隱性的通脹率，無論如何一個正的投資回報都不會變成負的（即使股息所得稅和資本利得稅率高達 90%，但只要通脹率為零，股東一定會有一些實際回報）。但通貨膨脹卻不管公司賺不賺錢。比如最近這幾年的通脹情況，會使大部份公司股東的實際資本回報由正值轉為負值，即使公司不必繳納任何所得稅也是一樣（舉例來說，如果通脹率達到 16%，則大約會有六成以上的美國公司其

實際的資本報酬率變為負值 —— 即使大家不必繳納一分錢的資本利得稅和股息所得稅）。」

「當然，所得稅是按名義收入徵收的，因此這兩項稅賦不僅同時存在而且相互影響。也因為如此，當收入按不變價格計算時，你可能會因實際上的『虧空』而繳納個人所得稅。」（以上兩段全部摘自 1980 年信）

這兩段話我覺得應包含兩個含義：(1) 當通脹率高於你的資本回報率時，你會因繳稅（通脹稅）而讓收入變成「負值」；(2) 由於所得稅是按名義收入繳交，因此當你的名義收入因通脹而變成負的實際回報時，你必須交付的那筆所得稅就變成因虧空而繳稅。

Indexing

甚麼是 Indexing 呢？在 1980 年的致股東信裏巴菲特是這樣解釋的：

「公司收入如果能按價格指數調整（Indexing），自然可以抵禦通貨膨脹的襲擊，但大部份的公司資本從未能做到這一點，哪怕只是一部分調整也做不到。當然，如果一間公司把當年利潤的大部分予以保留並用於再投資，公司的賬面每股盈餘與股利通常會逐年增加，但那只是在無通脹時才可以實現。就像是一個勤儉的僅靠薪水過日子的人，只要他固定把其薪水的一半存入銀行，就算是從來沒有獲得過加薪，其賬戶的資金也會慢慢增加。但無論是這位勤儉的工薪階層人士，還是作為一家每年賺取穩定收入且股息會逐年增加（資本回報率則保持平穩）的公司股東，他們都沒有在做 Indexing。」

「對於真正做到 Indexed 的公司，其資本回報率必須有所增加，即在不需額外投入資本金的情況下，其經營利潤可以持續地跟隨價格指數的增長而增加（利潤的增加如果源自新增資本的投入則不算數）。只有少數企業具有這種能力，而巴郡並不在其中。」

當通脹率較為緩和時（比如 3% 左右），股票投資（僅限於對股票指數的長期持有）一般會讓投資者獲取正的實際回報（特別是相對於那些固定收益產品），這一點是有大量實證提供證明的。但如果出現歐美某段歷史時期中的那種高通脹率，就會像巴菲特在上面所指，能夠繼續在資本回報上進行 Indexing 的企業恐怕就寥寥無幾了。

重點	高通脹會讓投資行為變成一場負值遊戲
關鍵詞	最後的決定因素、投資人痛苦指數、下滑的電梯、虧空稅、Indexing.

23 橫杆

迷霧　高通脹時期投資股票仍然是一個好選擇嗎？

解析　答案並不那麼一目了然。

　　這一節的內容其實可當作上一節話題的延續。由於涉及的問題稍顯複雜一些，因此就單獨設置了一節進行專門的討論。

　　巴菲特在 2011 年的致股東信中曾經指出：相對於存款、債券和黃金，股票投資不僅回報高，而且也更加安全。其實早在 30 年前，他已經發現了這個問題，不過由於當時美國正處於高通脹時期，導致巴菲特對過往的一些認識產生了懷疑。本節討論中的有關摘錄全部來自 1981 年致股東信。

　　從本節開始，在一些摘錄後面我會選擇性地提供一些「輔讀」，謹供讀者參考。

股票的長期回報

　　「過去的幾十年，如果一家公司的權益報酬率為 10%，就會被劃進『好生意』之列 —— 即公司一美元的再投資，邏輯上可以被市場給予高於一美元的估值。由於長期應稅債券的利率為 5%，長期免稅債券的利率為 3%，一個可以獲取 10% 權益回報率的公司，市場理應給予估值溢價。這是真實的情況，即使股息和資本利得稅會讓股票的實際回報有所降低 —— 比如投資者最後拿到的回報只剩下 6%-8%。」

　　輔讀：由於歷史上美國企業的平均資本回報大約都在 10% 上下，因此在「過去的幾十年」裏，相對於固定收益類金融產品，股票一直都略勝一籌，這與 30 年後（2011 年）巴菲特再次提出的論斷基本一致。

股票回報略勝一籌的原因

「經濟領域的實例證明,相對於保守投資(指對固定收益證券的投資),股票投資在整體上之所以能取得超額回報,是因為在資本運用上存在一些對管理技術的應用。此外,這些實例也證明了一點:股權回報之所以高於債權回報,還因為前者比後者承擔了更大的風險,因此被『授權』可以有一個較高的回報,於是來自於股票組合的『回報增加值』紅利就是自然和確定的了。」

輔讀:所謂「管理技術的應用」,個人理解應當是指埃德加·史密斯在其所著《用普通股進行長期投資》中提到的那個著名發現 —— 企業隱藏了一部分收入以方便用於利潤再投資。由於有利潤再投資,加上企業的資本回報一般會高於債券,因此長期來看股票的投資回報會好於債券。至於說股票「承擔了更大風險,因此被授權可以有一個較高回報」,這個觀點似乎更像是來自學術界。比如,彼得·伯恩斯坦在為西格爾所著《股市長線法寶》一書作序時就曾經指出:「債券是在法律上可以強制執行的合同,而股票卻存在風險 —— 股票就是一種風險投資,它要求投資者對未來市場走勢非常信任。因此,股票並不是天生就優於債券,但它的高回報可以在一定程度上彌補其高風險。」

市場為「好生意」給予了估值溢價

「投資市場已認識到了這一點。在早期的時光裏,美國公司平均能賺取大約 11% 的資本回報,股票的售價整體上可以達到其權益資本(賬面淨值)的 150%。由於資本回報遠高於人們在固定收益資產上的回報,因此大多數的權益投資也都被當作是『好生意』。權益投資所帶來的『增加值』,整體上看也是巨大的。」

提示:美國股市市盈率過去 100 年的歷史均值大約為 15% 左右。如果 ROE 為 11%,1.5 倍的 PB 大約就是 7.3% 的即時回報,這和市盈率的歷史均值差不多。不過不要忘了,整體上看,企業的每股收益不是一個靜止不動的數值,因此市場給予的估值溢價其實並沒有充分反映股

票的投資價值。背後的道理很簡單：從擋風玻璃往前看，與從後視鏡裏往後看的風景是完全不同的：前者雲山霧罩，後者雲淡風輕。

高通脹讓好生意不再好

「那樣的日子已經過去……去年，長期應稅債券的收益率已經超過了 16%，長期免稅債券收益率也已達到了 14%。當然，源自於免稅債券的回報可以直接進入個人投資者的腰包。與此同時，美國公司的資本回報率僅為 14%，而且這 14% 的回報在個人投資者將其轉為銀行存款之前還會因支付稅款而大幅減少。減少的幅度度則取決於公司的股息政策以及適用於個人投資者的稅率水平。」

輔讀：如果應稅債券的收益率已經超過 16%，可以想像當時的美國資本市場有一個怎樣的通脹預期。而在這樣一種預期下，我們也可以想像股票回報面臨着一種怎樣的壓力。

情形一、利潤全部分配

「當固定收益資產的利率水平達到 1981 年後期的水平時，對於個人投資者來説，傳統美國公司的一美元投資已不再具有 100 美分的價值。假設一位投資者的適用稅率為 50% 以及公司的利潤全額進行分配，投資者的回報也僅相當於持有一張利率為 7% 的免稅債券。如果條件繼續保持不變——即公司將所有的利潤予以分配以及資本回報率持續為 14%，則對於一個高稅基的個人投資者來説，等於每年可以固定收取一個利率為 7% 的免稅息票。當我寫下這段文字時，這個 7% 的免稅息票，其價值僅僅為 50 美分。」

輔讀：巴菲特在這裏又重提資本市場的雙重納稅問題——即顯性的所得稅和隱性的通脹稅。當兩個稅種都高高聳立時，股票的實際回報就會大幅下降。

情形二、利潤全部保留

「另一方面，如果美國公司將其年度利潤全部保留，資本回報率也保持恆定不變，那麼公司的利潤每年就可以保持 14% 的增長。如果市盈

率也能保持不變,股票價格也會以每年 14% 的速度增長。但是所有這些利潤都還沒有進入投資者的口袋,在把它們放入口袋之前還需要支付資本利得稅。按現行的稅率估算,最多需要支付 20%。而這個稅後淨收益與目前保守投資的稅後淨收益相比,還是要低一些。」

輔讀:巴菲特給出的策略就是巴郡一直奉行的策略(不過巴郡這樣做的初衷並不是為了應對通貨膨脹),只是這裏面有一個前提:企業的資本回報要高於債券回報,否則即使延續了繳稅的時間(這個當然很重要),也最終好不到哪去。

歷史將有望在這裏改寫

「除非固定收益資產的利率下降,否則,如果公司的資本回報率為 14% 且不發放任何股息,對個人投資者來說,他的這項投資最終仍不能算是成功的。保守投資的資本回報率超過了進取投資的資本回報率,這對於投資者和企業經理人來說都不是一件愉快的事情,也是他們不願面對的事情。但是現實就是現實,不會因為你不喜歡或刻意地忽略就不存在了。」

輔讀:寫到這裏我們已可以看出:過去那些源自歷史的實證數據 —— 即股票回報一直高於債券 —— 在高通脹肆虐的情況下還是有望發生(短暫性)逆轉的。

「橫杆」已越抬越高

「應該強調的是,這種沮喪的情況本不應該出現,因為美國公司的經營較以前還是有了一些改善,使得資本回報在過去 10 年裏有了幾個點的抬升。但保守投資回報的「橫杆」抬升的速度更快。不幸的是,對大多數美國公司來說,除了希望這條橫杆能夠大幅度降低外,別無他法;只有很少的產業有望在未來能夠進一步抬升它們的資本回報。」

輔讀:儘管保守投資的「橫杆」抬升的更快,但這並不是一個長久的現象,否則歷史走到這裏真的就要改寫了。在本節討論的結尾處,我們將提供一組數據供大家參考。

高通脹下「好生意」應有的經營模式

邏輯上，一個不僅在過去的歷史，而且未來預期也會有高資本回報的公司，應當留存大部分的利潤，從而可以讓股東獲取更好的投資回報。相反，那些低資本回報的公司理應發放高比例的紅利，從而可以讓股東將資金投入到更具吸引力的項目上（聖經也認同我們的觀點。在一個有關才幹比較的寓言中，兩個賺取高額利潤的僕人被獎勵可以 100% 地留存利潤，並被鼓勵去擴張業務。而沒有賺取任何回報的那位僕人，不但被斥責為「邪惡和懶惰」，而且還被要求將其所有的資金轉交給表現最好的那個僕人。馬太福音 25:14-30）

輔讀：歷史和未來都有高資本回報的公司，理應保留全部的利潤。這不僅可以提升股東價值（還記得我們關於價值驅動要素的討論嗎？），而且由於繳稅時間的拖後，也會大幅增加企業未來的現金流。不過正如我們上面所說過的，這樣做對「好生意」（資本回報高於債券）有效，對「壞生意」則無效。

高通脹下「壞生意」面臨的窘境

「以目前的情況看，一家公司的資本回報如果只有 8% 或 10% 的話，不會有多少剩餘資金用於生意擴張、還債或發放實實在在的股利。通脹這條寄生蟲早就把盤子裏的食物給吃光了（那些只能賺取微薄利潤的企業是不具分紅能力的，但這一點卻常常被偽裝起來。有越來越多的美國企業被迫實施利潤再投資計劃，甚至是資產加速折舊計劃。所有這些，都需要股東被迫將資金重新投入原有的事業。還有些企業甚至用定向發行新股的方法來應對原有的股息支付需求。當一家企業需要進行新的資本配置才能支付股息時，大家就要特別小心了）。」

輔讀：還記得我們關於股東利潤的討論嗎？對於那些實際上沒有創造多少股東利潤的公司來說，當通脹長期肆虐時，其經營狀況就會變得更加艱難，因為他們將面臨更大的資本支出壓力。

沒有希望了嗎？「通脹的經歷與預期將是影響未來這道『橫杆』高度的主要因素（但不是唯一因素）。如果長期通脹的成因能夠得到緩和，

那麼保守型投資的回報就很有可能會下降，美國股權投資的實質境況也就會相應地得以大幅度改善。在這樣一種情況下，那些從經濟意義上說已被劃分為『壞生意』的美國公司，就有望重新變回為一個『好生意』」。

輔讀：慶幸的是，巴菲特最後提出的希望最終變成了現實。由於美國市場的通脹後來得到了緩解，股票投資回報高於債券的歷史記錄也最終沒有遭遇扭轉。從下表給出的數據中，我們可以清楚地看到這一點。

表 1.9　美國 70、80、90 年代各金融工具的年均回報

	股票實際收益率	長債實際收益率	短債實際收益率	通貨膨脹率
70 年代	-0.7	-1.7	-0.9	7.4
80 年代	11.0	7.2	3.9	5.1
90 年代	14.2	6.3	2.0	2.9

資料：《投資收益百年史》

重點	高通脹會嚴重削弱股票回報的比較優勢
關鍵詞	好生意、壞生意。

24 我們買了些報紙

迷霧 巴菲特好像很喜歡投資報業？

解析 差不多是這樣。

從上個世紀 70 年代中期買入《華盛頓郵報》和《布法羅新聞》到 2012 年收購 28 家報紙，表面上看巴菲特和芒格這兩個人似乎很喜歡投資報紙，然而實際情況則還要複雜一些，其投資、經營和管理的過程也頗顯曲折。

巴菲特先後在 1984、1988、1990、2006 和 2012 年的致股東信中，分別談了他對報紙業的看法以及為何他和芒格會一直投身於報業的背後原因。從這些表述中，我們可以大致了解到在長達近 40 年的時間裏，兩個人有一個怎樣的心路歷程。

這一歷程大致可劃分為四個階段，我下面會按時間區隔分別摘錄巴菲特的相關表述，請讀者自行體會其投資思想的演變過程。

第一階段：樂觀的 70 年代

「在商業社會中，一家有着強勢地位的報紙其經濟狀況是很好的。報紙的所有者通常會認為他們有出色的賺錢能力是因為他們有一份出色的報紙。但是這種貌似合理的理論卻讓一種貌似不合理的事實所打破。當一些一流的報紙大賺其錢時，不少三流的報紙同樣賺得盆滿缽滿甚至更多——只要報紙能在當地社區佔有統治地位。當然，報紙的品質對於一份報紙能否佔有強勢地位至關重要，我們相信這也正是水牛城新聞目前的狀況，而這些都是像 Alfred 這樣的人帶給我們的。」（1984 年信）

「一旦主宰了當地市場，報紙的命運就交給了報紙自己而不是市場了。但不管辦得是好是壞，報紙都將會大發其財。其他行業就做不到這一點：不良的產品一定會導致企業不良的經濟狀態。但是，即使是一份

內容貧乏的報紙，由於它的廣告版面，也會吸引當地居民掏錢購買。當其他條件相同時，一份三流報紙的讀者人數當然無法和一份一流報紙相比。然而，對普通市民來說它仍然具有吸引力。居民對報紙的關注，帶來了廣告商對報紙的關注。」（1984 年信）

「查理和我在年輕的時候就很熱愛新聞事業，買下水牛城新聞的 12 年來，讓我們渡過了許多快樂時光。我們很幸運能夠找到像 Murray 這樣具有一流水準的編輯人員，讓我們自從入主水牛城新聞後，便一直能以他為傲。」（1988 年信）

第二階段：謹慎的 1990

「查理和我對過去一年媒體事業 —— 包含水牛城新聞等報紙在內 —— 的發展感到十分意外。這個產業目前在經濟衰退的早期所受到的傷害要比過去嚴重了許多。問題是這種退化只是因為景氣循環而暫時性失調 —— 這意味着下次景氣回暖時會再次恢復過來 —— 還是意味着已失去的那部分企業價值再也不會回來了。」（1990 年信）

「由於我對已發生的事情沒能事先預料到，所以你可能會質疑我對未來的預測能力。儘管如此，我還是會提供一項個人判斷供大家參考：雖然相較於美國其他產業，有些媒體事業會繼續維持不錯的繁榮景象，不過已經遠不如我個人、業界或貸款人在幾年前的預期。」（1990 年信）

「媒體事業過去之所以能有如此優異的表現，並不在於其體量上的成長，而是從業者都握有非比尋常的定價能力。不過現在，廣告收入的增速已開始放緩。此外，那些本就很少或根本不做廣告的零售商（雖然他們有時會做一些郵購服務）已在一些特定的商品領域得到了他們的市場份額。更加重要的是，無論是印刷品廣告還是電子廣告，它們的渠道數量都已大幅增加，廣告收入因此被大量分攤與稀釋，廣告承辦商的議價能力從而逐步地消失殆盡。這一現象大大降低了我們所投資媒體的內在價值，包括水牛城新聞 —— 儘管大體而言它們都還算是不錯的生意。」（1990 年信）

「儘管利潤會縮水，但我們對於自己的產品依然感到驕傲。比起其

他同等規模的報紙，我們一直擁有較高的新聞比率（新聞佔報紙版面的比率）。1990 年，我們的新聞比率已從去年的 50.1% 增加到 52.3%。只是增加的原因來自廣告版面的減少，而不是新聞版面的擴充。雖然報紙有不小的利潤壓力，但我們還是會堅持至少 50% 的新聞比率。降低產品的品質可不是應對逆境的應有方式。」（1990 年信）

第三階段：悲觀的 2006

「不是所有巴郡的事業都注定能不斷地增加盈利。當產業的基本面惡化時，有才幹的管理層僅僅能相對降低一些企業下滑的速率。到最後，逐漸惡化的基本面一定會戰勝管理人的大腦（就像一個聰明的朋友曾經告訴我的那樣：『要想成為一個有好名聲的生意人，就要先確定你從事的是一項好事業。』）目前報業的基本面絕對是每況愈下，從而使得巴郡旗下水牛城新聞的盈利水平不斷下降。這一趨勢恐怕還會持續下去。」（2006 年信）

「我在 1991 年的致股東信中就已經斷言，媒體這種獨善其身的狀況正在改變。我當時寫到：『媒體事業……最終會證明其經營效益將比我本人、整個業界以及債權人幾年前所做的美好預期遜色不少。』有些報社對我的這番評論以及後來陸續出現的警告感到不悅，願意接手報業資產的人也仍然絡繹不絕。在他們眼裏，報紙會繼續如同賭場裏的老虎機一樣，帶給他們源源不斷的利潤。事實上，許多聰明的報社經理人，儘管他們會定期記錄和分析周邊的重要事件，但對發生在自己鼻子底下的事情卻視而不見，或是裝成一種無所謂的樣子。然而現在，幾乎所有的報社老闆都已意識到，他們正在從這場爭奪眼球的戰鬥中敗下陣來。我們不妨簡單地想一件事：如果有線電視、衛星廣播以及互聯網比報紙更早誕生在這個世界上，那麼我們身邊也許根本就不會有報紙的出現。」（2006 年信）

「就像我們以前曾經說過的，除非面臨不可逆轉的現金枯竭，否則我們還是會固守我們的新聞事業。芒格和我熱愛新聞事業──我們每天都要讀 5 份報紙──並且相信一個自由、充滿活力的的報紙是民主社會

得以維持的一個關鍵要素。我們希望新聞與互聯網的結合可以延緩或阻止報紙末日的到來。我們也會與《水牛城新聞》一起努力，發展出一套可以持續經營的商業模式。我相信我們一定會成功，只是那種可以賺取可觀利潤的歲月已經一去不復返了。」（2006 年信）

第四階段：偏樂觀的 2012

「在過去 15 個月裏，我們用 3.44 億美元收購了 28 家日報。有兩個地方可能會讓你們感到困惑。1、在以往的致股東信和年度股東大會中我曾經告訴過你們，報紙發行量、廣告和利潤等從整體上看都將面臨較為確定性地下滑。我的這個預測至今仍然不變。2、我們買入的這些資產，遠遠達不到我們曾多次強調的關於資產收購的規模與標準。」（2012 年信）

「我們能夠很容易地對第二點作出解釋。查理和我熱愛報紙，如果它們的經濟運行保持基本合理，我們就會出手收購它們 —— 即使其規模遠不符合我們事先定下的收購門檻。」（2012 年信）

「現今的世界已有所變化。股票市場行情和大型國際體育比賽的信息在報紙出版前就已經變成了舊聞。互聯網提供了廣泛的有關職業招聘和房屋出售的消息。電視台為它的觀眾提供了大量有關政治、國內和國際的新聞。在一個接一個觀眾所感興趣的領域，報紙已經失去了他們的首選地位。讀者的減少也導致了廣告的減少（來自於『員工招聘』的廣告收入 —— 它曾經長期是報紙的主要收入來源 —— 在過去 12 年裏已經下降了 90%）。」（2012 年信）

「然而，報紙在提供社區新聞方面仍佔據着統治地位。如果你想知道你所在城市正在發生着甚麼，無論新聞是關於市長的，還是關於稅收的，抑或是關於中學橄欖球比賽的，沒有其他媒介可以替代一份地區性的報紙。一位讀者可能會在幾個有關加拿大關稅或巴基斯坦政治變革的段落上進行快速地瀏覽，而當他閱讀到有關自己和鄰居的故事時，他就會認真地把它看完。只要一個社區有自己普遍關注的事情，一份服務於本社區新聞與事件的報紙，對當地大部分的居民來說就是不可缺少的。」

（2012 年信）

　　「隨着時間的推移，巴郡源自於新聞事業的收入幾乎可以確定是逐漸下降的。即使有一個合理的互聯網戰略，恐怕也難以阻止這種趨勢。然而，從資金成本的角度看，我相信這些報紙最終會通過乃至超越我們的收購標準。至少，目前的情況是如此。」（2012 年信）

重點	巴菲特確實很喜歡報紙 ── 儘管其經濟狀況已大不如從前。
關鍵詞	熱愛報紙、已失去的首選地位、社區統治地位、難以替代。

25 銀行業

迷霧 巴菲特是否說過銀行業不是他們的最愛？

解析 是，也不是。要看銀行的經營品質如何。

「1977 年，伊利諾國民銀行繼續其過往的業績，資產利潤率大約為那些規模較大同業的 3 倍。像往常一樣，在這一成績的背後，存款戶繼續可以獲得最優惠的利率，貸款戶繼續保持較低的風險，銀行則繼續保有較高的流動性。Gene Abegg 在 1931 年以 25 萬美元的資金創建了這家銀行。在第一個完整的營業年度，利潤就達到了 8,782 美元。從那時候開始，該銀行就再沒有增添新的資本；與此相反，自從我們在 1969 年買下該公司後，已經收穫了 2,000 萬美元的股息。1977 年的盈餘更是達到了 360 萬美元，甚至比規模大它 2-3 倍的銀行掙得還要多。」（1977 年信）

輔讀：從這段話裏至少可以解讀出如下信息：1、1969 年巴菲特就已經投資銀行業；2、在「存款戶繼續可以獲得最優惠利率」的前提下，其「資產利潤率約為那些規模較大同業的 3 倍」；3、該銀行掙得多，分得也多，但 40 多年來卻從未「增添新的資本」。

「我們是在 1969 年 3 月買下伊利諾國民銀行的。當時該公司有着一流的運作水平，從 1931 年 Gene Abegg 創立時他們就一直如此。目前客戶的定期存款是 1968 年的 4 倍，利潤是 1968 年的 3 倍，信託部門的收入也增加了 1 倍，經營成本也一直能得到有效的控制。」（1978 年信）

輔讀：買入這家銀行，是因為該銀行「有着一流的運作水平」。無論是保險業還是銀行業，在巴菲特看來它們不僅沒有獨特的經濟特質，而且都有着很高的經營風險。基於此，公司的品質並非源於產業的品質，而是全靠公司自身是否有「一流的」管理。

「在 Gene Abegg 及 Pete Jeffrey 出色的領導下，這家銀行去年的盈利再次打破了歷年來的所有記錄，去年的平均資產利潤率達 2.3%──大

約是大型銀行平均值的 3 倍和所有銀行平均值的 2 倍。這樣的成績無疑是非常出色的，所有巴郡的股東應當再次起立為 Gene Abegg 報以熱烈的掌聲，感謝他們在過去一年以及自 1969 年成為巴郡一員以來所作出的貢獻。」（1979 年信）

輔讀：這是賣掉這家銀行前的最後一次報告。

「如各位所知，1969 年頒佈的《銀行控股公司法》要求我們必須在 1980 年底以前將這家銀行給賣掉。過去幾年來，我們們曾試圖使用資產分割（spin-off）的方式來符合法令的規定，但聯儲局卻堅持說，如果這樣處理，巴郡不能有任何一位董事或經理人在分割後的銀行或控股公司中擔任任何管理職務 —— 即使像我們這樣，由一個獨立單位同時擁有兩家公司 40% 以上的股份也不行。」（1979 年信）

輔讀：巴菲特是按照美國的新法規要求被迫賣出（不過有一點本人不是很清楚：1979 年時，巴菲特已經有了可以放心讓出色公司自我經營，不需要施加多大影響力的思想。但不知為何，在伊利諾銀行這個案例中這個思想似乎沒有體現出來。背後肯定有原因，但不知是甚麼原因。難道只是因為資金配置權與 CEO 薪酬決定權不宜完全放手這個問題嗎？。

「然而大家必須清楚，當我們賣掉這家銀行後，以後被替換進來的資產所能給予我們的回報，恐怕將無法與這家銀行相比，甚至連接近它可能都比較難。因為你很難期望能以賣出這家銀行同等的市盈率，去買進一家有着高質素資產的出色生意。」（1979 年信）

輔讀：用很低的價格賣出 A（1979 年美股處於熊市），這並不是問題的關鍵，因為你完全可以用同樣的低價在市場上買入 B 或 C 或 D。問題的關鍵是，在巴菲特看來他是以鉛的價格賣出一塊金子，但市場上已經沒有同等質素的金子了。

「銀行業不是我們的最愛。當一個行業的資產普遍是其股東權益的 20 倍時，只要資產端發生一點點狀況就有可能把大部分的股東權益給蠶食掉。在不少大銀行那裏，這些問題早已變成常態而非特例。許多問題源自管理上的失誤，就像去年我們在討論『機構強制』時所提到的：企

業的經營主管們會不由自主地去盲目模仿同業的做法，而不管這些行為有多麼的愚蠢。發放貸款時，由於許多銀行從業者都有着旅鼠般『追逐領先者』的熱情，所以現在他們也正在遭遇旅鼠一樣的命運。由於 20 比 1 的槓桿比率會使管理中的所有優點與缺點被放大，所以我們對用便宜的價格買下一家經營不善的銀行一點興趣都沒有。相反，我們只對以合理價格買進一些經營良好的銀行感興趣。」（1990 年信）

輔讀：兩點感悟：1、在買入富國銀行的當年，提出「銀行業不是我們的最愛」。道理很簡單：銀行是高槓桿行業，對管理水平有着很高的要求，而很多銀行做不到這點。2、「機構強制」是指大型公司都普遍存在着一種慣性行為，如因循守舊、喜歡模仿與跟隨同業等。

「在富國銀行，我想我們已找到銀行界最好的經理人：Carl Reichardt 和 Paul Hazen。在許多方面，這兩個人的組合使我聯想到另外一對搭檔：大都會／美國廣播公司的 Tom Murphy 與 Dan Burke。首先，兩個人加起來的合力都大於個體的簡單相加，因為他們每個人都十分了解、信任和尊敬對方；其次，他們會毫不吝嗇地犒賞有才能的員工，同時又十分痛恨人浮於事；第三，即使公司的利潤已經屢創記錄，他們控制成本的熱情卻從未鬆懈，就好像是他們一直都處於一種無形的壓力下，最後，他們都堅持只做自己所熟悉的事情，讓自己的能力而非自尊來決定應當做些甚麼（IBM 的 Thomas Watson 曾經說過：『我不是天才，我只是有點小聰明——不過我充分運用這些小聰明』）。」（1990 年信）

輔讀：1990 年敢於逆勢買入銀行，是因為銀行有出色的管理人（當然，其經營前景也不像市場當時想像的那樣糟糕），其中第三條尤其符合巴菲特的個人偏好。

「巴郡有一項重要的股票倉位沒有列示在表上：在 2021 年 9 月之前的任何時候，我們都可以用 50 億美元購買美國銀行 7 億股的普通股。截至 2013 年底，這些股票的市場價值為 109 億美元。我們可能會在選擇權到期前的那段時間再購買。同時大家應該了解，美國銀行將成為我們的第五大持股，並且我們非常看好它。」（2013 年信）

輔讀：巴菲特在經營巴郡的後期階段還在大舉買入銀行。

縱覽 1977-2014 年信的相關內容，儘管巴菲特說「銀行業不是我們的最愛」，但我們還是看見巴菲特曾經多次買入銀行業的股票。下表提供了一個大致的情況記錄：

表 1.10　巴郡銀行持倉記錄（單位：美元）

	1969	1980	1990	1994	2002	2006	2013
銀行	伊利諾	底特律國民	富國	匹茲堡國民	M&T	美國合眾	美國銀行
持倉成本	不詳	59.3 萬	2.89 億	5.03 億	1.03 億	9.69 億	不詳

資料：巴菲特致股東信

巴菲特在 1990 年重倉買入富國銀行，在後來的 20 多年裏又有一個怎樣的持倉變化呢？表 1.11 給出了基本情況：

表 1.11　巴郡對富國銀行的持倉成本變化表（單位：億美元）

1990	1991	1992	1993	1994	1995	1996	1997	1998	1999
2.89	2.89	3.81	4.24	4.24	4.24	4.98	4.13	3.92	3.49
2000	2001	2002	2003	2004	2005	2006	2007	2008	2009
3.19	3.06	3.06	4.63	4.63	27.54	36.97	66.77	67.02	73.94
2010	2011	2012	2013	2014					
80.15	90.86	106.06	118.71	118.71					

資料：巴菲特致股東信

注：(1)、1990 年買入後一直（至少）持倉至 2014 年末；(2) 1998-2004 年雖有不同程度的減持，但減持數量不是很大；(3) 2005 年開始大幅加倉並開始以後的一路增持，直到 2013 年停止。

重點	高槓桿的銀行業需要高水平的管理。
關鍵詞	最優利率、較低風險、經營成本、資產利潤率、股本增發。

26 20 年的糖果店

迷霧 巴菲特為甚麼經常提起時思糖果公司？

解析 時思糖果對巴菲特來說有着多重意義。

時思糖果，一個在巴郡經營的較早時期被巴菲特買入的優質公司。之所以會被單獨劃出一節進行專門的討論，是因為這家公司的買入對巴菲特後期投資思想的轉變起了很大的作用。可以這樣說，如果沒有這家公司後來的成功，巴菲特後來的思想「進化」恐怕還要再晚上幾年。

「我們剛剛跨過歷史性的一頁。20 年前，也就是 1972 年 1 月 3 日，藍籌印花公司 (當時還是巴郡的一家子公司，後來併入了巴郡) 買下了時思糖果 —— 美國西海岸一家盒裝朱古力製造商與零售商 —— 的控股權。當時賣方的報價 —— 以獲取 100% 股權進行換算 —— 為 4,000 萬美元，但當時僅公司賬上的閒置資金就有 1,000 萬美元，因此真實的報價應該是 3,000 萬美元。當時查理和我還不是很了解一家市場特許事業的真正價值，在看到公司賬面上只有 700 萬美元的有形資產淨值後，向對方表示 2,500 萬美元是我們可以付出的最高上限 (我們當時也確實是這樣想的)。幸運的是，賣方接受了我們的報價。」(1991 年信)

輔讀：1、根據《滾雪球》一書的記載，關於時思糖果有意出售的消息是從藍籌印花的公司總裁比爾‧拉姆齊那裏發出來的；2、巴菲特在決定前去探訪前，曾研究過這家公司以及另外兩家位於美國的糖果公司的經營情況。當時之所以沒有買入是因為出價普遍較貴；3、在《滾雪球》中，關於公司當時有形資產淨值的記載是 500 萬美元，與這裏說的 700 萬美元有些出入。

「在這之後，藍籌印花公司的營業收入從 1972 年的 1.02 億美元下滑到 1991 年的 1,200 萬美元。而同一時期時思糖果的營業收入則從 2,900 萬美元增長到 1.96 億美元。更有甚者，其利潤增長的幅度還遠高於營收

增長的幅度，稅前利潤從 1972 年的 420 萬美元增加至去年的 4,240 萬美元。」（1991 年信）

輔讀：1、據《滾雪球》記載，時思糖果被巴菲特買入當年的利潤是 400 萬美元，除以 2500 萬美元後，當年的即時回報（稅前）就有 16%；2、根據這封信中提供的數據計算，1972-1991 年的營收年複合增長率為 10.58%，利潤的年複合增長率為 12.94%。這個速度要說快也不是很快，我想其主要的價值在於：在這些長達近 20 年的雙位數增長數據的背後，企業並不需要投入甚麼資金。

「正確評估利潤的增長，需要看在這些增量利潤的背後究竟投入了多少增量資本。就這點兒言，時思的表現令人咋舌：公司目前的股東權益為 2,500 萬美元，這意味着除了初始的 700 萬美元，公司後來只留存了 1,800 萬美元的利潤。與此同時，時思在以後的 20 年裏把餘下的 4.1 億美元利潤——在扣除所得稅之後——全部上繳給了藍籌印花與巴郡公司，再由後者將資金配置到其他可產生利潤的項目上。」（1991 年信）

輔讀：每新投入 1 美元，可以為公司創造 22.78 美元的利潤。這個數據對比還是相當驚人的。

「在買下時思時，有一點是我和查理已經看到的：它尚未被發掘的定價能力。除此之外，我們在其他兩個問題上算是很幸運：第一、整個交易沒有因為我們愚昧地堅持 2,500 萬美元的價格上限而告吹；第二、我們發現了 Chuck Huggins，他當時任時思糖果公司的副總經理。在我們的堅持下，他最後擔任了總經理。從這以後，不管是在生意上或是在私下交情上，我們與 Chuck 相處得都很不錯。有一個例子可以說明：當收購完成後，我們在短短 5 分鐘之內就與 Chuck 達成了關於總經理薪酬標準的口頭協議，連一份書面合約都沒有——至今仍是如此。」（1991 年信）

輔讀：1、據《滾雪球》記載，儘管當時時思糖果的品質「比『上等質量』還要優質」，但其產品售價卻和其他公司的產品一樣。因此，當時的巴菲特就曾經想：「如果每一磅提高 15 美分的話，就能增加 250 萬美元的收入。」2、同樣是據《滾雪球》記載，當時的芒格對 Chuck Huggins

可謂是讚賞有加:「他們的經理查克‧哈金斯非常聰明。」

　　「查理和我有許多地方要感謝 Chuck 和時思糖果,其中最明顯的一個理由就是他們不僅幫我們創造了非凡的利潤,而且其間的過程也是如此的令人愉快。同樣重要的是,擁有了時思糖果後,讓我們對於應如何去評估一項特許事業的價值有了更多的認識。我們靠着在時思身上所學的東西,在別的股票投資上又賺了很多的錢。」(1991 年信)

　　輔讀:請注意最後這句話。正如我們前面所講,時思案例的成功,對於巴菲特後來投資思想的改變起了非常大的作用。以前是重有形資產,而輕無形資產。買入時思後,讓巴菲特逐漸地「對於應如何去評估一項特許事業的價值有了更多的認識。」

　　最後,我們以一段頗具巴氏幽默風格的話來結束本節的討論:「Chuck 的表現可謂是一天比一天好。記得他接手時思時,年紀只有 46 歲,而當時公司的稅前盈利(計量單位為百萬美元)大概是他年紀的 10%。如今他已 74 歲高齡,利潤與年齡的比率卻提高到了 100%。在發現了這個數學關係後,我們把它稱之為 Huggins 定律。現在查理和我只要一想到 Chuck 的生日快到時,就會暗自竊喜不已。」(1999 年信)

重點　促成巴菲特後期投資思想轉變的不光有費雪和芒格,還有時思糖果。

關鍵詞　市場特許事業

---

27 GEICO

迷霧 GEICO 是巴菲特經常提到的另一家公司，這是一家怎樣的公司？

解析 巴郡旗下的另一家低成本運營商。

除了時思糖果外，蓋可保險（GEICO）是另一家巴菲特只要一提起就會眉飛色舞的公司。如今，蓋可保險已是巴郡旗下一家全資擁有的公司。許多年來，它為巴郡的業務發展可謂作出了巨大貢獻。這是一家怎樣的公司呢？這家公司與巴菲特之間究竟有着怎樣的故事呢？

投資細節（一）：首次買入

「1950 至 1951 年間我就讀於哥倫比亞大學，當時去那裏讀書的目的倒不在於想取得該校的學位，而是為了能在葛拉漢的門下學習，他當時正在該校擔任教師。有一次，我偶然間翻開《全美名人錄》，發現我的老師是一間叫做蓋可保險的董事會主席。對於當時的我來說，那完全是一家在陌生產業裏的陌生公司。一位圖書管理員介紹我看《全美最佳火險與意外險公司手冊》。在這本手冊裏，我查到 GEICO 的總部位於華盛頓特區。於是在 1951 年 1 月的某個星期六，我搭乘火車前往位於華盛頓市中心的 GEICO 總部。就這樣，我遇到了當時還是助理總裁的 Lorimer Davidson，後來他成為了 GEICO 的 CEO。雖然我唯一的身份憑證只是葛拉漢的一名學生，大衛還是很耐心地花了大約 4 個小時的時間好好地給我上了一課。我想大概沒有人能夠像我這樣可以幸運地在半天之內接受如此美妙的一堂課，它不僅告訴我一家保險公司是如何營運的，也讓我了解了基於何種因素一家保險公司可以超越它的同行。就像大衛明確指出的，GEICO 的競爭優勢在於保險直銷。由於其他保險同行已習慣於通過保險經紀人進行分銷而且不會輕易放棄這種早已根深蒂固的經營模式，從而使得蓋可負擔的經營成本相對要低很多。在上過大衛的課程

之後，GEICO 成為有生以來讓我最為心動的一隻股票，我在 1951 年總共分 4 次買進 GEICO 的股票，最後一次是在 9 月 26 日。我最後總共持有 350 股 GEICO 股份，成本為 10,282 美元。到了年底，股票的市值增長至 13,125 美元，超出我個人資產淨值的 65%。」（1995 年信）

輔讀：1、關於首次買入佔巴菲特個人資產的比重，巴菲特的幾次表述不盡相同。總之，佔比不低。2、首次買入後不久，巴菲特於 1952 年因轉投一家低價公司而把這家公司給賣掉了。這次賣出的行動讓巴菲特後來悔恨不已。

投資細節（二）：再次買入

「1970 年代初期，在大衛退休後不久，公司管理層犯了一些嚴重的錯誤。他們低估了保險理賠的成本，使得公司對外銷售保單的訂價過低，此舉導致公司幾乎倒閉。所幸後來由 Jack Byrne 於 1976 年接掌公司，在採取了多項果斷而嚴厲的修補措施後，公司才得以倖免於難。

由於我對 Jack 以及公司擁有的競爭優勢再次投了信任票，巴郡於是在 1976 年下半年買進大量 GEICO 的股票，之後又進行了一次小幅加碼。到 1980 年底，我們總計投入了 4,570 萬美元，共取得該公司 33.3% 的股權。在往後的 15 年內，我們沒有再進行新的買入行動。不過，由於該公司不斷進行股票回購，使得我們在 GEICO 的持股比例後來增加到 50% 左右。」（1995 年信）

輔讀：關於巴菲特為何敢於冒險逆市買入，在其 1980 年的致股東信裏巴菲特也有過一次簡要的介紹：「GEIGO 的問題與 1964 年美國運通的色拉油醜聞事件相類似。兩家公司都只是遇到了暫時的困難，一時的財政打擊並未毀掉企業原有的經濟特質。兩家公司的產業地位、強大的市場特許權、以及完全可以被切割的腫瘤（當然，它需要一個技術高超的外科醫生），與那些需要創造管理奇跡才能有所『轉機』的公司是完全不同的。」

投資細節（三）：全資擁有

「時間到了 1995 年，我們同意用 23 億美元買下另一半不屬於我們的股份。儘管這是一個很高的出價，不過它讓我們可以百分之百地擁有一家正在快速成長的公司，而且公司在 1951 年呈現出的競爭優勢如今依然光彩依舊。」（1995 年信）

輔讀：巴菲特願意以「一個很高的出價」買入餘下 50% 的股份，除了蓋可優異的運營模式外，恐怕還有兩個原因：1、巨額的保險浮存金；2、極為出色的公司管理人。關於第二點我們下面還有討論，至於第一個原因，巴菲特在 1995 年的致股東信中是這樣表述的：「對 GEICO 的收購，使我們的保險浮存金即刻增加了近 30 億美元，而且可以確定的是，未來這一數字還會繼續增長。此外，我們也預期 GEICO 每年能夠繼續維持適當的承保利潤，這也意味着我們的浮存金今後還會保持零成本的狀態。」

以上為巴菲特投資蓋可保險的一些細節。下面的摘錄，將主要圍繞巴菲特如何評價這家公司而展開。

公司評價（一）：最好的投資標的

「GEIGO 可以說是投資領域裏的最好標的，它不僅具有重要且難以模仿的產業優勢，同時還具有特別優秀的管理層 —— 不論是在生意運行上還是資本分配上皆如此。」（1980 年信）

公司評價（二）：低成本運營商

「身處龐大的汽車保險市場，區別於大部份營銷策略趨同的同業，GEIGO 將自己定位為低成本運營商。按照既定的政策，蓋可在為客戶創造非凡價值的同時，也為自己賺取了非凡的利潤。幾十年來，公司都是如此運行着。它在 70 年代中期發生的危機，並非源自這些經濟特質的弱化與消失。」（1980 年信）

公司評價（三）：出色的經理人

「GEICO 擁有兩位非常出類拔萃的經理人：一位是負責保險營運的 Tony Nicely，一位是負責投資的 Lou Simpson。52 歲的 Tony 在 GEICO 已經工作了 34 年，他是我心目中負責 GEICO 保險營運的最佳人選。他有頭腦、有精力、正直、專注，如果我們夠幸運的話，Tony 應該還能再為公司工作 34 年。Lou 在投資方面也同樣出色。在 1980 年到 1995 年這段期間，由他所管理的公司淨值，年複合增長率高達 22.8%，而同期的標普 200 指數只有 15.7%。Lou 所採取的保守、專注與集中的投資方式與巴郡的投資風格高度一致。有 Lou 的加入，實在是巴郡之幸。Lou 的存在對巴郡來說還有一個好處：萬一哪天查理和我本人有突發狀況時，將有一位傑出的專業人士可以立即接手我們的投資工作。」（1995 年信）

公司評價（四）：公司有難以逾越的護城河

「公司成功的關鍵還是要保有一個很低的營運成本，最好能夠低至讓所有競爭對手都難以超越的水平上。1995 年，在 Tony 及其團隊的努力下，公司的承保費用加損失調整支出佔保費收入的比例進一步壓低到 23.6%，比 1994 年又低了一個百分點。在商業領域，我致力於尋找那些由寬廣護城河保護的美麗城堡。感謝 Tony 跟他的經營團隊，在他們的努力下，GEICO 的護城河在 1995 年又更加寬廣了一些。」（1995 年信）

公司評價（五）：一直如此

「在過去的 60 年裏，GEICO 發生了很大變化，但是它的核心目標 —— 為美國人購買汽車保險節省支出 —— 則一直沒有改變。換句話說就是，要讓手中的這份保險單成為你應得的保險單。聚焦於這個目標，公司已成長為美國第三大汽車保險公司，市場份額達到了 8.8%。」

重點	出色管理人造就了出色的生意。
關鍵詞	保險直銷、暫時的困難、優秀的管理層、低運營成本。

28 公用事業

迷霧 巴菲特為何會投資以前從不觸碰的公用事業？

解析 公司的資金規模太大了。

巴菲特管理下的巴郡在最近一段時間開始大舉投資公用事業。由於這項事業資本支出大，價格又受到政府管制，因此一時間有不少人對巴菲特這一投資對象的轉變有些看不懂。其實也沒甚麼複雜的，本人覺得主要原因就是巴郡的資金盤太大了，原有的選股標準已承載不下巴菲特手中數以百億計的資金。

為何會投資公用事業

「早期，查理和我曾經努力避開資本密集型的產業，例如公共事業。是的，對於企業所有者來說，最好的投資依然是那些投入少而回報高的企業。幸運的是我們就擁有一批這樣的企業，而且我們還想擁有更多這樣的企業。不過，伴隨巴郡資金規模的不斷擴大，我們目前開始有意尋找那些需要定期投入巨額資本的生意。我們的期望是能在這些生意上取得與投入資本相稱的回報即可。如果這個願望能夠實現 —— 我相信它一定會實現，一直在不斷收集從良好到傑出企業的巴郡，在未來的幾十年裏就能繼續創造出高於市場平均水平 —— 儘管算不上十分傑出 —— 的回報。」（2009 年信）

輔讀：個人覺得轉變的原因至少有三：1、文中提到的資金規模問題；2、從 1999 年開始，巴菲特已把巴郡內在價值增長的速率從過去的 15% 修正為「略微超過標普 500 指數」；3、一個龐大的、多元化的利潤來源，可以不斷增強巴郡抵禦各種風險的能力。

通過下表給出的數據，會有助於讀者了解巴菲特所說「巴郡資金規模的不斷擴大」的含義：

表 1.12　浮存金規模（單位：億美元）

時間	浮存金規模
1970	0.39
1980	2.3
1990	16.3
2000	278.7
2010	658.3

資料：巴菲特致股東信

兩家主要公用事業的經營特質

「我們擁有兩個非常大的生意：BNSF 和中美能源（MidAmerican
Energy），他們共同具有的幾個重要經濟特質使其與我們旗下的其他生意
有所區別。

這兩家公司共有如下幾個重要特徵：1、生命週期裏的巨額投資；
2、受監管的資產；3、部分融資依賴於（並非由巴郡擔保）數額巨大的
長期負債。我們是不需要向他們提供任何信用擔保的：兩家公司即使在
較差的商業環境下，其盈利也足以覆蓋利息支出。在 2011 年較為疲軟
的經濟環境下，BNSF 的利息覆蓋倍數為 9.5。而對於中美能源來説，
它有兩項關鍵指標確保了公司在各種經營環境下的債務償付能力：1、
提供獨家的基礎性服務，從而使其有着穩固的盈利；2、多元化的收入
來源。這些特質使其可以免受任一監管行動的影響。」（2011 年信）

輔讀：儘管兩家公司都有着巨額的負債，但與巴郡旗下的航空服務
公司（特別是 EJA）不同，它們均不需要巴郡公司為其債務提供擔保。

其服務難以替代

「以噸／英里計，鐵路承擔了美國城市間貨運量的 42%，而 BNSF

的運輸量要多於其他鐵路公司，佔到行業總量的 37%。簡單的換算就能告訴你，美國城市間運輸量的 15% 是由 BNSF 完成的。毫不誇張地説，鐵路就是我國經濟的一個循環系統，而我們現在所擁有的這條鐵路是其中最大的一條運輸幹線。」（2011 年信）

「巴郡持有中美能源 89.8% 的股份，後者向美國國內的 250 萬客戶提供電力服務。在愛荷華、猶他和懷俄明州，我們是最大的電力供應商，同時還是其他 6 個州的重要供應商。我們的輸氣管道每天輸送着這個國家 8% 的天然氣。很明顯，數百萬的美國人每天都要依賴我們的服務，他們也從未失望。」（2011 年信）

輔讀：巴菲特在選擇投資標的時，很喜歡過橋收費的盈利模式。公用事業儘管「收費」不高，但卻是必須要過的「橋」，盈利有很高的確定性。而正如我們已經知道的，巴菲特很強調盈利的確定性。

旗下公用事業經營出色

「當中美能源在 2002 年收購北方天然氣公司（Northern Natural）的輸氣管道時，這家公司的排名曾被一家行業權威機構評為最後一名，即全部 43 家公司中的最後一位。在最近的一份報告中，Northern Natural 已經名列第 2 位。第 1 位則是我們的另一家輸氣管道公司：Kern River。

在電氣行業中，中美能源有着非常優秀的記錄。在最近一次的客戶滿意度調查中，中美能源的美國公用事業公司在全部受調查的 60 家公用事業公司中位列第 2 名。這一結果，與多年前中美能源收購這些資產時的情況相比，可以説是大相徑庭。」（2011 年信）

輔讀：「出色的管理」是巴菲特四條投資標準的其中一項，不可或缺。當投資對象並非巴菲特筆下的市場特許事業時，這一條尤為被巴菲特看重。

積極投身於新能源

「到 2012 年末，中美能源將會擁有 3,316 兆瓦的風力發電，遠遠高於美國其他的電力公司。我們已經完成和承諾會完成的投資將達到驚人

的 60 億美元。我們能夠作出如此巨大的投資,是因為中美能源保留了它所有的經營利潤,而不像其他公用事業,幾乎將經營收益的全部都支付給了公司股東。此外,去年年底我們還上馬了兩個太陽能項目,一個是我們擁有 100% 權益的位於加州的項目,另一個是我們擁有 49% 權益的位於亞利桑那州的項目。這兩個項目將需要我們投入 30 億美元的建設資金。我們後續一定還會有更多的風能和太陽能項目。」(2011 年信)

輔讀:新能源代表着甚麼想必讀者都已很清楚。

重點	投資公用事業是為了消化過於龐大的資金以換取可以接受的回報。
關鍵詞	資本密集、高於市場平均水平的回報、15%、8%、風力與太陽能。

第二章

怎麼買

1 長期投資

迷霧　價值投資是否等於長期投資？

解析　至少巴氏投資等於長期投資。

常聽到有人説，巴菲特的投資並不等於長期投資。他們的理由之一是巴郡買入的股票，其持有時間大部分都沒有超過 5 年。持有這一觀點的人最愛舉的例子就是中石油，幾乎每見爭論我都會看到有人拿出這一案例作為巴氏投資不等於長期投資的依據。

本節討論的重點是要搞清楚一個問題：巴氏投資是否等於長期投資？為了便於讀者快速切入重點，我還是會在巴菲特的有關表述前面加一個小標題，然後在每段引述的後面給出本人的簡要輔讀。

「要持有很長一段時間」

「我們大部分的主要股票倉位往往都要持有很長一段時間，而我們的投資記錄反映的也是這些被投資公司在這段期間的經營表現而不是它們的股票價格。就像我們認為收購一家公司，卻只關心它的短期狀況是件很傻的事一樣，持有公司的部份所有權 —— 也就是股票，如果你只關心它的短期表現或變動趨勢也是不對的。」（1980 年信）

輔讀：巴郡的股票持倉需要分成兩個部分：1、倉位佔比較大的主要投資部位；2、倉位佔比較小的次要投資部位。説巴菲特的投資是長期投資，主要指的是巴郡的主要投資部位。這個讀者一定要先搞清楚。

「無限期」持有

「只要相關法令許可，我們會無限期地持有華盛頓郵報的股票。我們預期公司的內在價值會持續而穩定地成長，我們也相信公司管理層具

有足夠的才幹並能以股東利益為導向。不過該公司的市值目前已增長至18億美元，因此其價值的提升速度很難再達到當市值為1億美元時的增長速度。由於目前的市場價格已充分反映了我們其他主要持股的價值，我們整體股票組合的增長潛力也必將隨之大幅降低。」（1985年信）

輔讀：華盛頓郵報於1971年公開上市，巴菲特是在1972年開始買入的。一直到2008年的致股東信，我們在公司的持倉表中仍然可以看到這家公司的身影，當時的市值是6.74億美元。由於2009年巴郡倉位披露的起點金額提升至10億美元，我們就沒有再看見郵報的身影。不過就此仍可以推斷，巴菲特對華盛頓郵報的持有時間至少是36年。

「永久持有」

「我們預計會永久持有我們的3隻主要持股：1、大都會／美國廣播公司；2、GEICO；3、華盛頓郵報。即便這些股票出現了過度定價，我們也不打算把它們賣掉，這就好比即使有人出再高的價 —— 甚至遠高於兩家公司的內在價值 —— 我們也不會出售我們的時思糖果或水牛城新聞一樣。」（1986年信）

輔讀：儘管巴菲特對其主要投資部位中的股票會持有很長時間，但真正做到「永久持有」恐怕也不是一件很容易的事，除非是像蓋可保險這種被私有化的公司。資本市場的變遷有時是出乎意料的，包括公司基本故事完全有可能發生質的改變。以上述三隻股票為例，華盛頓郵報在2013年8月將自己賣給亞馬遜的掌門人貝索斯收購後（報業部分），巴菲特應當已經將其脫手了。大都會／美國廣播公司也遠沒有做到永久持有 —— 無論是公司被併購之前還是之後。

我們買的是一家「企業」

「每當查理和我為巴郡旗下的保險公司買進股票時（扣除套利交易 —— 這個後面會討論），我們採取的態度就像我們買下的是一家私人企業一樣。我們着重於這家公司的長遠經濟前景、經營管理層以及我們支付的價格。我們從來沒有考慮要在甚麼時間以何種價格再把這些股份

賣出。事實上，只要預期這家公司的內在價值能以我們滿意的速率穩定增加，我們願意無限期地持有這些股份。在投資時，我們視自己為企業分析師，而不是市場分析師、宏觀經濟分析師，甚至是證券分析師。」（1987年信）

輔讀：這段話本人認為極為重要，它不僅揭示了巴氏投資的核心所在，也是把巴氏投資與其他投資區別開來的關鍵所在。

「我們想要的生活」

「我們的態度完全符合我們自身的人格特質，這也是我們想要的生活。邱吉爾曾經說過：『你先塑造你的房子，然後房子也會塑造你。』我們很清楚如何去塑造我們自己。基於此，我們寧願選擇回報為『X』但卻能與我們所喜歡與尊崇的人打交道的投資對象，也不願選擇回報為『110%X』但卻要與我們不喜歡甚至討厭的人打交道的投資對象。讓我們能夠像喜愛和尊崇我們3家永恆持股公司CEO一樣去喜愛和尊崇的經理人，恐怕是再也找不到了。」（1987年信）

「我們已經建立起來的生意拍檔不僅極為少有，而且還能讓我們樂在其中，因此我們希望能將這一切都保持下去。作出這種決定對我們來說一點都不困難，因為我們相信這種關係最終會讓我們有一個很好的財務成果——雖然它可能不是最好的成果。考慮到這一點，我們就會覺得捨棄我們熟悉和欣賞的人，轉而把時間浪費在我們不熟悉且綜合素養可能只是接近甚至低於平均水準的人身上，就沒有任何的道理。那樣做就等於一個人是為了金錢而結婚——更不要說很多時侯新郎其實已經很富有了。」（1989年信）

輔讀：1、自從買入華盛頓郵報後，郵報的出版人凱瑟琳和巴菲特逐漸變成了親密的朋友；2、大都會公司的CEO墨菲則是被巴菲特稱為可以把自己的女兒嫁給他的人；3、至於蓋可保險的東尼，由於其管理業績太出色了，巴菲特曾建議公司股東把自己新出生的小孩取名為東尼。

「長期股票投資」

「我們旗下的保險公司還持有大量的其他有價證券。這些可供我們選擇的投資工具主要有以下 5 種：1、長期股票投資；2、中期固定收益債券；3、長期固定收益債券；4、短期現金等價物；5、短期套利交易。」(1987 年信)

輔讀：不要以為巴菲特只是在某一年的致股東信裏這樣説，當任何一年的股東信出現這段話時，在股票投資的前面你一定會看到「長期」二字。

我們是「有耐性的投資者」

「我們保持原地不動的投資方式，反映了我們把股票市場當作是財富分配的中心，在這裏，錢從活躍的投資者流向有耐性的投資者（由於嘴巴管得不嚴，我最近提到了一些事情讓那些備受爭議的『懶惰有錢人』(idle rich) 受到了批評：當那些『勤奮的有錢人』(energetic rich) —— 如房地產大亨、企業購併者以及石油大亨等 —— 眼睜睜地看着自己的財富一點點地消失時，這些『懶惰有錢人』的財富卻得以繼續保值或增值。)」(1991 年信)

輔讀：從某個特定角度，或者從某種程度上説，一些人生警句似乎並不適用於股市，比如「天道酬勤」。當然，這樣説是有着嚴格限制條件的。

「很難找到的替代品」

「考慮到今年公司所列出的投資組合名單與過往竟如此的相似，你可能會認為本公司的管理層已懶惰到不可救藥的地步。不過我們還是相信離開原本熟悉且一直表現優異的公司實屬不智之舉，要知道擁有這些生意類型的公司是很難找到替代品的。

有趣的是，當公司經理人聚焦於自己的本業時，他們從來不會犯迷糊：公司總部不管甚麼價格都不會把旗下最優秀的子公司給賣掉。屆

時公司 CEO 一定會問，為甚麼我要賣掉皇冠上的寶石？不過當情況轉換為股票投資時，他卻會毫不猶豫甚至是急不可耐地從一項生意轉換到另一項生意，而促成他這樣做的不過是聽從了股票經紀人幾句膚淺的勸誘——其中最差勁的一句話就是：你不會因為盈利而破產。你能想像一家公司的總裁會用類似的方式敦促董事會將其最有發展潛力的子公司給賣掉嗎？在我們看來，適用於企業運營的原則也同樣適用於股票投資。」（1993 年信）

輔讀：經常聽到人說：巴菲特之所以會長期投資，是因為其資金來源綿綿不絕。如果真的如此，我們又如何理解巴菲特在這裏說的這番話呢？

「減輕稅賦懲罰」

「我們所採取的長期投資策略可以大大減輕——雖遠談不上消除——我們以公司形態運作所受到的稅賦懲罰。不過即使可以免交所得稅，查理和我還是會堅持買入並持有的投資策略。我們認為這是最好的投資方式，同時也符合我們的個人的習性。當然，它還有第三個好處：只有在我們實現資本利得時才需要繳納所得稅。」（1993 年信）

輔讀一：讓我們重提一個舊的複利算式：將一張厚一公分的紙板對折 20 次，它最後的高度是多少？答案很簡單，2 的 20 次方，即 10485 米。現在讓我們修改一下假設：每次對折時，都將厚度削薄 30%，它的高度又是多少？答案也不複雜，但結果可能會出乎意料：1.7 的 20 次方，即 406 米。通過這個算式，我們可以清晰看到延期繳納資本利得稅的好處是非常顯著的。

輔讀二：基於此，常聽到有人說巴菲特之所以會長期投資，就是因為美國有很重的資本利得稅。不過現在看來，事實並非如此。

「明智的行為」

「按兵不動對我們來說是一項明智的行為。無論是我們還是其他公司的經理人，都不會因為市場上謠傳聯儲會可能要調整貼現率或是華爾

街人士改變了他們對股市前景的看法，就決定把旗下有着很高盈利能力的子公司給賣掉。那麼，當我們只是擁有一些絕佳生意的部分股權時，為何就要有不同的行為模式？投資上市公司的技巧與獲得一家子公司的技巧沒有甚麼兩樣。在處理這兩種不同類型的投資時，人們都希望能夠以一個合理的價格取得擁有競爭優勢並且由德才兼備的經理人打理的公司。接下來，你只需要關注這些特質是否得以保留就行了。」（1996年信）

「基石所在」

「看過這張表的某些人或許以為這些股票都是基於 K 線圖、股票經紀人的建議、或是公司近期的利潤預期來進行買賣的。其實查理和我本人從來都不會為此而分心，而是以一個企業所有者的身份去持有股票。這是一個非常大的區別。事實上，這也正是我數十年來投資行為的一個基石所在。當我在 19 歲讀到葛拉漢的著作《智慧型股票投資人》之後，我便茅塞頓開（在此之前，雖然我早已進入股市，但對如何投資根本就沒有甚麼概念）。」（2004年信）

輔讀：如果讓我在全書中選一段最重要的話，我會選這段話。

「我們不會用某一年的市值變化來衡量我們的投資成果」

「需要強調的是，我們不會用所持股票在某一年的市值變化來衡量我們的投資成果。取而代之的是，我們的衡量標準是另外的兩個：1、每股收益的增長 —— 需要適度參考所在產業的經濟環境；2、這個標準略帶一些主觀性：公司的護城河 —— 即它所擁有的讓競爭對手始終都感到棘手的競爭優勢 —— 是否在這一年變得更加寬闊了。」（2007年信）

輔讀：為何許多人做不到長期投資？就是因為他們用於衡量投資成敗的標尺不對。

「美國的好日子還在後頭」

「儘管處在壞消息中，然而不要忘記我們的國家曾經面臨更為劇烈

的陣痛：僅僅在 20 世紀，我們就經歷了兩次世界大戰（其中一次在我們開打的初期幾乎就要戰敗了）；十幾次的恐慌與衰退；1980 年的惡性通貨膨脹曾導致最優惠利率高達 21.5%；發生在 30 年代的大蕭條——當時的失業率持續多年維持在 15% 至 25% 的水平上。美國從不缺少挑戰。

沒有失敗，是因為我們戰勝了失敗。面對這樣和那樣的障礙——以及其他各種類型的問題——美國人的生活水準在 20 世紀翻了 7 倍，與此同時，道瓊斯指數從 66 點上漲至 11,497 點。相對於我們在這個世紀所取得的成就，歷史上的許許多多個世紀，人們在生活質量上所取得的進步——如果有的話——都是微不足道的。雖然前方的道路並不平坦，但我們的經濟體系一直運轉得十分良好。沒有任何國家的經濟體系能夠像我們國家一樣，可以最大限度地發揮人的潛能。美國的好的日子還在後頭。」（2008 年信）

輔讀：對國家的經濟前景充滿信心，是堅守長期投資的基本前提。

讀到這裏，你是否已經開始確信：巴氏投資就是長期投資？當然，讀到這裏，也必會有讀者質疑：巴菲特不賣股票嗎？答案自然是否定的：「當然，有時市場也會高估一家企業的價值。在這種情況下，我們會考慮把股票出售。有時，儘管公司的估值較為合理甚至還略微有些低估，但如果我們發現了有更加被低估的股票或我們更加熟悉的公司，我們也會考慮把手中的股票賣掉。」（1987 年信）不過從實際操作情況看，巴菲特真的因「高估」而賣出的實例其實並不多，因「看錯」而賣出的實例倒是不少。為何那些「次要投資部位」的股票很快就會被出售？大部分的原因是巴菲特後來發現企業的內在價值不如預期那樣理想。

縱觀巴菲特歷年的致股東信，在談到如何投資時，有不少的話可以被稱為「金句」，它們對我們進一步領悟其操作策略有很好的輔助作用。下面我就摘錄幾條供大家參考：

「我們的經濟命運取決於我們所擁有公司的經濟命運，不管我們持有的是全部股權或者是部份股權。」（1987 年信）

「樹瀨天生的嗜睡症代表着我們的投資模式」（1990 年信）

「我們保持原地不動的投資方式，反映了我們把股票市場當作是財

富分配的中心，在這裏，錢從活躍的投資者流向有耐性的投資者」(1991
年信)

「投資人在持有一隻股票上所展現的韌性，應當與一個公司所有者
在持有公司全部股權時所展現的韌性一樣。」(1993 年信)

「我們的投資組合還是沒有甚麼變化，我們打盹時賺的錢一直比醒
着時多很多。」(1996 年信)

重點	價值投資也許不全是長期投資，但巴氏投資一定是長期投資。
關鍵詞	企業分析師、企業所有者、投資的基石。

2 集中持股

迷霧 巴菲特買過很多股票，他的投資風格究竟是集中還是分散呢？

解析 集中持股 —— 僅就上市公司股票而言。

　　巴菲特的早期投資策略似乎有一個比較有趣的現象，他一方面堅定不移地執行老師教導的「撿煙蒂」並儘量分散的操作策略，一方面在遇到較為優秀的上市公司時，又敢於重倉持有這只股票。關於這點，歷史上有兩個實例可以提供佐證。不過這個我們等會兒再聊。

　　至於在巴菲特執掌巴郡的數十年裏，他的投資策略是不是集中持股，我想如果只是指那些公開上市的股票（即不算巴郡旗下的私人企業），答案就是肯定的。下面，我們就按照一個至少我個人認為與實際情況比較符合的邏輯框架展開介紹和討論。

我們是集中持股

　　「我們的策略是集中持股。對那些缺乏足夠吸引力的生意與價格，我們試着儘量避免不要這也買一點，那也買一點。當我們覺得某個投資對象有足夠吸引力時，我們就會大量地買進。」（1978 年信）

我們會先增加舊有的投資部位

　　「在接受新的投資之前，我們一般先選擇增加舊有的投資部位。如果一家企業曾經對我們的買入有足夠的吸引力，再重複一次這樣的過程也是不錯的。我們很願意增加在時思糖果或是史考特飛茲上的持股，只可惜增加至 100% 恐怕還是有些難度。然而，在股票市場中，投資人對於自己熟悉並喜愛的公司通常會有很多機會增加已有的持股。比如去年，我們就擴大了我們對可口可樂與美國運通的持股。

我們投資美國運通的歷史可以追溯到很早時期，它符合我們從老交情中尋找投資機會的行為模式。例如 1951 年，GEICO 保險佔據我個人投資組合的 70%（巴菲特每次在談及這個數據時相互之間經常會有一些出入），它也是我生平 —— 當時我年僅 20 歲 —— 第一次以證券交易員身份所推介的股票（我將 100 股 GEICO 賣給了我的嬸嬸 Alice，她對我的投資建議基本上都照單全收，上帝保佑她）。25 年後，當公司面臨破產威脅時，巴郡又一次買下 GEICO 大量的股份。另一個例子就是華盛頓郵報：1940 年代，我當時的第一筆投資資金有一半來自發送該報的收入。30 年後，巴郡在公司上市兩年後買下它大約 10% 的股權。至於可口可樂，算得上我生平的第一次商業冒險。1930 年代，當我還是個小孩子的時候，我花 25 美分買下半打裝的可口可樂，然後再以每罐 5 美分的價格分售出去。直到 50 年以後，我才終於搞明白：真正有賺頭的還是那糖水。」（1994 年信）

我們行，別人不一定行。

「我們不默守成規的做法，還體現在我們對保險事業投資所採取的集中持股策略，包括我們對 WPPSS 債券的投資。只有當保險事業具備雄厚的財務實力時，集中投資的策略才有它的合理性。對於絕大多數的保險公司來說，與我們相同或相似力度的集中持股也許完全不適當，因為他們的資本實力可能無法承受任何一個大的錯誤 —— 不管某個投資機會經過研究後看起來是多麼的誘人。」（1984 年信）

理由（一）、40 個女人

「以我們的財務實力，我們可以用便宜的價格買下少數幾家心儀已久公司的大量股票（Bill Rose 曾指出過度分散投資所面臨的問題：如果你有 40 個女人，那麼你永遠都不可能深入了解她們中的任何一位）。長期下來，我們集中投資的策略會產生很好的結果，儘管這一結果會被我們的資金規模有所沖淡。」（1984 年信）

理由（二）、好東西太少

「我們持續地把資金集中在為數不多的我們能夠深入了解的公司上。只有極少數的企業可以讓我們深具信心並願意長期持有，因此，當好不容易找到這些企業時我們就要達到一定的參與程度。我們同意 Mae West 的看法：好東西多多益善。」(1988 年信)

理由（三）、一個人的精力有限

「約翰·梅納德·凱恩斯，他的投資實踐與他的經濟思想一樣傑出。1934 年 8 月 15 日，他曾經寫了一封信給他的生意夥伴 Scott，上面寫到：隨着時光流逝，我越來越相信正確的投資方式是將大部分的資金投入到自己了解且十分信任其管理的事業上；那種通過把資金分散到一大推自己不太了解且沒有甚麼信心的公司上面以便藉此去控制投資風險的想法是錯誤的……一個人的知識與經驗一定有其限度，就我本身而言，很少同時會有 2-3 家以上的公司可以讓我感到完全的放心。」(1991 年信)

理由（四）、降低而不是提高了風險

「我們採取的這種策略，排除了有關通過分散投資才能降低風險的教條。許多學者因此會說，我們的這種投資策略，其風險比投資大眾採用的分散投資策略要高出很多。這一點，我們不敢苟同。我們相信集中持股的做法更能大幅降低風險，只要投資人在行動前能夠加強自身對於企業的認知以及對於企業商業特質的信任程度。在敍述這一觀點時，我們將風險定義（源於字典裏的定義）為資產損傷的可能性。」(1993 年信)

理由（五）謀求更好的回報

「如果你是一個有一定選股能力的投資人，熟悉產業運行並能夠自

行找出 5-10 家股價合理並享有長期競爭優勢的公司，傳統的分散投資對你來說就沒有甚麼意義，那樣做反而會容易傷害到你的投資並由此增加你的風險。我實在不明白一個投資人為何要把錢放在排名第 20 好的股票上，而不是把錢集中投資在排名更為靠前、自己更加熟悉、風險更小且獲利潛力更大的股票上。」(1993 年信)

下面介紹幾個巴菲特集中持股的典型案例 (其中一個前面曾經提到)：

(1) 蓋可保險

巴菲特從哥倫比亞大學畢業後，曾回到自己的家乡奧馬哈當了一段時間的股票推銷員，而他推銷的第一隻股票就是蓋可保險 (這與我們已經知道的發生在大學讀書期間的那段故事有關)。後來，他除了成功把股票推銷給他的嬸嬸外，自己也分次買入了這支股票，最後的淨值佔個人資產淨值的 65% (每當巴菲特談起這個數據時，前後不太一致)。

(2) 美國運通

1960 年代中期，美國運通爆發了一次有關色拉油的醜聞，股票受到市場的持續打壓。巴菲特在經過一番深入調查後，認為公司的競爭力並未因此而受到損害，於是果斷逆市大量買入該公司的股票，最終的持倉佔用了巴菲特合夥企業 40% 的資金。

(3) 可口可樂

從 1988 年起，基於自己對可口可樂的國外業務沒有被市場引起足夠關注的認識，巴菲特開始分次大量買入可口可樂的股票。在後來的很長一段時間內，可口可樂均為巴郡第一市值股票。其中 1990、1991 和 1996 這三年，其市值佔比均超過 40%。

（4）1987 的股票組合

請看下表：

表 2.1　1987 年的股票組合

公司名稱	持股數量	成本價（千美元）	市場價（千美元）
大都會／美國廣播公司	3,000,000	517,500	1,035,000
蓋可保險	6,850,000	45,713	756,925
華盛頓郵報	1,727,765	9,731	323,092

上表顯示，巴菲特將超過 21 億美元（如按 3% 進行通脹調整，相當於現在的 50 億美元）的資金僅投資在 3 隻股票上，在當時的市場上敢這樣做的人即使不是絕無僅有，恐怕也是不多的。

重點	巴菲特對上市公司股票實施的是集中持有策略。
關鍵詞	大量買進、老交情、好東西多多益善、十分信任、資產（永久）損傷。

3 逆向而動

迷霧 巴菲特是逆向投資者嗎？

解析 整體上看，可以這樣說。

　　某種程度上説，投資上的逆向操作是安全邊際偏好者的必然結果。搞價值投資的人，他們總愛說的一句話就是趁低價買入，趁高價賣出。單從字面上看，這其實就是一種逆市場而動的操作策略：當眾人陶醉於股票價格上的狂歡派對時，偷偷將手中的股票脱手；當市場一片哀鴻遍野時，偷偷地進行大舉買入。巴菲特無疑是一個價值投資人，因此，他必定也是一個逆向操作者。從巴菲特歷年的致股東信中，我們可以清晰地看到這一點。

倉位實證（一）

　　「只有當以下條件符合時，我們才會將保險公司大部分的資金投入到股票上：(1) 我們所了解；(2) 具有良好的前景；(3) 由才德兼具的人士所經營；(4) 非常吸引人的價格。我們通常可以找到一些符合前 3 項條件的投資標的，但第 4 項條件卻往往讓我們止步不前。舉例來説，1971 年巴郡保險子公司股票倉位的投資成本僅為 1,070 萬美元，市值則為 1,170 萬美元 (其意思是説當時的投資倉位很低)。市場上確實有不少可以被識別的好股票，但其價格卻大多都難以吸引到我們 (講到這裏，我不得不做一個補充：1971 年，退休基金經理人將可運用資金的 122% 投資在了股票上 —— 即比全倉投入還要多。1974 年，當股市大幅回調至底部區域時，他們投資在股票上的比例卻降到 21% 的歷史新低點)」(1978 年信)

　　輔讀：巴郡 1971 年的股票投資成本為 1,070 萬美元，1975 年的投資成本為 3,930 萬美元，1978 年的投資成本為 1.29 億美元，7 年間投資

額增長了 12 倍（同一時期的公司保險浮存金並沒有同比例增長）。與此同時，股票市場則是從熱到冷，從牛到熊。

「對於我們來說，這幾年的故事正好相反。1975 年底，我們保險子公司持有的股票市值與 3,930 萬美元的投資成本正好相等。然而到了 1978 年底，我們股票投資部位（包括可轉換優先股）的資金成本已增加為 1.29 億美元，市價則增加為 2.17 億美元。在這 3 年內，我們另外還實現了 2,470 萬美元的資本利得（稅前）。因此，在這 3 年間，我們已實現與未實現的稅前資本利得達到了 1.12 億美元。同一時間內，道瓊斯指數由 852 點跌至 805 點。對於以價值為投資導向的股票投資人（value-oriented equity buyer）來說，這真是一段美好的歲月。」（1978 年信）

輔讀：據巴菲特的後續補充，1978 年，許多原本最應該採取長期投資策略的退休基金經理人，平均只將 9% 的資金投資在股票上，創下比 1974 年更低的記錄。

拋棄複雜，擁抱簡單

「當市場條件較好時，比如那些同時具備良好商業特質和傑出管理人員的公司正在以低於內在價值的價格交易，你很有機會完成一個全壘打。不過目前我們還沒有發現有類似這樣的機會。上述觀點不代表我們要進行股市預測，事實上我們從來都不知道股市在近期或中期的走勢是向上還是向下。

然而有一點我們是明確知道的，那就是貪婪與恐懼這兩種情緒將會在股市上不斷出現，只是出現的時點很難預期，因為這種情緒干擾而造成的市場波動，其延續的時間與程度也同樣難以捉摸。因此，我們從不去預測這兩種情緒會何時出現以及何時消失。我們的目標較為簡單：那就是當眾人貪婪時恐懼；當眾人恐懼時貪婪。」（1986 年信）

輔讀：1971 年的倉位實證就代表着別人貪婪我恐懼；1978 年的倉位實證就代表着別人恐懼我貪婪。

股票實證

「我們是趁着 1990 年銀行股一片混亂之際買進富國銀行的。這種失序的現象有一定的必然性：幾個月來一些原本經營良好的銀行，其愚蠢的貸款決策逐一被媒體揭露出來。隨着一次次龐大的 —— 原被管理層普遍看好的 —— 壞賬被公佈出來，公眾有充分的理由去質疑任何一間銀行報表的可信度。趁着銀行股價的快速下滑，我們逆勢以 2.9 億美元，5 倍不到的市盈率（如果以稅前利潤計算，市盈率則不到 3 倍）買進富國銀行 10% 的股份。

富國銀行的規模很大，賬面資產達 560 億美元，股東權益報酬率為 20%，總資產報酬率為 1.25%。我們買下 10% 的股權，可被視為買下一家有 50 億美元資產且具有相同特質銀行的 100% 股權。但是要真能達成這樣的交易，我們需要支付的價格將會是我們購買富國銀行價錢（2.9 億美元）的兩倍。然而就算我們真的這樣做了，還要面臨另外一個問題：我們找不到像 Carl Reichardt 這樣的人來管理。近幾年來，富國銀行的經理人一直廣受各家銀行的歡迎，一旦有機會就會迫不及待地將其收歸麾下。但是，想要聘請到這家銀行的教務長，可就不是一件容易的事了。」（1990 年信）

輔讀一：巴菲特買入富國銀行時，正值公司股價處於持續的下跌中，不僅幅度大，而且還有不少人因賣空而大賺其錢。不過經過 1990 年的下跌、 1991 年的盤整後，公司股價在 1993 年底達到了 137 美元（巴菲特 1990 年 10 月的平均買入價為每股 57.88 美元）。

輔讀二：儘管巴菲特逆勢買入的股票不止富國銀行一家（比較著名的還有美國運通、蓋可保險和華盛頓郵報等），但還有很多股票，嚴格意義上說並不屬於我們現在常說的「左側交易」，比較知名的有可口可樂和大都會股票等。這些買入算不算逆向操作呢？答案也許有爭議，但重點則在於它們只要符合安全邊際的準則就行了。要知道，所謂逆向，不一定非得是逆市而動，只要你的看法與市場不同即可。比如在巴菲特的眼裏，當時的可樂就處於某種低估狀態。而對大都會股票的買入，他也認為有着很高的安全邊際。

忽略當下，志在長遠。

「事實上在巴郡，我們喜歡併購或投資那些在某一年不賺錢但以後有望獲取 20% 股東權益報酬率的公司。不管怎樣，由於市場害怕新英格蘭地區的地震會在加州地區重演，導致 Wells Fargo 的股價在 1990 年的幾個月內大跌了 50% 左右。雖然在股價下跌之前我們已買進了一些股份，但我們還是歡迎股價的進一步下跌，因為它讓我們可以用更低的價格買到更多的股份。」(1990 年信)

輔讀：這段話對我們投資銀行股是否有一些幫助？

一個股票淨買者的思維模式

「期望自己在一生中都做一個持續買家的投資人，對於股市波動應採取同樣的態度。反之，有許多不合邏輯的投資人，他們在股市上漲時高興，在股市下跌時沮喪。奇怪的是，他們對於食物價格的反應一點都不會搞錯：由於清楚地知道自己每天都會買入食物，因此他們歡迎價格的下跌而反對價格的上漲(只有賣食物的人才會反對價格下跌)。同樣，在水牛城新聞這裏，我們期望的是印刷價格的降低 —— 儘管這意味着我們印刷品的存貨價值也會向下調整，因為我們知道，我們需要一直買進這些服務。」(1990 年信)

輔讀：道理儘管並不複雜，但股市上能這樣思考問題的人應當不多。中國的一句古話放在這裏也許可以形成某種相互呼應：「不謀萬世者，不足以謀一時；不謀全局者，不足以謀一域。」

重要的是獨立思考

「以上所述，並不代表選擇那些不受歡迎或不受關注的生意或股票就是聰明的投資，反向操作有可能與「追隨大眾」的策略一樣愚蠢。真正需要的是獨立思考而不是統計選票。不幸的是，Bertrand Russell 對於人性的觀察同樣也適用於金融投資：「大多數人寧願死，也不願意去思考！。」(1990 年信)

輔讀：逆向投資不是賭大小，巴菲特說過一句很重要的話（大意）：如果你不比「市場先生」更懂得你手中股票的價值，你就不宜與他玩這種遊戲。

內部計分卡

「然而，獲得別人的讚許並不是投資的目的。實際上，它的效果常常會適得其反，因為它會讓你的大腦麻痹，從而讓自己難以面對新的事實或者去重新審視過往的決定。當心那些獲得掌聲的投資行動，當某項投資改變得到公眾的歡呼時，你需要做的也許只是打一個哈欠。」（2008年信）

輔讀：內部計分卡與獨立思考，其實是一枚硬幣的兩面。

關於逆向操作，巴菲特在其股東信中也說了一些「金句」，下面摘錄幾條：

股價不振的大部分原因是源自悲觀的情緒，有時是全面性的，有時則僅限於對某個產業或公司。我們很期望能在這種環境下做生意。不是我們喜歡悲觀情緒，而是我們喜歡由悲觀情緒所造成的價格下跌。樂觀主義才是理性投資人的敵人。（1990年信）

事實上，我們通常都是在人們對某個宏觀事件的恐懼到達高峰時，才找到最佳的買入點。（1994年信）

恐懼是趨勢投資人（faddist）的敵人，但卻是生意投資人（fundamentalist）的朋友。（1994年信）

投資時，悲觀情緒是你的朋友，樂觀情緒是你的敵人。（2008年信）

當天上掉金子的時候應該拿桶去接，而不是一個小小的頂針。（2009年信）

重點	巴菲特是一個逆向投資者。
關鍵詞	兩種情緒、獨立思考。

4 笨錢不笨

迷霧　聽說巴菲特多次推薦大家買指數基金，是這樣的嗎？

解析　的確如此

　　1975 年，查爾斯・艾利斯（格林威治協會合夥人）為《金融分析師》雜誌撰寫了一篇有關積極管理的重要文章，名為《輸家的遊戲》。他展示了在已過去的 10 年裏，85% 的主動型基金經理人難以擊敗標準普爾500 指數。——摘自《主動型指數投資》

　　對於養老基金以及銀行和保險公司聯營的股票基金也有過類似的研究，結果別無二致。在 20 世紀 80 年代至 90 年代期間，將近三分之二的受到專業管理的證券組合都成為了標準普爾 500 指數的手下敗將。而且，或多或少勝出任何一家指數基金的共同基金，其數目也是屈指可數。——摘自《漫遊華爾街》

　　下面來看一張表：

表 2.2　1984-1999 年平均投資收益

	共同基金均值	威爾夏 5000
權益收益	18.0%	17.7%
銷售佣金	-0.5%	
現金滯納	-0.6%	
基金收益	16.9%	17.7%
交易成本	-0.7%	
支出比例	-1.2%	-0.2%
投資者收益	15.0%	17.5%

	共同基金均值	威爾夏 5000
稅收	-2.7%	-0.9%
投資者收益	12.3%	16.6%
權益收益減少值	-5.7%	-1.1%

資料：《伯格投資》

從上表可以看出，即使是相對於反映全市場表現的威爾夏 5000 指數，在扣除了與基金投資相關的各項費用後，主動型基金的最後平均收益還是輸了 4.3 個百分點。而導致結果反轉的罪魁禍首，就是依附在主動型基金身上的各項費用。

下面給出的兩張表格是本人在許多年前自行編制的，旨在分析為何主動型基金反而贏不了被動投資。儘管市面上的大量研究顯示主動投資主要是輸在較高的摩擦成本上，但這顯然不是問題的全部。還有甚麼原因呢？請看本人在表 2.3 和表 2.4 中給出的分析：

表 2.3　成熟市場主動投資表現不如指數的表面原因

	主動型基金	被動型基金	說明
管理費	1.5% 左右	0.3%-0.5%	雙重影響：淨值 / 複利
交易成本	高	低	雙重影響：淨值 / 複利
現金儲備	機制性要求	無機制性要求	雙重影響：淨值 / 複利
各項稅負	高	低	暫不適用於 A 股
指數進出效應	無	有	入選股票價格上升
大型股票偏好	影響負面	影響正面	80 和 90 年代較為明顯
成敗平衡	影響負面 / 二八效應	影響正面 （標普 500 偏好）	僅適用於做整體比較

表 2.4　成熟市場主動投資表現不如指數的其他原因

	主動型基金	被動型基金	說明
操作模式	頻繁交易	低周轉率	頻繁交易在股票和價格選擇上會加大出錯概率
估值偏好	明顯	不明顯	估值偏好的整體效應偏負面
策略的穩定性	低	高	策略的不穩定導致回報的不穩定
行為偏好	做波段	買入並持有	實證研究不支持波段操作
時機選擇	強	弱	實證研究不支持時機選擇
心理影響	強	弱	心理作用對回報的影響偏負面
風險	大	小	指數投資過濾了系統風險和投資者非理性風險

當然，這只是個人許多年前的一些研究，下面轉入正題，看看巴菲特曾經對指數基金說過甚麼。

「另外一種需要多元化投資的情況，是當投資人並不熟悉某個特定產業的運行但又對美國經濟的整體有信心且希望能分享它的增長時，可以通過分散持有多家屬於不同產業的公司而實現他的目標。例如，透過定期投資指數基金，一個甚麼都不懂的投資人通常能打敗大部分的職業經理人。市場上有這樣一個悖論：當「笨錢」了解到自己的局限之後，它也就不會再笨下去了。」（1993 年信）

「對於各位的投資方式，讓我提供一點心得給大家參考。大部分的投資人，不管機構還是散戶，將會發現股票投資的最好方式是購買並持有手續費低廉的指數基金。那些遵循這一投資方法的人，將有望戰勝（扣除管理費和其他支出後）市場上絕大部分的機構投資者。」（1996 年信）

「我一直認為，對於大多數想要投資股票的人來說，購買指數基金是最好的選擇。」（2003 年信）

「我有一個好消息告訴這些非專業人士：一般投資者並不需要掌握那些技能。總體而言，美國公司長期以來都表現得很好並且還會繼續如

此（儘管會有未知的起起伏伏）。在 20 世紀的 100 年裏，道瓊斯指數從 66 點漲到了 11,497 點，另外還有不斷增加的分紅。相信 21 世紀一樣會有很好的回報。非專業投資者的目標不應是挑選出它們中的勝者，他和他的『幫手』們（指各種類型的投資中介與諮詢機構）都做不到這一點。他們應當做的只是依照簡單條件去構建一個跨行業的投資組合。整體而言，這個組合的投資回報一定會很不錯。一個低費率的標普 500 指數基金就可以幫助你實現這個目標。」（2013 年信）

可以看出，巴菲特在歷年的致股東信中至少有四次提到投資人應當選擇持有指數基金。其中幾個適用範圍我們尤其不能予以忽略：「當投資人並不熟悉某個特定產業的運行但又對美國經濟的整體有信心」、「大部分的投資人，不管機構還是散戶」、「大多數想要投資股票的人」、「非專業投資者」。同樣可以看出的是，巴菲特的上述觀點與我們前面給出的幾個實證數據是相互呼應的。

重點	持有指數基金無論對業餘投資人還是職業投資人都是一個很好的選擇。
關鍵詞	定期投資、笨錢不笨、低廉手續費、簡單條件、跨行業、購買並持有。

5 市場先生

迷霧　巴菲特如何看待股票價格的波動？

解析　將「市場先生」的比喻銘記於心。

　　無論是巴菲特還是芒格，當說起葛拉漢有關市場先生的比喻時，無不讚歎有加。即使是芒格這樣的對葛拉漢的某些思想並不認同的人，也曾高度評價《智慧型股票投資人》一書中有關市場先生的論述。可以這樣說，在巴菲特的主題投資思想中，有關市場先生或如何正確對待股價波動的部分，一直佔據着非常重要的位置。

持續較便宜的買入比尋求較貴的賣出更容易賺錢

　　「我們並不在乎市場是否會儘快調高這些被低估的股價。事實上，我們寧願市場不要這樣做，因為通常我們不斷會有新的資金流入，從而讓我們在大部分的年份裏都是以一個股票淨買者的身份出現。持續地以較便宜的價格買入，比趁短期價格上揚至較高價位時將股票脫手，最終將會為我們賺取更高的回報。」（1978 年信）

　　輔讀：這裏好像有一個前提：「我們不斷會有新的資金流入」。但誰又不是呢？於巴郡是浮存金，於其他人或公司，則是各種類型的收入流。要知道，當巴菲特說這番話時，公司浮存金的規模還並算不大（大約在 1 至 2 億美元之間）。如果說他當時就能夠預見到未來會有源源不斷的浮存金流入，恐怕還欠一些說服力吧。

「市場先生」為我們提供了賺錢機會

　　「葛拉漢，我的朋友和老師，很久以前有一段關於市場價格波動的談話，如果你想在投資上取得成功，我相信這將是對你最有幫助的一席

話。他説投資者可以試着將股票市場的波動當作是你身邊有一位和善可親的人，他的名字叫『市場先生』。他還是你的生意合夥人，每天從不缺席地出現在你的身邊，不時會報出一個價格：要麼是想買下你手中的生意權益，要麼是想把他自己的權益賣給你。

即使你們所共同擁有的生意具有穩定的經濟特質，市場先生每天還是會固定地給出不同的報價。不無遺憾的是，這個可憐的家伙有一個毛病，那就是他的情緒很不穩定。當他高興時，往往只會看到影響生意的那些好的因素。每當這時，他就會給出一個很高的報價，因為他害怕你會把他手中的權益買走而剝奪他即將到手的收入。當他沮喪時，在他的眼裏 —— 無論是生意還是整個世界 —— 就會變得暗淡無光，看不到任何希望。這時他就會給出一個非常低的報價，因為他害怕你會把手中的權益出售給他。

市場先生還有一個很可愛的特點：他不在乎被人冷落。如果今天他提出的報價不被接受，第二天他會重新上門給出一個新的報價。是否與市場先生進行交易，選擇權完全在你的手中。基於此，我們可以説他的行為舉止越是焦躁不安，對你就越是有利。」(1987 年信)

輔讀：在芒格的眼中，關於「市場先生」的比喻，是葛拉漢投資思想中最為珍貴的一個部分。

盯住市場先生的皮夾子，而不是他的腦袋瓜子

「但是，就像 Cinderella 參加化妝舞會一樣，你務必注意事先的警告，否則一切將會變回南瓜與老鼠：市場先生只是你的侍從，絕不是你的引路人。你要利用的是他口袋裏的皮夾子，而不是他的腦瓜子。你可以選擇利用他或者不理他，但千萬不要被他愚蠢的想法所吸引，否則你的下場會很慘。事實上，如果你不能比市場先生更了解所持生意的價值，你最好不要跟他玩這樣的遊戲。這就像打牌，如果你沒有辦法在 30 分鐘內看出誰是傻瓜，那麼那個傻瓜就是你自己！」(1987 年信)

輔讀：讓自己毅然決然地退出一場正在狂歡的盛宴，或讓自己在一片哀鴻遍野中重新殺回股市，與其説比的是看誰更理性、更有魄力，不

131

如說比的是看誰更了解股票的價值，更清楚市場運行的規律。

把「市場先生」的比喻牢記在心

「我個人認為，投資成功不是靠晦澀難解的公式、電腦編程或是股票行情板上價格的上下跳動。相反，投資人的成功靠的是優異的商業判斷力，同時避免讓自己的想法和行為受到市場情緒所干擾。以我個人的經驗，要想免除市場的誘惑，最好的方法就是將葛拉漢有關市場先生的比喻銘記在心。」（1987 年信）

輔讀：與這句話形成相互呼應的另一段話是：「研讀投資的學生只需要學好兩門課程：1、如何去評估一項生意的價值；2、如何看待市場價格的波動。」（1996 年信）本人認為，在巴菲特的投資思想中，這兩段話佔有非常重要的位置。

貝塔：精確的錯誤

「然而在學術界，卻喜歡對投資風險給出不同的定義。他們宣稱投資風險是指某只股票或某個投資組合相對於股市整體的波動幅度。運用數據資料與統計技巧，這些學者們精確地計算出一隻股票的『貝塔』值 —— 即指這只股票在過去特定時間的相對波動性，然後圍繞這項計算結果建立起一套神秘的投資與資金配置理論。在這種希望能以單一的統計數據去衡量風險的渴望中，他們忘了一條基本的原則：模糊的正確要好於精確的錯誤。」（1993 年信）

「在評估風險時，貝塔至上主義者根本不屑於了解公司到底生產甚麼產品、其競爭對手正在做甚麼、他們借了多少錢來運營。他們甚至對公司的名字叫甚麼都懶得去了解。他們關注的只是公司的歷史股價。相比較之下，我們則可以完全不理會這家公司的股價歷史，只是希望能儘量多地去獲取有關這家公司生意的任何資訊。在我們買進股票之後，即使股市關閉 1 至 2 年，我們也會一點都不在意。既然我們不需要通過知曉我們持有 100% 股權的時思糖果或布朗鞋業的股權報價來證明我們的投資是否成功，那麼為甚麼我們需要知曉我們持有 7% 的可口可樂其每

日的股票行情呢？」（1993 年信）

輔讀：無論是貝塔還是標準差，關鍵的一點是：波動是否等於風險？關於這個問題，不同類型的投資者自然會有不同的答案。下面摘錄一段葛拉漢的話，它顯示了在一個價值投資者眼中，股價波動究竟算不算風險：「風險的思想經常被擴充到用於一個證券價格的可能下跌，哪怕這個下跌可能僅僅是週期性的或暫時性的，並且持有者也沒有被強迫在這個時候出售。…但我相信，這裏所包含的東西不是真正的風險…與普通商業相聯繫的風險是用它損失金錢的可能性來衡量，而不是用如果擁有者被迫出售時將會發生甚麼來衡量。」（《智慧型股票投資人》）

一件物品賣 5 角時不會比它賣 1 元時更有風險

「對於一個企業所有者來說——我們認為這是所有公司股東都應該具有的思維模式——學術界對於風險的定義實在是有些不着邊際，甚至有點可笑。舉例來說，根據 Beta 理論，如果一隻股票的價格相對於大盤出現了更大的下跌幅度——就像我們在 1973 年買進華盛頓郵報時一樣——那麼其低價位上的投資風險比原來處於高價位時反而更大。依照這個邏輯，如果哪天有人願意以極低的價格把整家公司賣給你時，你是否也認為其風險會比以較高價格賣給你時更大呢？」（1993 年信）

輔讀：爭論的關鍵還是剛才那個命題：波動是否等於風險。導致這場爭議的不僅是投資者類型的不同，還有有關方在投資訴求上的不同。想一想：在一個市場交易者與一個企業投資者之間，他們會有相同的投資訴求嗎？

對商業風險可以達致有效判斷

「我們認為投資人需要評估的真正風險，是他們從一項投資在預計持有的期間內所獲得的稅後收入（包含出售股票的收入），是否能夠讓他保持原有的購買力，然後加上投資人同期可以得到的一個合理利率。雖然這樣的風險評估無法做到像工程計算般的精確，但它至少可以做到足以讓人作出有效判斷的程度。在評估風險時，投資人需要考慮的主要因素有：

1、公司具有長期經濟特質的確定性；

2、公司管理層能夠最大限度挖掘公司潛能及有效運用現金流的確定性；

3、公司管理層能夠將企業獲得的利潤回饋給股東而非中飽私囊的確定性；

4、買進這家公司的價格；

5、需要從投資的總體回報中扣除的稅率和通脹率。

這些因素或許會讓許多分析師感到困擾，因為他們無法從任何一個數據庫中找到與此相關的信息。但是要素的很難精確定義，並不代表它們就不重要或是問題就無法解決。就像 Stewart 法官，當他發現根本無法對何謂淫穢作出準確描述時，他還是會堅持說：「只要我一看到，就知道是或不是。」同樣，對於投資人來說——只要運用一個不太精確但卻有用的方式——即使不依靠複雜的數學公式或考察公司股價的歷史，仍然可以「看出」潛藏在某些投資裏的風險。」(1993 年信)

輔讀：這還是人與魚的對話，爭來爭去，不會有任何結果。記得巴菲特曾說過這樣一番話（大意）：「你能向一條魚解釋在路上行走的感受嗎？對魚來說，讓它在路上行走一天勝過向它解釋一千年。」

有效判斷是有前提的

「判定可口可樂與吉列的長期經營風險比任何一個電腦公司或零售商要小得多，這真的是一件很困難的事嗎？全球市場範圍內，可樂佔軟性飲料銷售的 44%，吉列佔剃鬍刀市場銷售（按銷售額）的 60%，除了口香糖市場——箭牌是該產業的領導者，我看不出還有哪個產業可以讓其領軍企業長期享有傲視全球的競爭力。」(1993 年信)

「當然，有許多產業，查理和我可能無法判斷正在與我們做交易的到底是寵物石還是芭比娃娃。甚至在花了多年時間去認真研究這些產業之後，我們還是無法解決這個問題。有時，是因為我們在知識上的缺陷阻礙了對事情的了解；有時，則是因為產業本身屬性的問題。例如，當一項生意總是要面對技術上的快速變遷時，它就無法提供價值評估所

要求的在長期經濟特質上的穩定性。我們在 30 年前能否預知電視機製造或電腦產業今天的變化？當然不能（大部分懷揣極大熱情踏足這一領域的投資人或經理人也是一樣）。那麼為甚麼查理和我就需要具備能預知快速變遷產業前景的能力呢？我們寧願關注一些簡單一點的。一個視力平平的人，為甚麼非要去尋找一根埋藏在稻草堆裏的針呢？」（1993年信）

輔讀：這裏提出了進行有效判斷的兩個前提：1、企業商業模式的層級越高，越容易作出有效判斷。還記得巴菲特對商業模式層級的定義嗎？從低到高分別為：一般商品事業、強勢的一般商品事業、弱勢的市場特許事業、市場特許事業。2、堅守你的能力圈。

股市是一個對短暫客不利，對永久居民有利的市場

「當初靠着在 1970 年代與 1980 年代股價低迷時所做的一些投資，我們獲取了巨大的利潤。當時的股市是一個對短暫過客不利，對永久居民有利的市場。近幾年來，我們在那個年代所做的一些投資決策儘管已陸續獲得了市場驗證，不過現在我們卻很難再找到類似的機會。身為一個公司『收藏』者，巴郡一直致力於尋找資金的合理去處，不過以現在的市場狀況，我們可能還需要一段較長的時間才能再找到真正能讓我們興奮起來的投資機會。」（1997 年信）

輔讀：對於我國股市來說，這段話同樣具有啟發性。當熊市來臨時（或當股價大幅下跌時），你不妨也問一問自己：我是一個短暫過客，還是一個永久居民？當我本人處在 2003、2005、2008 以及某些股票因無關緊要的原因而出現股價大幅滑落時，由於我問了自己這個問題，因此都能用手中的閒錢果斷買入自己心儀的股票，並在今天取得了不錯的回報。

重點	盯住市場先生的皮夾子，而不是他的腦袋瓜子。
關鍵詞	市場先生、侍從、生意的價值、精確的錯誤、強迫出售、有效判斷、公司收藏者。

6 特別協議

迷霧 巴菲特與所投資企業的 CEO 們有一個怎樣的合作模式？

解析 可以稱之為一種「關係投資」的合作模式。

一段歷史故事（摘自《滾雪球》）：

「到 1973 年晚春時節，巴菲特所持有的《華盛頓郵報》的股票已經超過了 5%。因此，他給凱瑟琳·葛理翰寫了一封信。她總是害怕失去公司。這封信這樣開頭：『這一購買活動對我來說代表着極大的責任和義務——坦誠地表達了我們的極大熱愛，不僅僅是對《華盛頓郵報》公司，更是對您這位董事長。這裏特別向您書面保證，我承認《華盛頓郵報》是由葛拉漢控制並管理的，而這對我來說也是再合適不過了。』」。

看到這裏，也許有讀者會問：這樣的信會有幾分可信度呢？我們接着往下看：

「午飯後，巴菲特同葛拉漢談了大概一個小時，然後他再次向她作出書面保證。我說：『凱瑟琳，我知道在這個世界上，控制權對你太重要了。在今天下午交易之前，我們（不妨）書面確定一些事情：如果沒有你的同意，我不會再多買進一股。』我知道這是唯一可以使她安心的辦法。當天下午，巴菲特用 10,627,605 美元購買了該公司 12% 的股份，同時和葛拉漢簽署了一份協議，保證沒有經過她的同意不再購買《華盛頓郵報》的股票。」

大股東與管理層

現在讓我們一起進入巴菲特 1985 年致股東信，看看在那裏我們又能發現一些甚麼。

「過了年不久，巴郡買進了大約 300 萬股大都會／美國廣播公司股

票，每股價格為 172.5 美元。我追蹤該公司的管理已有多年，我認為他們的管理在所有上市公司中是最優秀的。Tom Murphy 和 Dan Burke 不但是最優秀的管理者，也是那種你想把自己的女兒嫁給他們的人。能與他們一起合作實在是我的榮幸，合作過程也相當的愉快。如果各位認識他們，相信一定也會有這種感覺。」

甚麼也沒有發現？不就是買了一些股票嗎？請接着往下看：「為了展現我們的信心，我們與大都會管理層簽訂了一項特別協議：在特定的期間內，我們的投票權將交由公司 CEO Tom Murphy（或是其繼任者 Dan Burke）管理。這項特別提案是由查理和我主動提出，而不是 Tom Murphy 本人主動有這樣的要求。協議中我們還提出了一些限制我們以各種方式賣出股票的條款。這樣做的目的，是為了確保我們的股份不會出售給未經現有管理層同意並有望成為公司大股東的人。十幾年以前，我們與吉列以及華盛頓郵報也簽訂過類似的協議。」

介紹至此，我們至少已經看到了兩份協議：一份是限制買入的，一份是限制賣出的。不過它們都有一個共同點：認同並尊享原公司領導層的管理，甚至不惜簽署書面協議將自己的投票權拱手讓出。巴菲特為甚麼會作出如此的舉動呢？這些在我們看來甚至有些匪夷所思的安排，其背後的目的究竟是甚麼呢？我們繼續接着往下聊。

「由於巨額股票交易通常會以溢價方式進行，有些人由此會覺得主動提出這樣的限制可能會損害巴郡股東的權益。不過我們的看法正好相反，作為公司的所有者，我們認為這樣的安排反而會讓企業的長期經濟前景變得更加確定。在這一限制下，已經與我們結盟的優秀經理人將會更加專注地為公司服務，進而為公司股東創造出最大化的價值。很顯然，這樣做比讓公司經理人整天因為公司不停地更換老闆而分心要好得多（當然，有些經理人會把自己的利益放在公司或股東利益之上，我們在投資時會儘量避開這一類型的經營者）。」

聊到這裏，我們不禁要提一提 20 世紀美國資本市場公司治理的一些變化軌跡：從早期的家族資本主義，到中期的經理人資本主義，再到後期的投資人資本主義。儘管 70 和 80 年代美國還沒有進入到所謂的投

資人資本主義（指以機構投資者為代表的股東開始佔據公司較大的股份並且開始由「用腳投票」改為「用手投票」），但第一大股東如果較為強勢的話，還是可以對經理人的管理形成一定的影響。

不難理解，如果二者合作的不是很愉快，恐怕誰都不會好受，而這樣的情況在美國市場不乏其例。如果大股東維護的是公司股東的長遠利益，這種伸向公司董事會的手無疑是有着積極意義的。但如果大股東是因為自己的短期利益（這在機構投資者身上不難想像）而對公司決策頻頻作出干預，這對維護和提高公司的內在價值就不見得是一件好事了。

當然，巴菲特並不是一個典型意義上的機構投資者，他也顯然沒有甚麼短期利益需要維護。因此，當他遇到讓他相信並心儀的管理人時，就作出了如上的即使在美國市場也並不多見的制度性安排：「今天，企業的不穩定是公司股權（或投票權）分散的必然結果。一家公司隨時都會有一個新的大股東浮出水面，在花言巧語的背後，往往隱藏着險惡的用心。我們通過自我設置一些有關投票權或股權出售的限制條款，可以帶來在其他公司那裏所缺乏的生意穩定性。這種穩定性，加上優秀的管理層和企業出色的生意特質，提供了公司能持續獲利豐厚的沃土。這正是我們作出一些特定安排的經濟意義所在。」（以上摘錄全部來自1985年致股東信）

其實，巴菲特的這種有些特立獨行的做法，不僅體現在對優秀上市公司的持股上，在巴郡進行私人企業收購時，貫徹的是同樣的管理思想。下面的幾段摘錄來自《巴菲特的管理奧秘》一書。

「巴菲特管理他的CEO們和管理股票買賣如出一轍。他仔細挑選他的CEO並且從不因為自己是老闆而讓他們做這做那。他忠於他的CEO們，CEO們也以忠誠作為回報。在能夠留住CEO這點上，其他的財富500強公司的老總們沒有人能和巴菲特相比。」

「我還發現，巴菲特作為一個經理人同作為一個投資人一樣優秀。巴郡購買的首先是人，其次才是公司。如果巴菲特對公司的CEO不信任的話，他就不會購買這個公司。他通過正確的投資實現正確的管理。巴菲特是以一個投資人聞名於世的，而實際上他作為管理者同樣具有天份。」

「大部分 CEO 們都能自主地分配資金並拓展他們自己的業務,這種獨特的管理結構已經帶來了巨大的投資和管理上的成功,而且已被證明是巴菲特的最精妙的文化性和結構性戰略。同時,這也是 CEO 們很少流失的根本所在。另外,儘管不是全部,多數巴郡的基礎公司有着穩定和不斷增長的僱員隊伍。除了早期的紡織企業和現今受到來自海外激烈競爭的製鞋企業外,這些公司幾乎沒有過大幅度裁員的痛苦經歷。」

重點	充分放權給自己信任的管理人是贏取較佳投資回報的內在要求。
關鍵詞	特別協議、專注、創造最大化價值。

7 賣出

迷霧 巴菲特從不高賣低買嗎？

解析 作出幾次，但代價慘重。

這一節，我們重點聊巴菲特歷史上的 5 次重要賣出。這 5 個故事揭示出一個道理：不要輕易把手中的優秀上市公司給輕易賣掉，即使你認為它的股價已經很高。這樣做聽起來有點不符合價值投資的邏輯，低價買入而高價賣出不正是價值投資的題中之意嗎？話雖然可以這樣說，但我們下面介紹的這 5 個賣出實例證明基於簡單估值而賣出一家優秀公司的股票，即使像巴菲特這樣的投資者也會時常出錯。

第一個賣出故事：蓋可保險

「1952 年我以 15,259 美元的價格將 GEICO 股票全部出清，然後將所得資金買入西方保險證券公司。作出這次不夠忠誠的舉動，部份原因是因為西方保險證券當時的股價相當吸引人，市盈率只有 1 倍多一點。然而在往後的 20 年裏，被我賣出的這部分 GEICO 股票，其總價值增長到 130 萬美元。」（1995 年信）

輔讀：1952 至 1972 年蓋可保險股價年複合增長率「X」的算式：

$$15259 \, (1 + X)^{20} = 1,300,000 \, , \quad X = 24.89\%$$

第二個賣出故事：美國運通

「我個人在美國運通上的投資歷史則包含了幾段插曲：1960 年代中期，趁着該公司的股票被其色拉油醜聞連續打擊時，我們投入了巴菲特合夥企業 40% 的資金用於購買這只股票，這也是合夥企業有史以來最大的一筆投資。需要進一步提到是，我們總計花費了 1,300 萬美元，共獲

得該公司 5% 的股份。時至今日，我們在美國運通的持股已接近 10%，投資成本為 13.6 億美元（美國運通 1964 年的利潤為 1,250 萬美元，1994 年的利潤則增加至 14 億美元）」（1994 年信）

輔讀：1964 年花費 1300 萬美元佔有公司 5% 的股份，1994 年花費 13.6 億美元佔有公司 10% 的股份，美國運通投資成本的年複合增長率「X」為：0.13 億 $(1 + X)^{30} = 6.8$ 億，$X = 14.10\%$

第三個賣出故事：迪士尼

「再向大家透露一點歷史：我第一次對迪士尼公司產生興趣是在 1966 年，當時它的股票市值還不到 9,000 萬美元 —— 儘管該公司在 1965 年的稅前淨利已達 2,100 萬美元而且其擁有的現金多過負債。當時，由迪士尼斥資 1,700 萬美元興建的加勒比海盜船正準備開幕。想像一下我當時的激動吧 —— 這家公司的賣價只不過是這艘海盜船的 5 倍！激動之餘，巴菲特合夥企業買進了一大筆迪士尼股票，按股票分割調整後的成本大約 0.31 美元一股。現在再來看當初的這一決定顯然是太英明了，因為目前的股價大概是 66 美元一股。不過，你們的董事長卻在 1967 年以每股 0.48 美元的價格把這批股票給賣出去了！」（1995 年信）

輔讀：迪士尼股價 28 年的年複合增長率「X」為：
$$0.48 (1 + X)^{28} = 66，X = 19.2\%$$

第四個賣出故事：1979 年的的大都會

「有人可能感得很奇怪，為何同樣一家公司，你們的董事長在 1978-1980 年時突然以 43 美元的價格賣掉，而現在卻又以 172.5 美元的高價買回。由於預計到你們會問這個問題，我在去年花了很長時間試圖尋找出一個漂亮的答案。」（1985 年信）

輔讀：大都會股價的年複合增長率（我們從最早賣出的 1978 年算起）「X」為：$43 (1 + X)^{7} = 172.5，X = 21.94\%$

第五個賣出故事：1993 年的大都會

「我們在 1986 年以每股 172.5 美元的價格買入 300 萬股大都會／美國廣播公司的股票，去年我們以每股 630 美元的價格處置了其中的三分之一。在支付了 35% 的資本利得稅後，我們實現了 2.97 億美元的稅後利潤。比較起來，在我們持有這些股票的 8 年裏，透過這些股份，我們應佔大都會公司未分配盈餘——在扣除 14% 的預估所得稅之後——的部分只有 1.52 億美元。換句話說，通過出售這些股份，即便在扣除了相對於按透視盈餘法所交稅率高得多的資本利得稅之後，它所帶來的收益比通過這些持股所佔有的透視盈餘還要高出許多。（1993 年信）

在 1993 年的晚些時候，我將 1,000 萬股的大都會股票以每股 63 美元（股份調整後的價格）的價格賣出。然而不幸的是，到了 1994 年年底，該公司的股價已變成了 85.25 美元（如果你心痛到不想親自計算的話，那麼我可以告訴你：這一價差的絕對額是 2.23 億美元）。當我們在 1986 年以每股 17.25 美元買進該公司股份時，我就曾經向各位報告過，在更早以前——也就是 1978 至 1980 年間——我曾經以每股 4.3 美元賣掉了該公司股份。將這兩次行為相加，我實在不知道該去如何解釋我的行為。沒想到的是，現在我又明知故犯。看來我需要找個監護人來好好監管一下了。」（1994 年信）

輔讀：大都會股價的年增長率「X」為：$63 (1 + X) = 85.25$，$X = 35.32\%$（折算為損失共計 2.23 億美元）

不輕易賣出一家優秀的上市公司

只是單獨看上面幾個比率，也許引不起讀者的注意，因此請大家務必注意這些數據背後的時間：蓋可保險是 20 年，迪士尼是 28 年，美國運通是 30 年。也許讀者會想：巴郡每股淨值的年複合增長率不是 20% 上下嗎？這些賣出好像也沒有損失多少。不過我們在考慮這個問題時，需要把槓桿因素考慮進去。如果排除巴郡每股淨值增長中的槓桿因素（浮存金），其實際的增長率可能就沒有那麼高了。

另外值得注意的還有一個地方：1993 年對大都會股票的賣出。從巴菲特的表述中我們可以看出：當這次賣出「所帶來的收益比通過這些持股所佔有的透視盈餘還要高出許多」時，站在當時的時間點上，巴菲特無疑覺得自己是賣對了。可沒有想到的是，經過這樣一番認真的「價值稱重」（或曰估值）後的賣出，最終還是讓公司損失了 2.23 億美元（如果考慮到 1995 年的股價繼續增長，損失還要再大一些）。

正是基於這些慘痛的歷史教訓，巴菲特才在 1995 年的致股東信中給自己提出了一條投資警訓：「絕不能輕易賣掉一家優秀（Identifiably-wonderful）上市公司的股票。」

最後還有一點需要大家注意，儘管我們講了幾個巴菲特賣錯股票的故事，但它不代表巴菲特歷史上的所有賣出都錯了。實際情況恰恰相反，即大多數的賣出現在看應當都是對的。不過需要特別注意的是，這些股票的賣出，與上面 5 家公司的賣出有着完全不同的理由。在 1981 的致股東信中，巴菲特對此有過清楚的表述：「我們已經犯了很多類似的錯誤 —— 無論購買的公司我們有控制權還是無控制權。由於在企業價值評估上的失算，我們在無控制權公司上所犯的錯誤最為常見（指購買上市公司股票）。當然，很有必要去深挖我們的歷史，以便能找出發生類似錯誤的投資案例 —— 有時候它需要深挖到之前的 2 至 3 個月（巴菲特是在進行自我嘲諷）。例如，去年你們的董事長就自告奮勇地發表了關於鋁業有着樂觀前景的專業看法。自我發表這些看法至今，僅需要做一些小小的修正 —— 修正的角度大約是 180 度。」

這段話也在一定程度上回答了不少人一直以來所質疑的問題：為何巴郡的大部分股票其持有的時間並不算長？

重點　　絕不能輕易賣掉一家優秀上市公司的股票。

關鍵詞　優秀上市公司。

多面手

① 固定收益證券

迷霧 巴菲特投資固定收益證券的情況似乎較少看見。

解析 評估債券是否值得投資，須把通脹因素考慮在內。

在巴菲特的投資工具盤子中，固定收益產品不僅是一項重要的內容，而且可謂是種類繁多。投資固定收益產品，除了是基於經營保險業務的內在要求外，吸引巴菲特投身其中的，主要是因為固定收益金融產品也和股票一樣，經常會出現錯誤定價，這就給巴菲特提供了進場的機會。不過基於通脹因素，在巴菲特的眼中，固定收益產品整體上看只是一個「平庸的投資工具」。

超長期債券

「超長期債券是目前通貨膨脹肆虐下唯一還被人們繼續使用的固定價格合約。合約的賣家（債券發行人）現在仍可以輕易地以一個不變價格獲取 1980 到 2020 年的資金使用權。相較之下，其他諸如汽車保險、醫療服務、新聞信息、辦公空間或是任何別的產品和服務，如果它們的買方要求在未來 5 年內支付一個固定價格，肯定會被別人嗤笑不已。在其他的商業領域，只要是簽訂長期協議，合約的雙方通常都會要求應適時調整合約價格，或是堅持每年必須重新審核一次價格。（1979 年信）

「最近幾年，我們的保險公司已非普通長期債券（straight long-term bonds，指不含轉換權或能提供其他獲利可能性的債券）的淨買者。即使有一些買進，也已被其他一些售出或到期債券給抵消掉了。在此前更早的一段時間，我們也從未投資過那些長達三、四十年的債券，至多是購買一些較為短期且備有償債基金的債券，或是那些因市場缺乏效率導致價格被低估的債券。」（1979 年信）

輔讀：美國市場長債收益率統計（見表 3.1）。

表 3.1　長債收益率 (年複合)

年	1900-1920	1910-1930	1920-1940	1930-1950	1940-1960
收益率 (%)	-2.2	1.0	7.0	2.4	-2.1
年	1950-1970	1960-1980	1970-1990	1980-2000	1950-2000
收益率 (%)	-1.6	-1.4	2.6	6.7	1.6

資料：《投資收益百年史》

　　儘管 1920-1940 年以及 1980-2000 年的長期債券收益看起來還不錯，但和股票比還是輸了一截。1920-1940 年美國市場的股票實際收益率為 8.2%，1980-2000 年的股票實際收益率則為 12.6%，分別比長債高了 1.2 和 5.5 個百分點。

　　「當然，基於保險營運的需要，我們必須持有大量的債券或其他固定收益金融工具。最近幾年，我們在固定收益方面的投資多限於具轉換權的債券。我們相信，由於具有轉換權，將使得我們對這些債券的實際持有時間比其他需按票面到期日結算的債券要短很多 (即：在一個我們認為合適的時間，依合約規定可以要求發行人將債券轉換為股票)。」(1979 年信)

　　輔讀：為了保障公司有足夠的流動性，巴郡手中始終握有大量現金及現金等價物 —— 政府債券。最近幾年，這比現金等價物的絕對數額被巴菲特要求不低於 200 億美元。

通貨膨脹與長期債券

　　「我們強烈懷疑，當美元的購買力幾乎每天都在縮水時，以美元標價的長期固定利率債券是否為人們提供了一種公平的交易。美元，包括其他政府發行的紙幣，當繼續作為一項長期商業決策的計量單位時，已存在嚴重的問題。如果這個看法成立，長期定息債券就是一個需要被拋棄的金融工具，而那些購買了到期日為 2010 年或 2020 年的長債的保險公司，將會面臨重大且將持續不斷的問題。我們自己也會為手中的 15 年期債券所必然帶來的盈利能力下滑，而留下慘痛的記憶。」(1979 年信)

輔讀：美國通貨膨脹率統計（見表 3.2）。

表 3.2　通貨膨脹率（年複合、%）

年	1900-1930	1910-1940	1920-1950	1930-1960
通脹率（%）	2.9	1.4	0.7	1.8
年	1940-1970	1950-1980	1960-1990	1970-2000
通脹率（%）	3.4	4.0	5.0	5.1

資料：《投資收益百年史》

從表 3.2 可以看出：美國通脹自二戰後開始逐步加重。

「此外，相對於一兩年前，現今的利率已大體反映了人們對高通脹率的預期。這一利率水平使得那些新發行的債券對投資者提供了較為充分，甚至過於充分的保障，它甚至會使我們自己可能錯過因債券價格的某次強勁反彈而獲利的機會。然而，就像我們不願意以一個固定的價格預先出售一磅 2010 年或 2020 年的喜斯糖果，或一呎巴郡所產的布料一樣，我們也不願意以一個固定的價格預先出售我們未來 40 年的資金使用權。我們傾向於莎士比亞筆下的 Polonius 的看法（稍經修改）：『不要當一個短期的債務人，也不要當一個長期的債權人』」。（1979 年信）

輔讀：茅台出廠價統計

表 3.3　茅台出廠價

年	2001 以前	2001	2003	2006	2007	2008	2010	2011	2012
出廠價	178	218	268	308	358	439	499	619	819

資料：公司公告

用茅台舉例也許有點過於極端，不過換一個其他產品或服務，其出廠價走勢估計也差不了多少。想一想你那些吃的、用的、穿的、玩的、住的等等，其價格哪一個不是呈逐年上升狀態？

兩害相權取其輕

「儘管很難在股票和債券之間作出投資級別上的劃分，但當通脹率介於 5% 和 10% 時，在誰更有通脹免疫力上面，兩者就有着完全不同的故事。在這種環境下，儘管一個分散的股票組合會在實際價值上蒙受很大的損傷，但流通在外的債券可能會更加悲慘。所以我們認為，一個全債券組合儘管看起來風險不大，但風險的揮之不去卻難以讓人接受。也因此，只有在一些條件具備時，我們才會投資長期債券 —— 例如當此項投資比其他投資有着明顯和確定性的優勢時。不過這種機會不僅很少，而且看起來還很遙遠。」(1984 年信)

輔讀：美國資本市場各金融工具收益率統計

表 3.4　金融工具收益率（年複合）

年	1970-1980	1970-1990	1970-2000	1980-1990	1980-2000	1990-2000
股票 (%)	-0.7	5.0	8.0	11.0	12.6	14.2
長債 (%)	-1.7	2.6	3.8	7.2	6.7	6.3
短債 (%)	-0.9	1.5	1.7	3.0	3.0	2.0

資料：《投資收益百年史》

從表 3.4 中可以看出：通脹率相對較高的 70、80 和 90 年代，股票的實際回報都高於甚至是遠高於債券的實際回報。為何當通脹肆虐時，股票回報會高於債券呢？也許，埃德加‧史密斯在其《用普通股進行長期投資》一書中，一段表述能部分回答我們這個問題：「人們忽視了債券的致命缺點（如果沒有這一點，它就是完美的投資手段了）：一般都認為，債券最大的缺點是無法分享經濟發展所帶來的巨大收益。然而，事實上應該是，它們對於貨幣的貶值無計可施。」

通脹不可避免

「我們對長期債券的厭惡感依舊沒有甚麼變化。唯有當我們對貨幣

的長期購買力有信心時，我們才會對這類債券有興趣。不過這種信心有點不着邊際：不管是社會團體還是政府官員，他們有太多的優先事項與幣值的穩定相衝突。」（1988 年信）

輔讀：20 世紀西方主要市場通脹率統計

表 3.5　20 世紀各國的通貨膨脹

國家	算術平均值（%）	幾何平均值（%）	最大值（%）	最大值年份
澳洲	4.2	4.0	24.9	1951
加拿大	3.2	3.1	15.1	1917
丹麥	4.3	4.1	27.7	1940
法國	8.8	8.0	74.0	1946
德國	6.1	5.2	100*	1923
意大利	11.8	9.2	344.4	1944
日本	11.1	7.7	317.1	1946
荷蘭	3.1	3.0	18.7	1918
瑞典	3.9	3.7	35.7	1918
瑞士	2.4	2.2	25.7	1918
美國	3.3	3.2	20.4	1918
英國	4.3	4.1	24.9	1975

資料：《投資收益百年史》(* 注：德國未計 1922 和 1923 年)

中期免稅債券

「雖然有些勉強，我們還是會將中期免稅債券視作短期政府債券的一個替代性工具。投資這類債券，如果在到期以前賣掉，我們可能會有巨額損失的風險。不過，首先，我們認為這種風險可以被其較高的稅後收入所對沖；其次，這樣處理，在總體上獲得收益的可能性還是會高於

損失的可能性。不過，我們這種對總體收入會有較高回報的期望，在考慮到所承擔的風險以及所有的稅賦影響後，還是顯得有些牽強甚至可能會出大錯。然而，即便我們真的在出售時發生較大的損失，我們的稅後收益可能還是比我們不斷在短期國庫券上來回打滾要好得多。」（1986年信）

輔讀：中期債券一般是指期限短於 10 年但長於 1 年的債券。

債券也是一項「生意」

「我們把債券當作一種特殊企業 —— 不論它有無特別的經濟特質 —— 去投資，或許會讓你感到不解。但我們相信，如果一個債券投資人能以一個生意人的角度去看待債券投資的話，那麼許多重大的錯誤就可以得到化解。例如在 1946 年，20 年期 AAA 級免稅債券的殖利率不到 1%，那麼買進這種債券的投資人，事實上等於是用 1 倍的市淨率買入一家年資本回報不到 1% 的足以令人憎惡的企業權益。

在審視這些商業條款時 —— 這正是討價還價的焦點所在 —— 如果投資人有足夠的商業頭腦，面對這樣的投資條件，他一定會大笑着搖頭走開。當時，市場上有不少具有美好前景的公司正以資產淨值或接近資產淨值的價錢進行着交易，它們每年可為投資者帶來 10%、12% 甚至 15% 的稅後資本回報。1946 年，如果人們看到一家正在以賬面價值進行交易的公司僅能賺取 1% 的資本回報，恐怕這樣的交易一次都不會成功。但是在那一年，那些把債券投資已當作一種習慣的人們，卻如饑似渴地以這樣的條件下進行着交易。與此相似的是，在往後的 20 年裏，儘管情況已沒有當初那麼極端，但債券投資人仍以愉悅的心情簽下長達 20 甚至 30 年的投資合約 —— 儘管從生意的角度看，它們的投資條件是多麼的不合理。（我個人認為：到目前為止，最佳的投資指引是由葛拉漢所寫的《聰明的投資人》，在其最後一章最後一個部分的開頭部分，葛拉漢這樣告訴我們：以生意視角進行的投資才是最有智慧的投資。）」（1984年信）

輔讀：1、我個人認為，如果在所有巴菲特的投資思想中尋找出一

句最重要的話，那非這句話莫屬：「以生意視角進行的投資是最有智慧的投資。」2、葛拉漢的這句話指的應不僅是股票，還應包括債券。3、將債券視為特殊的企業，將企業視為特殊的債券，這是葛拉漢和巴菲特師徒二人帶給我們的一個非常重要的投資思想；4、「把債券當作一種特殊的企業」，尤其應當引起哪些只偏好債券投資的朋友們的注意。

對此，也許有讀者會提出質疑：債券和股票是兩種具有完全不同風險的投資工具，債券收益的確定性要遠遠高於股票。因此，即便把債券視作一門「生意」，也與股票背後所代表的生意完全不同。這一質疑的關鍵點在於：股票的風險是否一定會高於債券？其實，只要我們把「風險」的定義從傳統的「本金損傷」進一步延伸至「購買力損傷」和「貨幣的時間價值」上並同時加大考核的時間，我們也許就會有一個完全不同的答案。

債券：平庸的投資工具

「1986 年，我們的保險公司總計購買了 7 億美元的免稅債券，到期日分別是 8 到 12 年。或許你會認為這樣的投入表示我們對於債券情有獨鍾，但不幸的是事實並非如此：債券充其量不過是個平庸的投資工具，它們只是在我們選擇投資品種時一個最低等級的替代品，現在仍是如此。」（1986 年信）

重點	長期來看，債券是個平庸的投資工具。
關鍵詞	通貨膨脹、特殊企業、生意視角、最有智慧的投資。

2 可轉換優先股

迷霧 對巴菲特投資可轉換優先股的一些細節了解不多。

解析 本節將分成三個部分介紹

基本情況

（1）所羅門

「迄今為止，我們 1987 年最大 —— 也是最公開 —— 的一筆投資是購買了 7 億美元，利率為 9% 的所羅門公司優先股。這筆優先股在 3 年之後可以以每股 38 美元的價格轉換為該公司的普通股。如果不進行轉換，該筆優先股可以在 1995 年 10 月 31 日起的 5 年之內，由所羅門公司按比例贖回。」（1987 年信）

（2）其他三家公司

「我們將出售債券的所得，連同期初就在賬上的多餘現金，以及後來在經營中所賺取的利潤，都通通用於買進 3 筆可轉換優先股。首先是在 7 月，我們買入了金額為 6 億美元，利率為 8.75%，10 年內可強制贖回的吉列公司可轉換優先股，換股價為每股 50 美元。之後，我們又購買了 3.58 億美元，年利率 9.25%，且同樣是 10 年內可強制贖回的美國航空公司可轉換優先股，轉換價為每股 60 美元。最後，我們在年底又用 3 億美元投資了年利率為 9.25%，仍是 10 年可強制贖回的冠軍國際可轉換優先股，轉換價為每股 38 美元。」（1989 年信）

（3）美國航空

「投資美國航空，你們的董事長展現出了敏銳的選時能力：我剛好是在航空業爆發嚴重問題之前跳入這個產業的。（沒有人強迫我，在網球場上我的行為被稱作「非受迫性失誤」）。美國航空的困境，源自航空產業本身的狀況以及對 Piedmont 購併後產生的後遺症。對後者我早就應該預料到 —— 幾乎所有航空業購併的最後結果都是一團糟。」

（1990 年信）①

為何投資

（1）公司前景具有不確定性

「對於投行這個產業，我們還難以把握其未來的發展方向與盈利前景。就產業特質而言，投資銀行業的可預測性比起我們幾個有主要投資部位的產業要低很多。這種生意上的不可預測性，正是我們選擇用可轉換優先股進入這個行業的基本原因。」（1988 年信）

「我們非常喜歡像吉列這樣的生意。查理和我都認為我們了解這個產業，因此相信我們可以對這家公司的未來給出一個合理的預估（如果還沒有試過吉列新的感應式刀片，趕緊去買一個試試！）。但是，我們就沒辦法去預測投資銀行業（我們在 1987 年投資了所羅門證券公司的可轉換優先股）、航空業或是造紙業的未來前景。這並不表示他們的未來就一定很差，我們只是不可知論者，而不是無神論者。由於我們對這些產業的前景缺乏足夠的信心，因此與那些我們了解其生意特質並對其長期前景深具信心的公司相比，我們在構建投資組合時就需要採取一個不同的方式。」（1989 年信）

（2）修補因素：可信賴的管理層

「不過我們也有一項優勢，那就是我們對所羅門公司的首席執行官 John Gutfreund 的品德與才幹有着非常不錯的印象。查理和我都很喜歡、尊敬和信任他。我們是在 1976 年開始認識他的，當時他在協助 GEICO 免於踏入破產邊緣的工作上起了關鍵作用。這以後，我們又看到他多次將自己的客戶從一些他們很想參與其中但卻十分愚蠢的交易中拉回來的事情——儘管這些行動不產生任何費用，而如果他選擇默許事情的發生則反而會給公司帶來巨額的收入。這種服務至上的行為在華爾街可並不多見。」（1989 年信）

「這些投資還有一個重要的不同點：我們只想與我們喜歡、欣賞和

---

① 關於此次美國航空優先股的投資細節，可參閱本書第五章《非受迫性失誤》一節。

信任的人打交道。像所羅門的 John Gutfreund、吉列的 Colman Mockler 二世、美國航空的 Ed Colodny 以及 Champion 的 Andy Sigler 等,都絕對符合我們的標準。」(1989 年信)

(3) 機會問題

「做為一項投資組合,這些可轉換優先股的總體回報,自然比不上那些具有美好經濟前景但卻還未得到市場認可之股票的投資回報,或許也比不上我們旗下那些私人企業的總體回報。但後面的這兩種投資機會相當稀少,更不要說相關的投資項目還要與我們目前和未來的資金規模相匹配。」(1989 年信)

基本價值

(1) 固定收益特質

「我們相信,我們所擁有的轉換權利在其有效期間內對我們一直都將具有重要的價值。只是這種優先股的基本價值主要還是體現在其所具有的固定收益特質上,而不是股權特質上。」(1988 年信)

「可轉換優先股算是相對簡單的投資工具。不過我還是要警告各位,如果過去的經驗有參考價值,你們或許就會持續收到一些不準確或是有誤導的訊息。舉例來說,去年就有幾家媒體將我們持有的優先股價值與其可轉換的普通股價格混為一談。按照這一邏輯,由於我們的所羅門優先股轉換價格為 38 美元,當公司的普通股跌到 22.8 美元時,可轉換優先股的價值就只有其面值的 60%。但這樣的推論有一個問題:人們必須假設可轉換優先股的價值僅在於它的轉換權,而非轉換優先股的價值則等於零 —— 不管它們附帶怎樣的息票補償。特別要記住的一點是,可轉換優先股的大部分價值源自其所具有的固定收益特性。這就意味着它們的價值不可能低於當它們不具轉換權時的價值;如果它們同時還擁有可轉換選擇權,則只會使得它們具有更高的價值。」(1990 年信)

「這些優先股對於我們的價值主要在於它具有固定收益的特質,其內含的轉股權只是一個附帶的加分項而已。」(1995 年信)

(2) 同時也不能忽略你的機會成本

「不管在任何情況之下，我們預期這些可轉換優先股都可以讓我們收回本金並獲取應得的股利。然而如果這就是我們能得到的全部，那麼無疑會讓我們很失望，因為我們為此犧牲了流動性，而這樣做可能讓我們在往後的 10 年內錯失重大的投資機會。如果我們在一個特定時間內僅能獲取一般性的優先股收益，這樣的投資對我們其實並沒有甚麼吸引力。唯一能讓我們感到滿意的投資結果，是所投資公司的普通股也能有優異的表現。」(1989 年信)

重點	可轉換優先股的基本價值首先體現在它的固定收益特質上。
關鍵詞	基本價值、固定收益、息票、加分項、流動性。

3 非常規性投資

迷霧 巴菲特除了投資有價證券和收購公司外，還做其他業務嗎？

解析 做，但不是主業。

在《像巴菲特一樣交易》一書封面上，我們會看到這樣一段文字：
「在過去 50 年裏，沒有人比巴菲特更多樣化地採用投資策略了：股票、
商品投資、債券、套利交易、基金、葛拉漢—多德的方法……」。

了解巴菲特不是很深的人來説，這段話會容易引起一些誤導。畢
竟，巴菲特的投資主線只有三個：保險業、私人企業和股票 —— 但多少
還是説出了一些事實。本節將就巴菲特從事過的一些非常規性投資作出
介紹和討論。不過這裏介紹的僅僅是這些非常規性投資投資的其中一個
部分，其餘的如普通債券投資、套利以及衍生金融產品投資等，見本書
其他章節。

開始討論前，我們先簡要了解一下巴菲特為何會進行這類有點冒風
險的投資：「當我們暫時不能為我們的資金找到一個理想去處 —— 即買
入管理優異、價格低廉並且有着較好經濟特質的企業時，我們就會選擇
將資金投入到一些較短期限但品質優良的投資工具上。不過，有時我們
也會選擇進行一些有點冒險的投資。當然，我們這樣做是因為我們相信
獲利的可能性遠大於損傷的可能性。然而我們也同樣明白，這樣的做法
可能無法提供我們在股票投資上所要求的確定性。從事股票投資時，我
們知道一定會賺錢 —— 唯一問題是它會何時實現。在進行非常規性投資
時，我們自然也認為自己一定能夠賺到錢。不過我們也知道有時難免會
出錯 —— 甚至是出大錯。」(2003 年信)

自然，這一理由也可延伸至對其他類型金融產品的投資上（普通債
券、套利和衍生性金融商品等）。總結起來，驅使巴菲特不斷進行這類
投資嘗試的背後原因恐怕至少有三條：(1) 源源不斷的保險浮存金；(2)

股票價格有時會長期處於高位；(3) 相關投資品出現了錯誤定價。下面我們就借用巴菲特的筆，給大家做一個簡要介紹。

原油期貨：

「截至年底，我們總共有 3 項非常規性投資部位。首先是 1,400 萬桶的原油期貨合約，這是我們在 1994-1995 年期間建立的 4,570 萬桶原油期貨合約的剩餘部位。其中 3,170 萬桶合約已在 1995-1997 年結清，並提供給我們 6,190 萬美元的稅前利潤。合約的剩餘部分將在 1998-1999 年陸續到期。截至 1997 年底，我們未實現的獲利共計 1,160 萬美元。會計準則要求所有的期貨合約必須按市價在報表上列示，因此這些合約的未實現利潤已記錄在我們年度或季度財務報表上。當初我們之所以會建立這些投資部位，主要是覺得當時的石油期貨價格有些低估。至於現在的市場狀況，我們則認為已不具吸引力。」(1997 年信)

白銀

「我們的第二項非常規性投資是白銀，去年我們一共買進 1.112 億盎司的白銀。以 1997 年的市價計算，總共為我們提供了 9,740 萬美元的稅前利潤。從某個角度來說，它彷彿又讓我回到了過去。30 年前，我因為預期美國政府會將白銀非貨幣化而曾經買入過白銀。自那之後，我一直追蹤着這種貴金屬的基本情況，只是沒有進一步的買入動作。最近幾年，銀塊存貨出現大幅下滑。去年夏天，查理和我有一個共同結論，那就是白銀的價格將會向上調整以保持它的供需平衡。需要注意的是，人們對通過膨脹的預期沒有包含在我們對白銀價值的估算中。」(1997 年信)

零息債券

「我們最後同時也是最大的一項非常規性投資，是 46 億美元的美國政府長期零息債券。這些債券不支付任何利息，而是以折價發行的方式

銷售給債券買者。正因為因此，這種債券的市場價格會因市場利率的變動而出現快速波動。如果利率上升，零息債券的持有人就會損失慘重；而如果利率下跌，投資人就可能會大賺一筆。由於 1997 年利率出現了下跌，使得我們 1997 年在零息債券上的未實現利潤為 5.98 億美元。由於我們持有的證券全部是以市價記錄，所以這些收益已全數反映在公司年底的資產淨值中。

投資零息債券而不是選擇手持現金或其等價物，這種冒險似乎有些不太聰明。畢竟，基於宏觀經濟分析的投資誰都不敢保證會百分之百地成功。然而，你們向查理和我支付工資，是想換取我們較強的判斷與行動能力，而不是坐在那裏甚麼也不做。因此，當我們覺得機會有利於我們時，我們也會不時地進行一些非常規性的投資活動。當然，如果我們的操作出現了失誤，還請大家多多包涵。」（1997 年信）

外匯

「我們已經（未來仍然會如此）把巴郡大部分資金投放在美國資產上。然而近年來，我國的貿易赤字導致全球許多國家持有了大量美國債權與權益。曾有一段時間，這種財富要求權與我們的國內供給很容易就達成了平衡。但是到了 2002 年，由於胃口的不停進食，這種平衡開始被打破了，其結果就是美元相對幾個主要貨幣開始出現了貶值。儘管如此，現行的匯率仍無法有效地解決貿易赤字問題。所以，不管外國投資人願意與否，他們手上的美元仍在繼續源源不斷地增加。結局大家或許很容易猜到：它們將逐漸變得難以控制並最終超出市場的承受能力。

截至 2003 年底，我們已簽訂的外匯合約總計達到了 120 億美元，共分佈在 5 種外國貨幣之上。此外，當我們在 2002 年買入垃圾債券時，我們也儘量買入一些以歐元計價的債券。目前，這部份投資的金額大約有 10 億美元。」（2003 年信）

接下來，我們做一個簡要而有意義的討論。

三思而後行

先聊聊石油期貨。當巴菲特說「我們也知道有時難免會出錯——甚至是出大錯」時，讓我想起了一個失敗的案例——一個信心滿滿做空石油的案例，一個利用複雜的回歸模型把自認為合理的石油價格精確預測到「分」的做空案例，一個在「周詳的風險收益測算」下才進行操作的案例。不過，最後的結果卻是事與願違。以下案例摘錄自《對沖基金風雲錄》。

那些一度讓我們感覺成竹在胸的市場變化只是暫時的。接下來發生的情況表明，沒有任何信號、任何指標、任何社會學分析或任何數列是完美的。人算不如天算，9月份發生了史無前例的大颶風，讓歷史上所有的颶風季節都相映失色。是的，我們知道8月和9月是颶風頻發期，我們知道強風暴可能會造成墨西哥灣的離岸石油設備停止運轉，可確實已經有好多年沒有發生過有真正破壞性的颶風了。可惜，老天不這麼想。自8月中旬起，四次大颶風突然接連掃盪佛羅里達，橫卷墨西哥灣。油價對每一次颶風都作出了反應。禍不單行，伊拉克石油管道被炸，俄羅斯政府繼續查處石油巨頭尤科斯及其主要股東，俄羅斯石油出口延緩，引發了市場的更大憂慮。所有這些因素導致油價在9月底上沖到一個新的高點——50美元。

當然，巴菲特最後贏了。但巴菲特能夠做到的，別人不一定也都能夠做到。況且，巴菲特在石油問題上也是跌過大跟頭的（請參閱本書第五章《非受迫性失誤》一節）。

我們再說說零息債券。看見巴菲特說「這種冒險似乎有些不太聰明。畢竟，基於宏觀經濟分析的投資誰都不敢保證會百分之百地成功」這段話時，我不禁想起一個有趣的統計表格。請看下表：

表 3.6　《華爾街日報》對經濟學家有關利率預測的調查

預測時間	預測利率 (%)	實際利率 (%)	預測走勢 (結果)
1983 年 06 月	10.07	10.98	錯
1983 年 12 月	10.54	11.87	錯
1984 年 06 月	11.39	13.64	錯
1984 年 12 月	13.78	11.53	錯
1985 年 06 月	11.56	10.44	錯
1985 年 12 月	10.50	9.27	錯
1986 年 06 月	9.42	7.28	錯
1987 年 06 月	7.05	8.50	錯
1987 年 12 月	8.45	8.98	錯
1989 年 06 月	9.25	8.04	錯
1989 年 12 月	8.12	7.97	錯
1990 年 06 月	7.62	8.40	錯
1991 年 06 月	7.65	8.41	錯
1992 年 06 月	7.30	7.78	錯
1993 年 06 月	7.44	6.67	錯
1993 年 12 月	6.84	6.34	錯
1994 年 06 月	6.26	7.61	錯
1994 年 12 月	7.30	7.87	錯
1995 年 06 月	7.94	6.62	錯

資料來源：Wall Street Journal Revised on 30 Jun 1998

第三章　多面手

161

提供這些資料沒有別的意思，只是想提醒大家：當從事這些「冒險」、「難免會出錯」、「甚至是出大錯」的投資工具時，還是小心為妙，三思而後行。

重點	在巴郡的主業之外，巴菲特也會從事一些非主流的投資。
關鍵詞	不確定性、冒險的投資、難免會出錯、出大錯。

④ 套利

迷霧 對巴菲特的套利投資不甚了了。

解析 間歇式地進行，但以風控為先。

基本情況（1985-1992）

「或許你們已注意到，年底時我們持有一大筆 Beatrice 公司的股票。這是一筆短期套利型投資 —— 事實上算是給閒置資金一個暫時的去處（由於交易有時會落空從而導致重大損失，因此套利活動並不十分安全）。我們只是在資金比主意多時會參與一些套利活動，但我們只會參與媒體已公佈的購併或交易案。當然，如果我們能為這些閒置資金找到更可靠的長期去處，我們會更加高興。但現階段，我們暫時還找不到更合適的投資對象。」（1985 年信）

「我們會繼續不定期地進行一些套利操作。不過，與其他那些每年都會進行十幾次的套利操作不同，我們進行套利操作的頻率會低很多。此外，我們只購買那些大額的且已公示的交易，我們不會對未能確定的事情下賭注。也因此，我們的套利總收入不會很高；但與此同時 —— 如果運氣好 —— 我們失敗的概率也不會很高。」（1986 年信）

「我們從事套利交易已有數十年的歷史。到目前為止，我們的成果還算不錯。儘管我們從來沒有確切地計算過，但我相信我們在投資套利上的稅前年均回報率應該至少有 25%。我認為我們在 1987 年的套利成績甚至比以前還要好很多。但必須強調的是，只要有 1-2 次的慘敗 —— 就像許多交易者在 1987 年晚些時候所經歷的那樣 —— 就可以讓整體套利成果出現戲劇性的變化。」（1987 年信）

「在過去的報告中我曾經告訴各位，我們的保險子公司有時也會從事一些套利活動，以作為短期閒置資金的替代物。我們當然比較喜歡長

期的投入，但可惜我們的資金常常會多過好的主意。在這時，套利的回報有時不僅會遠大於政府公債，同樣重要的是，它還可以讓我們避免因尋找長期資金去處的壓力而放鬆我們的投資標準（每次在我們討論套利投資之後，查理總是會附上一句：這樣也好，至少能讓你暫時遠離股票市場）。」（1988 年信）

「去年我曾向各位報告今年我們可能會停止套利方面的操作，結果也正是如此。套利倉位是短期資金的替代性去處，而在上一年的某些時候，我們手頭上沒有太多的現金。雖然後來我們手中有了大量的資金，我們還是選擇不參與套利。主要原因是這些套利活動對於我們來說缺少經濟上的合理性，從事這樣的套利就如同是在參與一場比誰更笨的遊戲（就像華爾街人士 Ray DeVoe 所說：天使迴避而傻瓜趨之若鶩）。我們還會從事套利交易，有時參與的資金規模還會很大，但只有當我們覺得勝算很大時才會進場。」（1989 年信）

「我們很高興能買到通用動力（General Dynamics）。我以前並未特別留意這家公司，直到去年夏天該公司宣佈以競價收購的方式買回公司 30% 流通在外的股票。看到有套利的機會，我開始為巴郡買進這家公司的股份，期望借公司回購股票的機會可以小賺一筆。在過去幾年裏，我們已經做了好幾次類似的交易，以便讓短期資金獲取豐厚的回報。」（1992 年信）

輔讀一：由巴菲特提供的上述基本情況至少透露出以下 12 個信息：

1、套利只是為了「給閒置資金一個暫時的去處」；

2、「套利活動並不十分安全」；

3、「只有在資金比主意多時」才會參與；

4、「只會參與媒體已公佈」的項目；

5、「套利操作的頻率」較低；

6、「從事套利交易已有數十年歷史」；

7、「稅前平均利潤率應該至少有 25%」；

8、「只要 1-2 次的慘敗……就可以讓整體套利成果出現戲劇性的變化」；

9、我們的資金常常多過好的主意；

10、套利「可以讓我們避免因尋找長期資金去處的壓力而放鬆我們的投資標準」；

11、「當我們覺得勝算很大時才會進場」；

12、當有公司進行股票回購時，也會出現套利機會。

輔讀二：關於「只要 1-2 次的慘敗……就可以讓整體套利成果出現戲劇性的變化」，讓我們一起看兩個投資實例：

表 3.7　策略 A 的投資回報（1980 年 12 月 12 日─1983 年 10 月 4 日）

	買入價（美元）	賣出價	漲幅（%）
伯利恆鋼鐵	25.125	23.125	-8.0
可口可樂	32.75	52.5	60.3
通用汽車	46.875	74.35	58.7
格瑞斯化學公司	53.875	48.75	-9.5
家樂氏穀類食品公司	18.35	29.875	62.6
漢諾瓦製造公司	33	39.125	18.5
莫克公司	50	98.125	22.7
歐文康寧	26.875	35.75	33.0
費波道奇	39.625	24.25	-38.8
雪郎博格	81.875	51.75	-36.8

總漲幅：30.4%

表 3.8　策略 B 的投資回報（1980 年 12 月 12 日─1983 年 10 月 4 日）

	買入價（美元）	賣出價	漲幅（%）
策略 A 全部 Stop & shop	6.0	60	900

總漲幅：110.6%

由於標普 500 指數的同期漲幅為 40.6%，因此一隻股票改變了整個組合的命運。（資料來自《選股戰略》）。

概念簡介

「取得這樣的成績，讓我們有必要詳細地討論一下套利操作以及我們所使用的方法。所謂套利，曾經僅僅是指在兩個不同的市場同時對相同的有價證券或是外匯進行買賣操作。套利的目的則是為了賺取兩者之間價格差，例如荷蘭皇家石油公司的股票在阿姆斯特丹（以荷蘭盾）、英國（以英鎊）或紐約（以美元）的股市上經常會有不同的報價。有些人將這一行為稱為剃頭皮，但行內的人通常習慣於使用法國人講的一個詞彙——套利。

自從第一次世界大戰後，套利或者說風險套利——人們有時也會這樣稱呼——的定義，已包括從已公佈的公司出售、購併、資本重組、企業重組、公司清盤、管理層收購等事件中謀取利潤。大部分情況下，套利者所期望的是不管股市如何變動，套利均能成功。他們面臨的主要風險就是已宣佈的事件沒有如期發生或乾脆沒有發生。」（1988 年信）

輔讀：下面兩段話摘自由瑪麗·巴菲特和大衛·克拉克所著《巴菲特原則》一書：

「禾倫有一項不為人知的才能，就是他善於套利——或者用他的話說，叫做「轉機獲利」（workouts）。不論是叫套利或轉機獲利，舉凡公司轉手、重整、合併、抽資或者對手接收，都是套利的機會。禾倫比較喜歡接受長期資金的委託，然而若是當時沒有適合從事長期投資的機會時，禾倫發現，若運用現金資產進行套利，會比其他短期投資提供更大的獲利空間。事實上，在過去 30 多年來，禾倫活躍地進行了各種類型的套利操作，他所估計的年平均稅前報酬率大約在 25% 左右，這些金額都是真實且可以查證的。」

「巴菲特合夥公司在早期時，每年以將近 40% 的公司資金投資於套利行為。而在 1962 年最黑暗的年代，整個市場都下跌的情況下，就是靠

套利方式獲利度過了黑暗的時期。他們讓公司獲利達 13.9%，而當時道瓊斯指數則悲慘地下跌了 7.6%。」

套利近況

「近幾年來，大部分的套利活動都與企業購併有關 —— 不論是敵意或是非敵意購併均如此。伴隨着企業購併的狂熱、反託拉斯法的銷聲匿跡、投標競價履創天價，套利者可謂是大行其道。這一行當不需要太多的才能，唯一的技巧就像是 Peter Sellers 在電影中所表現的那樣 —— 你在，所以你成功。華爾街有一句經過修飾過的俗語是這樣説的：給人一條魚，可以養活他一天；教他如何套利，可以養活他一輩子（當然，如果他選擇到 Ivan Boesky 所開辦的套利學校去學習，恐怕今後的生活就只能指望呆在政府的監獄中等待救濟了）」（1988 年信）

輔讀：Ivan Boesky 是 80 年代華爾街著名的非法套利者。

套利技巧

「在評估套利活動時，你需要回答 4 個問題：1、承諾的事情果真會實現的概率？2、你的資金估計要被綁住多久？3、出現更好結果的概率 —— 例如有更高競價者的出現？4、因為反託拉斯法或是財務上的意外導致購併案觸礁後，會產生甚麼後果？」（1988 年信）

輔讀：葛拉漢套利公式（摘自《巴菲特原則》）：

年度報酬＝ $[CG-L(100\%-C)]/YP$，其中：

G ＝事件成功時可預期的收益；

L ＝事件失敗時可預期的損失；

C ＝可預期的成功機會，以百分比表示；

Y ＝該期握有股票的時間，以年為單位；

P ＝該證券目前的價格。

重點	只有在資金閒置且「勝算較大」的情況下，才會進行套利操作。
關鍵詞	暫時去處、不十分安全、媒體已公佈、勝算很大、4 個問題。

5 玩轉衍生品

迷霧 巴菲特一邊指責衍生性金融產品是大規模殺傷性武器，一邊自己也投身其中，為甚麼？

解析 巴菲特投資衍生品的前提：錯誤定價以及無交易對手風險。

在 2002 年的致股東信中，巴菲特根據自己長期的觀察而形象地指出「衍生性金融商品屬於大規模殺傷性武器」。但在以後的幾年裏，他自己也主動投身其中，參與了一些不同類型的衍生性商品投資。這背後有着怎樣的故事？

產品出現錯誤定價

「我們在外匯投資部位上實現的收益都來自於遠期合約，這是一種衍生性金融商品，而我們也投資了一些其他種類的衍生品。這些舉動看起來有些古怪，因為你們都清楚我們在通用再保險公司衍生性商品上的慘痛經歷，也聽我說過衍生性商品交易的迅猛增長將導致金融市場出現系統性的問題。你們也許會納悶：為甚麼我們現在還要與這些有害物質廝守在一起呢？答案是衍生性金融商品與股票和債券一樣，也常常會出現極為錯誤的定價。因此許多年來，我們有選擇性地簽署了一些 —— 儘管數量不大但有時金額卻很龐大的 —— 衍生性商品合約。」(2006 年信)

「考慮到衍生品的毀滅性，大家可能會質疑為甚麼巴郡還簽署了 251 份衍生品合約 (不同於中美能源公司那些僅僅用於交易目的的合約以及通用再保險剩餘下來的那幾個合約)。答案很簡單：在每份合約簽約的一開始我就認為它們已被錯誤定價，有些更是錯得離譜。」(2008 年信)

「長期以來，我們僅投資那些查理和我認為已被錯誤定價的衍生品合約，正如我們努力投資那些被錯誤定價的股票和債券一樣。」(2009 年信)

輔讀：一點思考：認為產品出現了錯誤定價，這是否多少帶有一些主觀性？想必每一個參與其中的人可能都會認為別人看錯了，而自己看對了。至於巴菲特的這個「主觀看法」靠不靠譜，只能請讀者根據我們下面提供的有限資料進行自我判斷了。

我們沒有交易對手風險

「這些衍生品合約有兩個方面非常重要：第一，在所有的合約中我們都持有現金，這意味着我們沒有交易對手風險（counterparty risk）。」（2007 年信）

「我們的衍生品交易要求在合約簽署時就要將資金支付給我們。巴郡因此永遠是持有資金的一方，這樣做使得我們沒有真正意義上的交易對手風險。」（2008 年信）

輔讀：關於這個問題，巴菲特曾經做過生動的比喻：「相比之下，衍生品合約背後的巨額隱形債權債務通常要在幾年甚至幾十年後才進行結算。『紙上』資產和負債 —— 通常難以被準確估量 —— 成為財務報表中的重要部分，儘管它們在許多年內都不會得到確認。除此之外，在各大金融機構之間將會構建起一個令人恐懼的相互依存關係。數以十億計的應收應付資金集中在這些大型交易商的手中，而他們又通常都傾向於使用巨大的槓桿。這些都試圖讓自己能與風險絕緣的參與者和那些試圖避免讓自己染上性病的人其實面臨着一個相同的困境：問題不僅在於你要和誰睡，還在於他們要和誰睡。」（2008 年信）

全部由我本人親自管理

「我們現在共有 62 個流通在外的衍生性商品合約，全部由我本人親自管理，而且合約的另一方都沒有信用風險。」（2006 年信）

「我不僅簽署了這些合約，也一直親自監督這些合約的進展情況。這樣做是要與我以往的一個信念保持一致：任何大型金融機構的首席執行官也都必須是公司的首席風險官。如果我們在衍生品上有損失，那一定是我的錯。」（2008 年信）

「讓巴郡遠離這些風險，是我本人的職責所在。查理和我相信，控制風險是公司 CEO 的主要職責。認識到這一點非常重要。在巴郡，我不僅負責簽署每一份衍生品合約，同時我也負責監督這些合約的具體執行情況——當然，那些由我們的分公司（如中美能源）簽署的與其生意運營有關的衍生品合約，則排除在外。此外，我還要負責監督通用再保險公司對其衍生品合約實施了結或清算的執行情況。今後，如果巴郡遇到了麻煩，那一定是我的問題，而決不會是風險控制委員會或者首席風險執行官的問題。」（2009 年信）

輔讀：由巴菲特親自管理是否就能大幅降低衍生品的投資風險，對於這點我們也許還無從得知，但有一點倒是值得關注的：誰才是一個公司的首席風險官？在我有限的視野裏，CEO 公開聲稱自己是首席風險官的似乎並不多見。取而代之的則是由公司的某個執行董事、副總裁或某個高管來擔當這個職位。以前由於工作關係，我曾經認識一些基金公司的 CEO，包括一些國外基金公司的董事長和總裁，他們下面都有 1-2 個專門負責風險控制的高管，但從未聽到他們自己說：我對公司的風險管控負主要責任。

參與的產品種類

「去年我曾說過，我在巴郡一共管理着 62 份衍生品合約（在通用再保險的賬簿裏還有一些正在清算的合約）。我們目前一共還有 94 份衍生品合約，它們大致可以分成以下兩類。

第一類：我們一共簽署了 54 份合約，它涉及某些高收益債券的違約風險，一旦有違約發生，我們則需要作出賠償。合約的到期日從 2009 年到 2013 年不等。至去年底，我們從這些合約中一共獲得了 32 億美元的保費收入，同時也支付了 4.72 億美元的賠付金。在最壞的情況下（這不太可能會發生），我們還需要另外賠償 47 億美元。

第二類合約涉及我們賣出的與 4 種股票指數（標普 500 加上 3 種外國指數）關聯的看跌期權。這些期權的的原始期限分別為 15 年或 20 年，並最終依股票指數的具體點位進行結算。我們目前獲取了 45 億美元的

保費收入，並有 46 億美元的負債記錄在案。合約中的期權只有在到期日才可被執行，時間分別是 2019 年和 2027 年。如果關聯的股票指數低於合約中的點位，則巴郡需要支付相關的賠償。再一次地，我相信這些合約在總體上是會盈利的。除此之外，在持有這些保費的 15-20 年裏，我們還可以通過投資賺取大把的金錢。」(2007 年信)

　　輔讀一：巴菲特賣出的市場指數認沽期權分別是：(1) 美國標普 500 指數；(2) 英國富時 100 指數；(3) 歐洲斯託克 50 指數；(4) 日經 225 指數。

　　輔讀二：不同時期股票風險收益變化統計

表 3.9 不同時期指數的變化區間分佈（美國股市：1950-1988 年）

	1 年	5 年	10 年	15 年	20 年
股指最小和最大回報（%）	-26.5/52.6	-2.4/23.9	1.2/16.4	6.5/12.1	7.9/10.3

資料：《漫遊華爾街》

輔讀三：美、英、日 20 世紀的股票（名義）回報（10 年期）

表 3.10 20 世紀部分 10 年期的股指名義回報（%）

時間	1900-1910	1910-1920	1920-1930	1930-1940	1940-1950
美國	9.5	4.8	14.0	-0.1	9.4
英國	2.9	7.5	6.4	3.0	5.9
日本	--	19.3	-1.3	13.8	29.1
時間	1950-1960	1960-1970	1970-1980	1980-1990	1990-2000
美國	17.9	8.1	6.7	16.1	17.1
英國	17.8	10.2	11.7	22.3	14.7
日本	30.4	14.0	12.4	20.5	-4.2

資料：《投資收益百年史》

從表 3.9 和 3.10 提供的數據可以看出，當評估時間延伸至 10 年以上時，指數的回報風險會大幅降低。雖然我們給出的不是逐年的滾動期回報，但也能夠說明一些問題了。況且，當考評時間進一步延長到 15 甚至 20 年時，就像《漫遊華爾街》有關數據所顯示的那樣，指數的回報風險還會進一步大幅度降低。

輔讀四：約翰‧博格在其所著《博格投資》一書中曾經指出：「不要忽視風險，風險是投資坐標上的第二維度。股票在今天具有很高的短期風險。但是時間可以修正風險波動，這種修正也像是一個魔幻圖，我們也把它稱之為『組合投資的修正圖』。股票投資的風險（標準差）在一個特定的短時期內可以使資產縮水百分之六十，但是在第一個十年以後，

百分之七十五的風險都將消失。」

回報與預期

「到目前為止，這些衍生性商品合約的效益還不錯，為巴郡賺取了數億美元的稅前盈餘（遠遠超過我們在遠期外匯合約上的盈利）。儘管我們隨時都有出現虧損的可能，但是整體上看，我們很有可能繼續從這些錯誤定價的衍生品中獲得可觀的利潤。」（2006 年信）

去年討論中曾經提到的幾個觀點現在需要重申一下：

（1）儘管不能作出任何保證，但我預期我們的合約在總體上能在餘下的時間裏為我們帶來利潤，即使把由我們所收到巨額浮存金所創造的投資收入剔除在外。我們的衍生品浮存金 —— 它們並不包括在之前提到的 620 億美元保險浮存金中 —— 到年終時大約有 63 億美元。

（2）只有少數幾個合約要求我們無論如何都要交付抵押保證金。當去年的股市和債市價格處於低位時，對我們的抵押支付要求是 17 億美元，僅佔我們衍生品浮存金的一小部分。我需要提示一下的是，當我們支付了抵押保證金後，這些被抵押的證券仍然在為我們賺錢。

（3）最後，這些合約的賬面價值一定會有大的波動，它將在很大程度上影響我們的季度盈利數據，但是不會對我們的現金或投資組合有任何的影響。（2009 年信）

輔讀：（1）如同巴郡對保險業的經營一樣，巴菲特認為即使不考慮項目的額外收入，只是項目本身就可以為公司帶來正的回報；（2）退一步說，即使項目出現了虧損，但虧損額與保費收入（浮存金）的比例只要低於一般性的融資成本，還是有利可圖的；（3）其他項目由於我們沒有了解全貌，不好說甚麼，但四個指數的看跌期權，根據過往的歷史數據以及股指增長的背後邏輯，其最終發生虧損的概率極小。

重點	錯誤定價是巴菲特參與衍生品投資的重要前提。
關鍵詞	錯誤定價、交易對手風險、親自管理、浮存金。

聊市場

1 視而不見

迷霧 巴菲特從不做也不相信股市預測，背後的原因是甚麼？

解析 持續成功地預測幾乎沒有可能，而且對自己來說也沒有必要。

電梯：從 A 點到 Z 點

「相較於對短期營運的保守看法（這裏指保險公司），我們對於目前保險子公司所持有的那些重倉股票的長期前景卻感到相當樂觀。我們從來不會去嘗試預測股票市場的短期走勢，事實上我們也不認為包含我們自己在內的所有人能夠持續成功地預測股市的短期波動。然而就長期而言，我們相信我們那些重點持股的市場價值最終會遠遠超過我們當初的投資成本，而這些投資收益將會大幅增加我們保險事業未來的經營回報。」（1978 年信）

輔讀：香港海洋公園內有一個據說是世界最長的扶手電梯，可以把遊客從山腳下平穩地運送到山上。現在想像在這部電梯的旁邊也有一部可以把大家運至山頂的運輸工具：過山車。儘管它同樣可以讓你到達目的地，但旅途卻是忽上忽下、忽高忽低、忽慢忽快，充滿了刺激與艱險。你會選擇哪一部呢？進一步的問題是，你會因為過山車的上下起伏不定而認為所有的旅途都充滿不測嗎？現在讓我們回到股市中來，過山車就好比某個股票指數，電梯就好比某個優秀上市公司。可是不無遺憾的是，絕大多數的人都是根據股指的變化軌跡來判斷投資風險並據此行動。於是，市場預測也就這樣風行了起來。久而久之，人們就漸漸忽略或忘記了過山車的旁邊還有一部（其實是多部）平穩運行的電梯。很顯然，這樣做是不對的。

表 4.1　年終收盤價（2005-2015）

	2005	2006	2007	2008	2009	2010	2011	2012	2013	2014	2015
上證	1161	2675	5261	1821	3277	2808	2199	2269	2115	3234	3539
雲南白藥	95.3	232.5	324.0	322.4	585.6	735.0	647.1	829.6	1244	1162	1342

註：雲南白藥全部為後複權價

通過對比可以看出，上證綜指像一部飄忽不定的過山車，而相比之下，雲南白藥的股價變化則更像是一部手扶電梯，把它的乘客快速而平穩地直送山頂。期間儘管也有一些起伏，但總的看還是比較平穩的。最後我們要問的問題是：你覺得股指的風雲變化對雲南白藥股價的長期走勢會有多大影響呢？

航船：從此岸到彼岸

「對於只會導致投資人與商業人士神志不清並且代價昂貴的政經預測，我們繼續保持視而不見的態度。30 年以前，沒有人能夠預測越戰會持續擴大、工資與價格管制、兩次石油危機、總統下野、蘇聯解體、道瓊斯指數在一天之內大跌 508 點、以及國庫券利率在 2.8% 與 17.4% 之間波動。

不過令人感到驚奇的是，這些重大的歷史事件從未給葛拉漢的投資原則帶來任何的打擊，也沒有讓以合理的價格買入優秀企業這一策略看起來有任何的不妥。想像一下吧，如果我們因為這些莫名的恐懼而延遲或改變我們的資金配置，將會付出多少代價？」（1994 年信）

輔讀一：我以前經常談到的一個觀點是，當你準備乘船去遠航時，你事先需要關注的是船的狀況：它是一條大船還是一條小船，是一條好船還是一條破船，是一艘可以乘風破浪的巨輪，還是一隻僅可以在沖浪時讓你大顯身手的舢板。旅途中，何時、何處會遭遇何種的風浪你事先並不知道，但只要船體足夠堅固，船長值得信賴，你就有望衝破各種險阻，勝利達到彼岸。想一想，我國的 A 股市場從 1990 年開始運轉直

到今天為止，我們經歷了多少急流險灘，但最後呢？即使是我們這也不滿意，那也不滿意，股指還是從最初的 100 點，增長至今天的 3014 點（2016 年 4 月 12 日中午收盤）。而且，這還只是股票指數的增長記錄，如果你買對了公司，其回報還要更加可觀。

輔讀二：關於宏觀經濟和股市預測，我們下面再看看曾被譽為基金經理第一人的彼得・林奇說過甚麼（全部摘自《選股戰略》）。

「每年我都和一千多家公司的負責人談話，而我總是免不了會聽到各種掘金人、利率論者、聯邦儲備觀察者、以及財務神秘主義者的論調。數以千計的專家研究超買指標、超賣指標、頭肩曲線、看跌期權、提早贖回率、政府的貨幣政策、國外投資、甚至看星象、看樹上飛蛾的痕跡等等。但他們還是無法有效地預測市場，就像羅馬帝國身邊的智士，絞盡腦汁也算不出敵人何時來襲。」

「我不相信預測市場這回事，我只相信買大公司——尤其是被低估的公司，以及被忽略的公司。不論道瓊斯工業指數是一千或兩千或三千點，你手上有莫克、瑪麗歐特和麥當勞的股票，你就甚麼都不用擔心。如果你在 1925 年就買了好公司的股票，並經歷了大崩盤和大蕭條而沒有脫手（必須承認這並非易事），那麼到了 1936 年，你會對結果感到滿意的。」

「無數的例子顯示，選對了指數走向卻選錯了股票，你還是會賠掉一大半的資產。如果你依賴市場來提升你的股票，那還不如搭巴士到大西洋城賭一把。如果你清晨起來，告訴自己：我要去買股票，因為我想股市今年會上漲，然後你最應該做的事是把電話線拔掉，並且離證券市場越遠越好。」

農場：從 A 年到 Z 年

「買入股票時，我們關注的是價格而非時間。在我們看來，因為憂慮短期經濟形勢的變化或是股市的短期波動（兩者很難準確預測）而放棄買入一家有着確定長期經濟前景的公司，是一件很愚蠢的事。為甚麼要讓一個不確定事情去否定一個確定的事情呢？

在評估每次買入時，我們關注的是這些公司未來的商業前景而不是道瓊斯指數的走勢、聯儲的動向或是宏觀經濟的變化。如果我們覺得這樣的方式適用於買下整家公司，那麼當我們通過股市買進一些優秀公司的部份股權時，為甚麼就要採取不一樣的行動呢？」(1994 年信)

輔讀：當一隻股票出現非理性下跌時（比如股價僅僅是跟隨市場大盤一起下滑，比如市場對公司的某些臨時性問題出現過度反應等），一個企業投資者和一個市場交易者會有着完全不同的行為模式。企業投資者這時會想：哦，太便宜了吧。於是他會果斷採取買入行動。市場交易者會想：宏觀經濟還不明朗，股市走勢並不明確，還是等股價企穩後再採取行動吧。然後，他會採取等的操作策略。誰對誰錯，我們暫不予以置評，但至少巴菲特的投資策略無疑屬於前者。

為何巴菲特能做到，你我就可能做不到？關鍵的一點就是巴菲特把買入上市公司股票等同於買入一家私人企業。信中列舉的這 5 家公司都是私人公司，而在巴菲特看來，當你買入的是一家可上市交易的公司股權時，應當和買入一家不可交易的私人企業一樣看待。下面，我們不妨一起看一看巴菲特長期持有的一隻股票 —— 華盛頓郵報在其持有期間的市值變化情況：

表 4.2　華盛頓郵報：投資成本與市值變化（單位：千美元）

	1977	1982	1987	1992	1997	2002	2007
投資成本	10,628	10,628	9,731	9,731	10,628	10,628	10,628
股票市值	33,401	103,240	323,092	396,954	846,000	1,275,000	1,367,000
期末 / 期初	3.14 倍	9.71 倍	30.40 倍	37.35 倍	79.60 倍	119.97 倍	128.62 倍

重點	兩岸猿聲啼不住，輕舟已過萬重山。
關鍵詞	股市的短期走勢、公司的長期前景。

音樂廳

> **迷霧** 巴菲特長期投資的一個重要前提是，他隨時可以炒掉一個不稱職的 CEO。
>
> **解析** 不能說完全不對，但可以說基本不對。

經常聽到有人這樣講：巴菲特之所以選擇長期投資和喜歡收購私人企業，是因為他能對這些公司施加個人的影響力，對不稱職的經理人可以隨時解聘。事實真的如此嗎？巴菲特對那些自己投資的上市公司以及收購進來的私人企業都願意並且能夠施加足夠的影響力嗎？這一節，我們將圍繞這個話題展開介紹和討論。

最好的策略是坐在一旁

「當然，僅有少數股權，我們將無權去指導甚至影響 SAFECO 公司的決策。但我們為何要那樣做呢？過去的記錄顯示，他們的管理工作比我們自己還要好。雖然閒坐一旁看別人表現，難免有些無趣且會讓自己默默無聞，但我們認為這是當你面對一個優秀管理團隊時必須要付出的代價。因為很清楚，就算有人獲得了類似 SAFECO 這種公司的控制權，最好的策略還是坐在一旁，讓現有管理層獨立地去工作。」（1978 年信）

輔讀：（1）巴菲特共計持有 SAFECO 公司 953,750 股（比例不詳）；（2）在 1978 年的致股東信中，巴菲特稱這家公司為「大概是目前全美最優秀的大型產險公司」；（3）由於投資的是少數股權，因此購買價格「遠低於公司賬面價值」。

對方希望不受干擾

「費區海默（Fechheimer）正是我們想要購買的公司類型。它有出色的經營歷史，經理人德才兼備且熱愛所從事的工作，Heldman 及其家族也

願意繼續持有少部分的公司股權。所以我們很快地就決定以 4,620 萬美元的價格購買公司 84% 的股權（我們對公司的整體估值為 5,500 萬美元）。

這次收購與我們當初買下內布拉斯加家具賣場的情況很類似：公司的大股東有資金上的需求、原有的家族成員願意持有公司少部分的股權並繼續負責打理公司的經營、家族的後代在經營中擔當重要的角色並有望接班公司的管理、公司的所有者不僅希望購併方無論價格如何都不會把公司再次賣掉，而且也希望公司今後的經營狀態能像過去一樣不受任何的干擾。這兩家公司是我門想要投資的類型，而我們也是它們最好的歸宿。」（1986 年信）

輔讀：(1) 費區海默是一家專門製造與銷售各類工作制服的老牌公司，成立於 1842 年，並在 1981 年被一家公司收購；(2) 巴菲特在原股東手中買下該公司時，共花費 4600 萬美元，共佔有公司 84% 的股份（其餘股份留給原家族成員）。

雙向的行為模式

「說來你們可能都不會相信，無論是查理還是我本人都從未去過費區海默位於辛辛那提（Cincinnati）的公司總部（順帶一提的是，我們的這種行為模式是雙向的：為我們打理時思糖果長達 15 年之久的 Chuck 也從未來過奧瑪哈巴郡的公司總部）。如果我們的成功是基於需要不斷地到旗下企業進行調查，我們現在早就面臨一大堆問題了。」（1986 年信）

輔讀：在《巴菲特的管理奧秘》一書中，當作者採訪到時思糖果的總經理查可‧哈金斯時，他說過這樣一番話：「我可以直接與禾倫進行溝通，也就是說如果我打電話，他只要在場就會接聽。如果不在，我留言，最多一個小時電話就會響起，那肯定是禾倫。我總是能找到他，這一點真棒。感覺上，我不是他的僱員或是替他公司賣命的人，而是他的朋友和知己。從開始到現在，我都把他當成具有平等身份的夥伴。」

我們不需要告知 B 夫人如果賣家具

「有這些優秀的經理人負責公司的經營，查理‧芒格和我實在是沒

有甚麼好做的。事實上，平心而論，如果我們管的太多，反而會把事情搞砸。在巴郡，我們沒有公司會議，沒有年度預算，也沒有對過往年度的績效考評（當然，這不妨礙我們的一些經理人認為在他們所管轄的事業中，績效考評是一個必要的管理內容）。總之，我們不需要去告知 Blumkin 家族如何去售賣家具，也不需要去指導 Heldman 家族如何去經營服裝事業。」（1987 年信）

輔讀：儘管中美兩國的國情不同，經營環境與法律環境不同，企業的經商文化不同，但即使像美國這樣發達的資本市場，「沒有公司會議，沒有年度預算，沒有對過往年度的績效考評」的公司總部，恐怕也是不多見的。正是因為有了這樣一種管理思想，巴菲特才能從容地收購更多的私人企業，才能從容地在眾多的上市公司中尋求對少數股權的投資。進一步的思考是，如果巴菲特對旗下的私人企業都能夠放權去讓他們自主去經營，當持有上市公司的少數股權時，「施加個人影響力」怎麼會成為其長期持股的基本前提呢？

提供一個高水準的音樂廳

「我們需要做的就是儘量提供一個高水準的音樂廳，讓這些商界的天才藝術家們願意來這裏進行表演。」（1991 年信）

輔讀：當我觀察巴菲特在管理學上的一些獨特建樹時，我常常問自己：從它們身上是否可以構建出這樣一種邏輯推導：由於巴郡把自己定位於上市公司和私人企業的淨買者，而且一直強調多多益善，那麼其必須遵循的一個投資標準就是：出色的生意＋出色的經理人。否則，公司「淨買者」的定位將無從談起。而如果能做到旗下公司都屬於「出色的生意＋出色的經理人」，巴郡的管理邊界就會變得無窮大，公司淨買者的定位不僅會成為現實，而且還會同時給公司股東創造出極大的價值。

重點 施加個人影響力不是巴菲特選擇長期投資的必要前提。

關鍵詞 高水準的音樂廳。

---

3 兩元換一元

迷霧 巴菲特是如何看待新股發行的？

解析 你付出的與你得到的一樣重要。

在 A 股市場「混」的人，對於一件事情肯定不會陌生：增發新股。無論是用於項目融資，擴充企業資本金或者其他一些需要等，企業都有可能選擇用增發新股的方式籌集資金。其實，無論是處於發展階段的我國股市，還是較為發達的美國股市，上市公司都會不時有增發新股的行為。那麼，巴菲特對此發表過甚麼看法嗎？他是如何看待上市公司股票增發這一行為的呢？本節將就這個話題展開討論，儘管我們重點介紹和討論的內容僅限於企業併購中的增發行為，但背後的道理都是相通的。

一個簡單的原則

「我們的新股發行遵循一項簡單的原則：我們不會輕易發行新股，除非我們得到的內在價值與我們付出的一樣多。這一原則看起來似乎理所當然，你會問：哪有人會笨到用一塊錢去交換五毛錢？不幸的是，許多企業經理人就一直喜歡做這樣的事情。」（1982 年信）

輔讀：這句話看似邏輯簡單，實際上卻不容易做到。試想：在企業併購時，有多少企業會去估算自己公司以及對方公司的「內在價值」？估算內在價值本來就不是一件容易的事，如果收購方急於得到對方，事情就變得更加複雜。在 A 股市場，我們見證了不少的企業購併，有多少家公司會事先問自己：我付出的與我得到的一樣多嗎？

只要你一直觀察

「在從事購併活動時，經理們對支付方式的首要選擇是使用現金和

舉債。但通常情況下，CEO 們的慾望會遠遠超出公司可得的資金與信貸額度（我個人也是如此）。同樣經常發生的一個事實是，CEO 們的慾望湧動往往會出現在公司的內在價值被市場嚴重低估的時候。Yogi Berra 曾經說過的：『你只要一直觀察，就會發現很多事情。』對於公司股東來說，他們屆時就會發現公司的管理者們在乎的到底是企業版圖的擴張，還是股東價值的維護。」（1982 年信）

輔讀：讓我們一起來設想兩個購併案例，從中我們不難看出其中的問題所在。

案例 A：假設你有一塊 500 畝的農地，交由一位專業人士管理。若干年後，這位專業人士為了實現所謂的規模化經營，決定和另一位擁有 400 畝農地的人進行資產合併並答應對方各自佔一半的權益。不用說，對方會欣然接受這個提案。合併完成後，那位專業人士的管理版圖從 500 畝擴展到 900 畝（個人收入自然會水漲船高），但你卻從此項合併中損失了 10% 的權益。

案例 B：假設公司 A 與公司 B 具有相同的 1000 美元內在價值，但因為多種原因，B 公司的股票市值為 1500 美元，而 A 公司的股票市值僅為 750 美元。這時，為了增加公司的整體實力，A 公司的 CEO 決定用自家公司的股份去等額置換 B 公司的股份。無需猜測，對方欣然接受了提案。合併後，A 公司佔新公司 33.33% 的股份，B 公司則佔新公司 66.67% 的股份。新公司的確比合併前大了很多，但 A 公司的股東卻在此次合併中損失了 25% 的權益。

愚蠢的交易：兩元換一元

「一直往前沖的買方，其最後的結果就是用自己價值被低估的股票去換取賣方的資產。實際上，這等於是用兩塊錢去換取一塊錢。在這種情況下，一項售價合理的出色交易將會由此變成一項糟糕的交易。就像一塊正以金價交易的金子，若由一塊正以鉛價交易的金子來（或以鉛價交易的銀）置換，它一定不是一項聰明的交易。」（1982 年信）

輔讀：兩元換一元，真有這樣傻的人嗎？我們上面設想的案例 B，

提供了發生這種事情的可能性。其實不僅是可能性，過去十多年來，在我國 A 股市場上低價增發的例子並不少見。當然，有些增發並不是為了收購與兼併。但不管出於甚麼目的，只要是低價增發（配股除外），原股東利益就有可能受到損害。

後來在 1992 年的致股東信中，巴菲特就曾經為我們提供了一個這樣的例子：「我們曾經在一家銀行擁有相當大的投資，但銀行經理人對於企業擴張有着高度的偏好。（他們不都是如此嗎？）當這家銀行在試圖收購另外一家較小規模的銀行時，對方提出一項股票交換方案，方案中的交換價格把被購方的價值提升至收購方的兩倍。由於我們這位經理人正處於高度的併購亢奮中，所以很快就答應了。對方很快又提出了另外一項附加條件：『在購併完成並且我們已經變成公司主要股東後，你不能再進行類似的愚蠢購併了』」。（1992 年信）

長毛狗與伯納德犬

「如果採用 100% 換股的方案會傷害到買方股東的利益，採用 51% 的換股方案同樣也會傷害到他們。總之，一個人不會因為破壞其草坪的是一隻長毛狗而不是伯納德犬就會轉怒為喜。此外，賣方的期望不應成為維護買方最佳利益的參考因素。想一想，如果賣方堅持以換掉買方的 CEO 作為購併的條件，那會發生甚麼情況？」

「管理層需要深入思考一個問題：他們會不會以出讓部份股權的同等條件把 100% 的股權全部賣掉？如果答案是否定的，那麼他們就要問一問自己，在同等條件下賣掉部份股權就合理嗎？許多小的錯誤會慢慢累積成一項大的錯誤而非大的勝利（拉斯維加斯就是在人們無傷大雅的所謂小賭怡情中，慢慢積累起自己巨大財富的）。」（1982 年信）

輔讀：不管你理解還是不理解，人世間到處充滿了這種弔詭的事情：明明低價出讓部分股權同樣會給股東利益帶來損害，但卻屢見不鮮；一個人買一件衣服可以逛遍城市裏所有的商場，但買股票的決策卻可以在 5 分鐘內作出；一個成功的企業家熟知幾乎所有的商業邏輯，但只要一進入股市便如同換了一個人；人們買一個農場，幾年不賺錢都可

以等待，但買一隻股票，幾天不賺錢就會悻悻地將其脱手。

如何避免愚蠢的交易

「當購併需要發行新股時，有 3 種方法可以避免原有股東的價值受到侵蝕。第一種方法是以公平合理的價格進行購併 —— 就像巴郡與 Blue Chip 合併一樣。第二種方法出現在當買方公司的股票市價高於其內在價值時。在這種情況下，使用股票作為購併的支付工具反而會增加原有股東的利益。第三種方法是購併者按照原計劃進行購併交易，然後接着從市場回購與新股發行數量相同的股票。如此一來，原本的換股交易就會轉變為現金交易，而股票回購只是一種「修補損傷」的行動。」（1982年信）

輔讀：第一種方法對雙方均較為公平；第二種方法雖然可以讓收購公司的股東不致遭受損傷，但對被收購公司而言，其股東利益則難免會受損；至於第三種方法則應是無奈之舉，就像巴菲特在這段話的後面所說的那樣：「我們更喜歡以股票回購的方式去直接提升原有股東的權益，而不只是用於修補之前的損害。」（1982年信）

關於第二種方法會給購併雙方帶來甚麼不一樣的結果，我們不妨一起看一個購併實例，它來自《新巴菲特法則》一書：

1998 年，禾倫賣掉了他持有的可口可樂的部分股份，但是他並不是以當時市場給予的 62 倍市盈率出售的，而是以 167 倍的市盈率成功出售的，這幾乎是市場價格的 3 倍。誰會花這麼多的錢買呢？他就是通用再保險公司。

20 世紀 90 年代末股市價格越長越高，有兩件事促成了巴郡和通用再保險公司之間的交易。第一，巴郡投資組合中股票價值的驚人增長，有些價格出現空前的高價：可口可樂公司 62 倍 PE，《華盛頓郵報》24 倍 PE，美國通用 20 倍 PE，甘耐特 40 倍 PE，聯邦家庭抵押貸款公司 21 倍 PE。第二，巴郡股票價格的增長速度令人難以置信。巴郡在 1998 年以每股 8.09 萬美元的價格或 29743 美元每股賬面價值的 2.7 倍價格賣出。換句話説，市場是以巴郡投資組合市場價值的 2.7 倍來評估它的股

票持倉。如果你在 1998 年花 8.09 萬美元購買了巴郡的一股股票，實際上你是以 167 倍的市盈率買入可口可樂，以 66 倍的市盈率買入《華盛頓郵報》，以 54 倍的市盈率買入美國通用，以 108 倍的市盈率買入甘耐特，以 57 倍的市盈率買入聯邦家庭抵押貸款公司。問題是要以如此的高價實現投資組合的收益，巴菲特需要賣出巴郡的股票，但怎樣才能讓巴郡的股價不會因大量賣出而大幅下滑，同時又能傾銷掉其數十億美元的市場價值呢？

解決方案就是要找到一家願意同巴郡交換股份且本身有債券的保險公司。為甚麼是債券？這是因為債券很容易兌換成一定價值的現金，既不會被高估，也不會被低估。通用再保險公司當時有價值 190 億美元的債券，因此禾倫致電通用再保險公司的首席執行官，問他是否願意用通用再保險公司 100% 的股份及其債券來交換巴郡價值 220 億美元的股票。他們接受了巴菲特的建議。在此筆交易中，通用再保險公司的管理者只是看到了這宗交易的表面價值，也就説他們用每股 220 美元的股票交換巴郡相當於每股 283 美元的股票。

付給通用再保險公司價值 220 億美元的巴郡股票中，其中 178 億元是巴郡賬本上所擔負的通貨膨脹債券（原文如此）。這些債券的市值過去一直高達 66 億美元，實際成本 13 億美元。作為交換，巴郡的股東接手通用再保險公司 82.1% 的業務，190 億美元的債券組合以及 50 億美元的股票投資組合。即使只能實現其中一項，也是一筆非常划算的交易了。

付出的與得到的一樣重要

「如果甲公司宣佈發行新股去購併乙公司，這一過程通常會被解讀成甲要取得乙，或乙要賣給甲。但如果我們使用一個聽起來笨拙但卻更加準確的詞彙，事情的表述就會更清楚一些：甲要賣掉自己的部份股份以取得乙，或乙的所有者得到甲的部分股權以轉讓乙的全部財產。在購併交易中，你給對方的與對方給你的東西一樣重要 —— 即使要經過一段時間後你才知道給出了甚麼。」（1982 年信）

輔讀：別人如果想用手裏的一塊銀幣去換你手中的金幣，想必你無論如何也不會換的。但如果換作是你想用手裏的某樣東西去換別人手裏的某件物品，情形也許就會變得複雜起來，特別是當你急於想得到那件物品時，就更加如此。這時，人們的思維模式就會朝着某種方向偏離，比如：我終於得到了 A，而不是我失去的 B 是否與 A 有同等甚至更高的價值。

會有這樣的事嗎？讓我來們一起看看巴菲特在 2009 年的致股東信中曾經說過甚麼：「我曾參加過數十次董事會關於併購問題的討論，其形式通常是找一個收費高昂的投行人士給董事會提供現場諮詢（還有其他模式嗎？）。不可避免地，這些投行人士每次都會給聽課的董事們詳細評估被收購公司的價值，然後就會特別強調為何其內在價值遠大於其市場價值。當了長達 50 年的董事會成員，我從沒聽到過有任何一位投行人士（或管理層！）討論過公司為收購而付出了多少內在價值。當購併交易需要認購方增發股票時，他們只是簡單地用市場價值來評估收購的成本，甚至在被告知認購方股票被嚴重低估時，我也不曾見到有哪個董事會會把之前確定的購併價格拿出來予以重新審定。」（2009 年信）

準則的適用範圍

「只有當我們收到的生意價值與付出的一樣多時，我們才會發行普通股。這項準則適用於各種情況下的新股發行 —— 包括私人企業併購、購買公開市場股票、債權轉股權、發行股票期權以及可轉換證券等。我們絕不會在違背企業整體價值的情況下把公司的一部份給賣掉（這正是發行新股背後所代表的意義）。」（1983 年信）

輔讀：當這條準則運用在我國股市時，其適用範圍還應加上一條：擴充企業股本金以改善公司的資本結構。

雙重傷害

「最後，我們對收購方股東因新股發行可能帶來的雙重損害表達點意見。在這種情況下，第一項打擊來自於購併案本身所造成對內在生意

價值的損害；第二項打擊是在購併案後市場對企業估值的向下修正——這也是在公司的股東價值被稀釋後市場的一種合理反應。對現有與潛在股東來說，當他們同時面對一個喜歡不斷發行新股從而導致股東價值不斷被稀釋的管理層，以及一個不僅具有商業天賦而且十分願意維護股東利益的管理層時，顯然他們更願意為後者支付一個較高的價格。只要公司的管理層對維護股東利益這事兒不怎麼放在心上，公司股東就會因股票市盈率的不斷向下修正而長期深受其害——不論管理階層會如何地再三解釋這種行為的偶然性。」（1992 年信）

輔讀：我們下面摘錄的這段話，提供了美國 70 和 80 年代（即巴菲特寫下這段話的前 20 年）企業兼併的一個背景資料。

「在這個時期，管理技藝被視為不局限於任何行業可以放之四海而皆準的真理，管理專家也變成了無所不能的天才少年（The Whiz Kids）。專家們不僅可以打贏軍事戰爭，可以統治汽車工業集團，可以駕馭金融界，也可以管理政府。這種信念支配了一大批非產業資本家出身的管理者發動一系列的企業併購戰爭。他們更為關注行業的收購，甚至全然不考慮行業之間的商業相關程度。在 1968 年經濟衰退之前，200 個大公司事實上控制了 60% 的國民經濟，比上一次收購提高 10 個百分點。旨在發展資本規模經濟的多元併購成為第三次浪潮的特點。值得提及的是，『市盈率』成為這次浪潮的熱門話題。單純從資本增值看，擁有較高市盈率的上市公司僅僅是收購低市盈率公司這一行為本身，便可以帶來賬面利益的大幅增長。無論收購對象為何種行業、何種產品，只要是低市盈率，就可照單全收。這種數字遊戲客觀上大大刺激了多元化收購浪潮的強度與廣泛性。只要收購行為不斷進行下去，收購主體所獲得的利潤便會持續增加。但從經濟總體上看，這一遊戲如同擊鼓傳花一樣，不可能無限地進行。泡沫式併購，在很大程度上導致了 1968 年的衰退。」（《中國併購報告》）

對過往的檢討

「我以前曾多次提到過，在進行收購時本人更喜歡使用現金而非巴

郡股票。有關的歷史記錄會告訴你原因何在：如果將我們過去利用股票實施併購的案例進行加總（不包括早期的多元零售與藍籌印花），大家會發現，如果我們沒有這樣做，你們的所得反而還會好一些。雖然説這些不免讓我們感到有些傷心，不過我還是得承認：每當我發行股票時，就等於是讓公司的股東們在虧錢。」（1997 年信）

「主要的問題在於，我們旗下已經構成了一個絕佳的企業組合，這就意味着無論你拿它們去換甚麼新東西進來都是不合理的。每當我們因購併公司而發行新股時，就等於是減少了你們在可口可樂、吉列刀片、美國運通以及我們旗下其他優秀事業中的權益。一個與體育有關的例子也許能説明我們面對的情況：對於一隻棒球隊來説，獲得一位打擊率達三成五的選手肯定是一件令人高興的事。但如果你是用一個打擊率達三成八的球員去交換，那就要另當別論了。」（1997 年信）

輔讀：按照本人的理解，這段話與其説是在暗示後來的併購質素均不如以前的併購，不如説是當巴菲特去收購私人企業時，所併購企業的品質很難超越巴郡投資組合中那些優秀上市公司的品質。諸如像可口可樂、吉列刀片、美國運通這樣的「市場特許事業」，就商業模式而論，其他一般性私人企業（巴郡收購的大多是這樣的公司，只是它們都有着出色的管理）是很難超越的。

綜合績效

「所謂的『合併綜效』，通常都不切實際，我們最多只是期望被購併的對象在被購併之後能像以前那樣表現即可。加入巴郡，既不會增加你的營收，也不會降低你的成本。」（1997 年信）

輔讀：合併能增加「綜合績效」，這是我們在觀察許多收購與合併案時經常聽到的一句話。然而事實究竟如何呢？企業間的併購真的能增加「綜合績效」嗎？下面這段描述來自《漫遊華爾街》一書：

「20 世紀 60 年代中期，富有創造力的企業家們發現，原來增長可以用另外一個名詞表現，這個名詞就是「協同效應」。從數量上定義，「協同效應」即為 2 + 2 = 5。因此，兩家各自擁有 200 萬美元盈

利能力的獨立公司，合併之後完全有可能產生 500 萬美元的盈利。這種神奇而又神秘，並且必能產生利潤的新發明，就稱作『集團企業』（conglomerate）……事實上，20 世紀 60 年代集團企業風潮的主要動力，乃是因為收購過程本身能夠帶來每股收益的增加。集團企業的管理者們，擁有的往往是金融專業知識，而非提高被收購企業盈利能力所需的經營才能。他們只需施展一點點簡單的障眼法，便能把一羣毫無基礎潛力的企業整合在一起，製造出穩定增長的每股收益。」

高 PE 集資下的收購

「如果是認購公司的股票被市場高估，就是另外一個故事了：把股票當作貨幣使用將對認購者有利。這就是為甚麼當股市到處存在泡沫的時候，將不可避免地帶來一系列發行的原因所在。當認購者的股票被市場高估的時候，收購一方通常會承諾為目標公司支付更多的股票——這是因為其股票市值中藏有許多虛幻的部分。許多類似這種『空手套白狼』式的收購，會週期性地出現在資本市場上。在 20 世紀 60 年代後期，這種收購陷阱更是幾乎比比皆是。事實上，有些大公司就是通過這種方式而成長起來的 (當然，從來不會有人公開承認這些事實，但私底下偷着樂的事兒就太多了)。」(2009 年信)

輔讀：其實，基於快速提升每股收益的兼併收購熱潮，不僅僅發生在 60 年代，在 80 年代和 90 年的企業兼併浪潮中，也不能說沒有這樣的動因在起作用。在我國的股票市場 (香港股市同樣如此) 上，也同樣不乏這樣的例子。畢竟，用高市盈率股票去兼併一個低市盈率股票可以迅速抬高企業每股收益的好處是顯而易見的。下面這個例子同樣來自《漫遊華爾街》：

假定現在有兩家公司：一家為電子企業愛博電路公司，一家為生產朱古力棒的貝克爾糖果公司，且每家都擁有已發行股票 20 萬股。時間為 1965 年，兩家公司的年利潤率均為 100 萬美元，即每股收益為 5 美元。並且假定無論合併與否，兩家公司的業務均不會增長，收益仍然保持原有水平。

不過，兩家公司的股價卻存在差別。由於愛博電路公司是電子企業，電子行業的平均市盈率為 20 倍，與其每股收益 5 美元相乘，所以股價為每股 100 美元；而貝克爾糖果公司所屬的行業不是那麼富有魅力，市盈率只有 10 倍，與其每股收益 5 美元相乘，每股市價只有 50 美元。

愛博電路公司的管理層意欲成立集團公司，因而向貝克爾糖果公司的股東提出收購要約，條件是兩股換三股。也就是說，貝克爾糖果的股東以價值為 150 美元的三股股票換取愛博電路價值為 200 美元的兩股股票。顯而易見，這是一個讓人心動的收購方案，貝克爾公司的股東愉快地接受了要約，合併提案獲准。

現在，我們建立了一個含苞待放的集團公司，新名稱為「協同公司」，已發行股票為 333,333 股（愛博電路公司原有 20 萬股，再加上根據合併條款換取貝克爾糖果 20 萬股的 133,333 股），總收益為 200 萬元，每股收益為 6 美元，即上升了 20%，並且這一增長證明了愛博電路公司原來 20 倍市盈率的合理性。於是，「協同公司」股票的價格由 100 美元上漲到 120 美元。

重點	發行新股的前提是股東價值不會因此而受到損傷
關鍵詞	兩元換一元、長毛狗與伯納德犬、修補損傷、各種情況、雙重傷害。

4 5分鐘

迷霧 聽說巴菲特 5 分鐘之內就會作出一項收購決策，是這樣的嗎？

解析 有誇大之嫌。

常聽到有人說：巴菲特判定某項投資是否可行的時間通常不超過 5 分鐘。身邊也有不少的朋友也經常問我這個同樣的問題。下面，我們將就這個話題展開介紹與討論。為了便於大家的目光聚焦，本節的第三小部分將主要圍繞巴菲特的其中一個收購案例展開，然後大家再以點帶面地將這一案例的背後邏輯擴展到其他收購上。這個案例就是內布拉斯加家具大賣場。

一則小廣告

「會有來自各界的讀者看到這份報告，其中可能會有人對我們的購併計劃提供幫助，特此通告我們的收購條件如下：(1) 巨額交易（每年稅後利潤至少有 500 萬美元）；(2) 有持續穩定的賺錢能力（我們對具有遠景或轉機的公司缺乏興趣）；(3) 高股東權益報酬率且甚少舉債；(4) 具備管理人員（我們無法提供）；(5) 簡單的生意（如果涉及太多高科技，我們恐怕會搞不懂）；(6) 提供報價（在出售價格還沒有確定之前，我們不想浪費自己與對方太多的時間）。我們不會進行敵意併購。對交易細節我們承諾完全保密並儘快答覆是否感興趣（通常不超過 5 分鐘）。」（1982 年信）

輔讀：最後一句話的原文（英文）是這樣的：We will not engage in unfriendly transactions. We can promise complete confidentiality and a very fast answer as to possible interest - customarily within five minutes. 無論從原來的英文還是其中文譯本上，我們都不難看出，所謂 5 分鐘作出收購決策的傳言，實有誇大之嫌。

出售公司比更新駕照容易

「2005 年 11 月 12 日，華爾街日報上刊登了一篇有關巴郡與眾不同的收購和管理實踐的文章。在這篇文章中，Pete 寫到：『向巴菲特出售我的公司比更新我的駕照還容易。』」（2005 年信）

輔讀：是不是真的比更新駕照還容易，由於沒有親自參與其中，因此不好說。但在觀察了巴菲特對諸多私人企業的收購案例後，我覺得它們與傳統意義上兼併收購相比，是有很大不同的，而其中一個不同就是在程序與時間上的簡單與快捷。那麼，原因何在呢？這裏先說幾條吧，因為後面的內容還有涉及。首先是大部分的收購併非通過中介來完成（這代表着甚麼已不用我多講）；其次是為數不少的收購（含投資）並不是一時心血來潮，而是已關注了很長時間（像蓋可保險、華盛頓郵報、美國運通、可口可樂以及後面要講的內布拉斯加家具賣場，都不是心血來潮的產物）；最後，巴菲特在做企業收購時，是既看生意又看人，看人甚至會顯得更加重要一些。人看準了（重點看是否誠實），其他程序就會變得簡單許多。

1.25 頁的收購意向書

「回想起 1983 年 8 月 30 日，那天剛好是我的生日，我拿着自己起草的 1.25 頁的收購意向書去見 B 夫人。B 夫人沒有改動一個字就同意了，我們在沒有投資銀行家和律師在場的情況下（這就像在天堂裏發生的故事）完成了這筆交易。雖然公司的財務報告沒有經過審計，但我毫不擔心。B 夫人只是簡單地介紹了一下情況，這些對我來說已經足夠了。」（2013 年信）

輔讀一：我們再來看巴菲特在 1983 年收購家具賣場的當年曾經說過甚麼：「B 太太聰明而且有智慧，基於對家族長遠利益的考慮，去年決定把公司出售給我們。對這個家族及其事業我已欣賞了數十年，整個交易很快便敲定下來……」（注意：他說：「我已欣賞了數十年。」）

輔讀二：下面這段話摘自《投資聖經》：「以 B 夫人著稱的羅絲・布魯姆金曾經說過：『巴菲特走進我的這家商店並說：『今天我過生日，我想收購你的商店。你想開多高的價錢？』我告訴他：6000 萬美元。他走

開了，不久便帶了一張支票回來。」

輔讀三：以下摘錄源自《巴菲特的管理奧秘》：「20 年前巴菲特購買公司的時候，埃文（B 夫人的孫子——編著）已經擔負起了銷售和廣告的責任。現在回頭想想，他認為自己完全了解是甚麼吸引了巴菲特。他是這樣說的：『他看到公司已經成為了這個地區的決定性力量，他還知道公司在做些甚麼，也看到了長期以來公司持續盈利。我們公司完全符合他的購買標準。』」

輔讀四：最後，我們看一看《滾雪球》中的相關記載：

1982 年，《奧馬哈先驅報》對她進行了一次採訪。她說這麼多年來好幾次有人想收購她的公司，都被拒絕了。「誰能買得起這麼大的一個商場呢？」她告訴路易斯，其中一次就是巴郡。巴菲特在幾年前就同她談過，但她卻告訴他說：「你得想法把它偷走才行。」

布魯姆金家族從來沒有查過賬，而巴菲特也沒有要求他們這樣做。他沒有盤點貨物或者查看詳細的賬本。他們握了握手。「我給了 B 夫人一張 5500 萬美元的支票，而她給了我她的保證。」他說：「她的保證幾乎就和英格蘭銀行一樣可靠。」

不久之後，巴郡的審計員作出了內布拉斯加家具城的第一本庫存清單——商場價值 8500 萬美元。B 夫人在以 6000 萬美元的總價（包括她們仍然保留的股份）把商場賣出去之後，一直悔恨不已，但是在接受《Regard＇s》雜誌採訪時，她說：「我不會反悔的，不過我很吃驚……他一分鐘都沒有考慮（在接受報價前），但他肯定研究過，我敢打賭他知道。」當然，巴菲特不能準確「知道」內布拉斯加家具商場值多少錢，但他的確知道這個價格有很大的安全邊際。

最後我想說的是，儘管巴菲特曾在另一個場合說（大意）：幾分鐘的後面是幾十年的積累。但有時候，你只要找對了幾個關鍵指標，從它們的歷史數據（最好 10 年以上）中，你仍可以解讀出不少的信息。只要資料齊全，你其實很快（5 分鐘只是一個較為誇張的比喻）就可以有個基本的結論（即感不感興趣）。有讀者也許會問：財務數據能代表全部嗎？當然不能，但財務數據呈現的也不全是量化的東西。

以下，我們摘錄兩段葛拉漢的觀點（出自《證券分析》），作為本節討論的結束。

分析家最應重視的質的因素就是穩定性。穩定性的概念是指抗變動性，或進一步說，是指過去結果的可靠性。穩定性如同趨勢一樣，可以用數量的形式表達，例如：通用銀行 1923-1932 年間的收入從未低於 1932 年利息支出的 10 倍，或伍爾沃思公司 1924-1933 年間的營業利潤一直在 2.12 至 3.66 美元之間浮動。但是我們的觀點是穩定性實際上應該是一種質的因素，因為決定穩定性的根源是企業的業務性質而不是其統計數據。一份比較穩定的記錄可以顯示該企業的業務具有內在的穩定性，但這個結論也會由於其他條件而發生變化。

在某些公司興衰無常和缺乏穩定性的表像之下，一個依然存在的事實是，總的說來，良好的歷史記錄能夠為公司的前景提供比不良記錄更為充分的保證。形成這一判斷的基本理由是，未來收益不完全是由運氣和有效的管理技能決定的，資本、經驗、聲譽、貿易合同以及其他所有的構成過去盈利能力的因素，必定會對企業的未來形成相當大的影響。

重點	幾分鐘的背後是幾十年的積累。
關鍵詞	持續賺錢的能力、高股東權益報酬率、具備管理人員、簡單的生意。

5 酒吧間的喧嘩（上）

迷霧 如何理解巴菲特筆下的股票期權計劃？

解析 可以形容為：酒吧間的喧嘩。

公司治理中，當涉及長期約束激勵機制的建立時，無論是在美國發達的資本市場，還是在中國發展中的資本市場，都有為數不少的公司會向其管理人員發放股票期權。如何看待這一問題？在這些問題的背後又隱藏着怎樣的故事？本節將就這個話題展開討論。由於涉及的內容較多，討論將分成上下兩個部分。

如何評估經理人的業績

「當資本回報率表現一般時，利潤的叠羅漢式增長也就沒有甚麼了不起，你坐在一把搖椅上也能輕鬆達到這樣的成績：只要把你存在銀行戶頭裏的錢增加4倍，也一樣可以多賺取4倍的利息。本不應有人會對這樣的成果報以掌聲，但通常我們在某位資深主管的退休布告中，會讚揚他在任期間對公司盈餘增長4倍所作出的貢獻，卻沒有人去看看這也許只是公司保留了大部分利潤而產生的複利效果。

如果這家公司在此期間獲得了超凡的資本回報，或在主管任職期間資本金只是增加了1倍的投入，那麼他所得到的讚揚就名符其實。但如果資本回報表現平平，而利潤增長均伴隨着同等規模的新資本投入，那麼就應該把掌聲收回。一個利息不斷再存入的儲蓄賬戶，當利率為8%時，18年後的賬戶淨值也可增至原來的4倍。」（1985年信）

輔讀：我們一起重溫一個並不陌生的公式：

EPS 增長＝ ROE（1 - 分紅率）

根據公式，在 ROE 保持不變的前提下，公司的現金分紅率越小，EPS 的增速就會越高。反之亦然。儘管道理並不複雜，但巴菲特的上述

第四章 聊市場

表述顯然是在暗示：當掌聲響起時，一個簡單的問題就這樣被大家有意無意地給忽略掉了。

數字背後的其他故事

「這種簡單的算術問題常常被一些公司給忽略掉，從而損害到股東的利益。當許多公司對經理人提供慷慨的薪酬計劃以獎勵他對公司的利潤增長所作出的貢獻時，真實的原因不過是經理人從股東那裏截留了全部或大部分的利潤，從而才導致了利潤的增長。例如，在一項較為流行的 10 年期固定價格股票期權背後，這家公司的股息分配比率通常都低得可憐。」(1985 年信)

輔讀：下面我們給出兩個實例，儘管背後的故事與股票期權無關，但卻與管理層的利益緊密關聯，它就是管理層融資收購 (MBO)。從實例中我們不難看出，當涉及到管理層的切身利益時，公司的股息分配會出現某種微妙的變化。

表 4.3　A股兩家公司再投資比率 (2002-2012)

年	2002	2003	2004	2005	2006	2007	2008	2009	2010	2011	2012
雙匯	26.47	23.91	16.67	42.53	10.11	26.60	55.55	45.05	77.17	40.86	56.68
張裕	53.49	79.59	0.00	9.09	4.76	9.09	29.41	44.19	49.27	58.01	55.65

單從再投資率數據的變化上看，我們得到的信息也許會稍顯複雜一些，畢竟不同資本支出模式和處於不同發展階段的兩個公司，會有着完全不同的數據。給出這個表格，是因為兩家公司有一個共同點：都經歷過管理層（融資）收購，且時間大約都在 2003 和 2004 年前後。從有關數據的變化上看，你能說那幾年在兩家公司都大幅提高現金分紅比率的背後，與管理層融資收購沒有一點關係嗎？

對那些不斷推出股票期權計劃的公司，請大家不妨關注一下他們的股息分配情況。

換個角度思考問題

「許多公司主管在股票期權問題上具有雙重標準。先將認股權證這種金融工具（它會使受讓人立即得到來自於發行公司的報酬）放到一邊不談，我相信在商業世界裏幾乎沒有任何公司會給一個局外人一筆基於10年期而且還是固定價格的股票期權，10個月恐怕已經是極限了。同樣不可想像的是，這種期權還以公司資本金會不斷地進行自然遞增為基礎。任何一個局外人如果想得到這樣一筆期權，一定會被要求對額外增加的資本支付全額的對價。」（1985年信）

輔讀：我們先來看一張表。

表 4.4　滾動 10 年回報（年複合：1990-2015）

年	2005-2015	2004-2014	2003-2013	2002-2012	2001-2011	2000-2010	1999-2009	1998-2008
上證綜指 (%)	11.78	9.83	3.50	5.36	2.94	3.08	9.14	4.73
深圳成指 (%)	16.02	13.63	9.39	12.68	10.37	10.11	16.63	8.20
年	1997-2007	1996-2006	1995-2005	1994-2004	1993-2003	1992-2002	1991-2001	1990-2000
上證綜指 (%)	15.97	11.30	7.65	6.93	6.02	5.69	18.84	32.15
深圳成指 (%)	15.51	7.53	11.23	9.19	4.57	1.79	13.18	18.34

20 多年時間不夠長？中國的股指數據失真？那麼我們再來看一張表：

表 4.5　滾動 10 年回報（恆生指數：1965-2010）

年	1975	1976	1977	1978	1979	1980	1981	1982	1983
年複合	15.60	18.60	19.80	16.49	18.92	21.41	15.21	-0.73	7.27
年	1984	1985	1986	1987	1988	1989	1990	1991	1992
年複合	21.51	17.46	19.09	19.01	18.41	12.42	7.44	11.82	21.53

年	1993	1994	1995	1996	1997	1998	1999	2000	2001
年複合	29.81	21.16	19.11	18.01	16.63	14.09	19.58	17.43	10.24
年	2002	2003	2004	2005	2006	2007	2008	2009	2010
年複合	5.39	0.56	5.68	3.98	4.03	9.98	3.64	2.57	4.31

說明：所有數據為截至標出年份前 10 年的回報。

給出這些數據是想説明：(1) 100 年前埃德加・史密斯的那個發現（利潤再投資促進了股指的增長）今天仍然有效；(2) 所謂系統風險只是時間的函數；(3) 上述邏輯同樣適用於某個特定公司。因此，10 年期固定價格的股票期權確實沒有看起來那樣簡單，那樣合情合理。

酒吧間裏的喧嘩

「一個不肯向局外人做的事情，經理人對自己卻是樂此不疲（對個人自由的強調導致了酒吧間的喧嘩）。公司經理們定期收受 10 年期固定價格的股票期權，不僅忽略了留存利潤對公司價值的貢獻，也忽略了資本的成本屬性。到最後，在一個不斷能自我增值的儲蓄賬戶上，賬戶管理人因持有股票期權而讓自己賺取了大筆的收益。」（1985 年信）

輔讀：也許有讀者會質疑：一個局外人怎麼能和公司的經理人相提並論呢？兩者之間確實不能進行簡單的對比，畢竟，公司的發展中包含着經理人的貢獻。但在「按勞取酬」的框架下，所謂「勞」，還應當進一步分為個人貢獻的「勞」和資本貢獻的「勞」。如果只強調個人的貢獻，而忽略資本的貢獻，顯然也是不公平的。

少數的例外

「當然，股票期權也常常會用到那些有着商業天賦、對公司價值真正有貢獻的人身上。對於這些人，股票期權的發放有時候是比較合理的（事實上，對於一個有特殊才幹的經理來説，其實際得到報酬往往遠低於他應該得到的）。不過名符其實的報酬通常只是一個例外。這種選擇

權一旦給出，便容易完全無視個人的具體表現。由於它無法收回，實際的兌現也通常是無條件的（只要受讓者一直呆在公司裏），因此即使是一個庸才，他從選擇權上所賺取的收益也往往會和一個真正的管理明星所賺取的一樣多。向這種溫克爾式（指沒有甚麼作為）的管理人員發放 10 年期的股票期權，他們還能期望甚麼呢？」（1985 年信）

輔讀：當巴菲特說「即使是一個庸才，他從選擇權上所賺取的收益也往往會和一個真正的管理明星所賺取的一樣多」時，我們不難看出：他本人一直有着非常濃厚的「資金成本」情結。當我們同時面對經理人的才華和資本金的貢獻時，巴菲特往往首先強調的是後者。不是經理人的才華不重要，而是在他看來實在是庸人太多，有才能的經理人太少。與此同時，公司截留大把的股東利潤且得不到有效使用的現象幾乎比比皆是。

同坐一條船

「諷刺的是，股票期權常常被解釋成是出於公司治理的需要，聲稱它可以讓經理人與股東同坐一條船。而事實上，這是完全不同的兩條船。沒有任何股東可以讓自己免除對資金成本的負擔，而持有固定價格股票期權的人卻甚麼也不必負擔；公司股東必須在企業增長潛力與下行風險之間作出評估，而期權持有者則沒有任何的下行風險。事實上，一個被授予股票期權的投資項目，往往是受讓人自己不想參與投資的項目（如果有人願意免費送給我福利彩券，我一定欣然接受；但如果要我自己掏錢買，則想都不要想）。」（1985 年信）

輔讀：請注意這段話中的幾個要點：1、沒有任何股東可以讓自己免除對資金成本的負擔；2、持有股票期權的人卻甚麼也不必負擔；3、股東會承擔經營下行的風險，而期權持有者不會；4、一個被授予股票期權的投資項目，往往是期權受讓人自己不想參與投資的項目。

在 1994 年的致股東信中，巴菲特再次提到了這個問題：「最近上市公司流行把各種類型的薪酬計劃解釋為將管理層的利益與公司的股東利益綁在了一起。

關於股票期權的三點強調

「雖然有那麼多的缺點，股票期權在某些條件下還是一個很好的管理工具。我的批評主要在於它們經常被無限制地濫用。關於這個問題，我有三點強調：A、股票期權應當與公司的整體表現相關聯；B、期權計劃應當小心設計。除非有特殊原因，否則應該把留存利潤與資本成本等因素考慮在內。同樣重要的是，期權價格也要合理地制定；C、一些我非常欣賞且經營績效遠勝於我的經理人並不認同我在固定價格股票期權上的看法。他們已建立起一套行之有效的企業文化，而股票期權也是一項他們認為有用的工具。以他們個人的領導風格與示範作用，再加上有股票股權作為激勵，他們已成功地引導其部屬能夠以股東的心態來處理問題。這樣的企業文化並不多見。」

輔讀：請關注第三點強調的最後一句話。巴菲特所指「遠勝於我的經理人」中，應當有一個大家可能並不陌生的人：傑克・韋爾奇。下面我就提供一些有關通用電氣如何進行股權激勵的資料，以便給大家做一個參考。幾段摘錄全部來自《傑克・韋爾奇自傳》。

「1982 年 9 月，我來到董事會尋求對一項改革的支持。我們加大了期權獎勵的幅度和頻率。在 1980 年代前期，當股票市場一路上漲的時候，員工們看到，他們從整個公司經營業績中的得益遠遠超過了他們從各自企業中得到的任何收入。這再次強化了公司 500 名高層管理人員的分享理念。

我本應當做得更多，更快。直到 1989 年我才把這項計劃進一步擴大。那一年，公司裏獲得股票期權的不再是區區 500 人，而是我們的 3,000 名最優秀員工。今天，每年大約有 15,000 名員工得到股票期權——已經得到過股票期權的員工人數是這個數字的兩倍。

這些期權計劃的改革和不斷上漲的股票行情推動了分享理念的發展。1981 年，對所有在 GE 工作的人來說，所實現的股票期權收入只有 600 萬美元。4 年以後，這一數字上升到 5200 萬美元。1997 年，10,000 名 GE 員工實現的期權收入為 10 億美元。1999 年，大約 15,000 名員工獲得了 21 億美元的期權收入。2000 年，約有 32,000 名員工持有價值超

202

過 120 億美元的股票期權。

為員工留有股份和股票期權，使得 GE 員工成為這家公司最大的單個股東。

多麼美好！每個周五我都會得到一份打印的名單，上面列着所有員工分得的股票期權和實現的收益。期權改變了他們的生活，幫助他們供養孩子上大學，照顧年邁的父母，或者購置第二套住房。

最高興的莫過於在名單上看到我不認識的名字。受益的不只是公司的上層人物。無邊界正在為每一個人帶來好處。」

現金還是股票？

「在巴郡，我們採用的激勵計劃是基於個人在其職權範圍內對原定目標的實際完成情況而定。如果時思糖果表現得很好，其報酬就與我們旗下的新聞事業一點關係都沒有。反之亦然。我們在簽署支票時，也不會偷偷瞄一眼公司的股價究竟如何。我們認為，如果某個事業單位表現很好，那麼不管巴郡的股票價格是漲、是跌、是平，都應該予以獎勵。同樣地，即使巴郡的股價飆漲，如果員工表現平平，也不應該獲發任何的獎金。此外，在評估業績時，我們也會綜合考慮其背後的產業經濟狀況。有些看起來表現不錯的經理人，可能只是因為運氣好而搭上產業的順風車而已；有些則可能只是因為運氣差而讓自己屢屢遭遇逆境。」

輔讀：由於股票期權都是有限定時間的，這樣就產生了一個問題：經理人的努力，很有可能（時間限定的越短越是如此）在相對應的時間裏並不能在股價上反映出來。雖說股價總是圍繞公司價值波動，但那是指長期而言，短時間來看，股價甚至會出現背道而馳的走勢。也就是說，在一個限定的時間內，公司股票的變動可能與公司經理人的努力一點關係也沒有。

同乘一條船的另一種方式

「很顯然，巴郡各事業體的經理人完全可以利用他們所領到的獎金（或其他資金包括去借錢）在股票市場上買進本公司的股票。事實上已有

許多人那樣做了，其中有些人還持有很大的份額。任何人在買入本公司股票以後，也就同時承擔了公司的經營風險和資本成本。因此，我們旗下的經理人的利益已經與公司股東的利益緊密綁在一起。」（1985 年信）

輔讀：一個是直接授予期權，一個是按貢獻頒發獎金，然後由獲獎人自行決定是否購買公司的股票。這兩者之間應存有以下幾點不同：1、現金獎勵先對容易計算一些；2、由於股價可能會在較長的時間內都飄忽不定，因此獎金顯得更實在一些；3、用自己的錢去買股票，更能體現，也更能實現與股東「同乘一條船」的初衷。

集團公司應有的獎勵模式

「在巴郡，我們試着在處理薪酬問題時所採取的方法，能與在處理資金分配時所採取的方法一樣合乎邏輯。舉例來說，我們付給 Ralph Schey 的薪酬是基於他在史考特飛茲上的經營成果，而與巴郡的經營成果無關。這樣的方式恐怕再合理不過了，畢竟他只能對自己而不是其他甚麼人負責。如果將他的年度獎金和股票期權與巴郡的整體表現或不斷上下跳動的資產淨值聯繫在一起，對 Ralph Schey 來說就顯得很不公平，他也許會因為我和查理的錯誤而不斷受到懲罰 —— 不管他個人取得了怎樣出色的成績。相反，如果巴郡的其他事業大放異彩，而史考特飛茲卻表現平平，那麼 Ralph Schey 又有甚麼理由跟其他人一樣分享巴郡的獎金或股票期權呢？」（1994 年信）

輔讀：當萬科和華僑城這樣的公司把股票期權授予某個地區的經理時，是否會產生類似的問題？經過這位經理人的努力，其所負責地區的樓盤也許銷售一直都不錯，但由於其他地區的樓盤銷售受阻，公司股價也就可能因此而受阻（超低價授予期權是另一回事）。這樣的獎勵模式是否還有進一步完善的空間？

重點	固定價格的股票期權不僅有可能損害股東利益，也可能達不到所謂「同乘一條船」的效果。
關鍵詞	資本回報、股息率、資本的成本屬性、兩條船。

6 酒吧間的喧嘩（下）

迷霧　酒吧間的另一種「喧嘩」又是甚麼？

解析　是指股票期權是否計入成本的爭論。

這是一段歷史的往事，因為那次爭論今天已經有了答案。最終，以巴菲特為代表的「計入成本」派獲取了勝利。不過，追憶一下這一段還不算久遠的往事也是有些意義的。

期權是否應計入成本

「說到公司行政主管與會計師們的鴕鳥心態，最極端的例子就是發行股票期權了。在巴郡 1985 年的年度報告中，我曾經就股票期權處理上的恰當或不恰當行為發表過個人看法。但即便是期權設計得當，在許多方面它還是顯得沒甚麼道理。這種邏輯上的缺憾絕不是偶然的：幾十年來，企業界曾不斷地向會計準則制定者發起攻擊，試圖將發行股票期權的成本排除在發行公司的損益表之外。」（1992 年信）

輔讀：請注意巴菲特的用詞：「邏輯上的缺憾」。為甚麼會這樣表述呢？看完本節的介紹與討論，你也許會自行得出答案。

不應計入成本的理由

「企業主管們通常會辯稱由於很難對股票期權的價值作出準確衡量，因此其成本可以被忽略掉。在另一些場合，這些經理人又會說如果認列期權的成本，將不利於小型新公司的發展。有時他們甚至還會義正辭嚴地指出：『價外』（out of the money）期權（指期權的行使價格等於或是高於當前股價）在發行時並沒有價值。

奇怪的是，機構投資者協會也參與了進來並對上述觀點進行了一

些修正。他們認為股票期權不應當被視作一種成本，因為發行公司不需要為此從口袋裏掏出一毛錢。我認為這一觀點等於是給所有美國企業提供了可立刻改善其報告利潤的難得良機。例如，他們可以用股票期權去替代保險費的支出，從而就此剔除掉公司的保險成本。所以，如果你是一個公司的 CEO 並認同這種『不付現金就沒有成本』的會計理論，我一定會提出一個讓你無法拒絕的條件：打個電話到巴郡，我們將很願意以貴公司的一攬子股票期權為交換條件，來接受你們的保單申請。」（1992年信）

輔讀：統計了一下不需計入成本的四條理由：1、很難評估期權的價值；2、計入成本將不利於小公司的發展；3、發行公司沒有實際的現金支付；4、當發行「價外期權」時，公司更不需從口袋裏支付一毛錢。不過這樣的思路與現金流的計算有些類似：由於折舊與攤銷在當期沒有實際的現金支付，因此在計算公司當期的現金流量時會將在利潤表中扣除的數據予以加回。然而，真的是「沒有現金就沒有成本」了嗎？

應當計入成本的理由

「公司股東需要明白的是，當公司將某種有價值的東西交給別人時就已經產生了成本，而不是等到有現金支付時才算。還有一點，如果只是因為所付出的重要東西難以被準確計量，因此就可以不必認列成本，這種觀點既愚蠢又可笑。就在當下，會計本身就充滿着不確定性。畢竟，沒有一個經理人或是審計師可以準確預估一架波音 747 客機的壽命有多久，這也就意味着他不需要核算這架飛機一年的折舊費用有多少。而產險公司對財產損失的估計更是出了名的不準確。」（1992 年信）

輔讀：應計入成本的兩條理由：1、授予的東西只要有價值，就構成了成本；2、難以計量的事情不代表沒有發生。下面，我們再來看一段傑克·韋爾奇有關股票期權的一段表述：

「我們的報酬支付體系不鼓勵分享。1980 年我被任命為董事長的那一天，我擁有了 17,000 股 GE 公司的股票期權，後來獲得了不到 80,000 美元的收益——在得到期權獎勵的 12 年之後。可以想像，其他管理人

員的期權收入是多麼的少。那個時候，如果某些 GE 員工的基本年薪是 20 萬美元，而且他們的業務單位當年經營業績很好，那麼他們的股票分紅收入將是基本年薪的 25%，也就是 50,000 美元。個人的基本收入遠遠超過了股票期權的價值。而我希望，對於員工來說，整個公司的經營業績和股票價格比他們各自企業的經營成果意味着更多。」

想一想，如果一家公司的員工其來自期權的收入均大於基本年薪，那這筆收益是哪裏來的呢？全部屬於「市場收入」嗎？

期權與折舊：誰更容易計算

「期權的價值也並非那麼難以評估。必須承認，由於授予經理人股票期權時附設了許多限制性條款，從而會使評估的難度有所增加，而期權價值也多多少少會受到一些影響。但這些只能『影響』而不能『抹殺』期權的價值。事實上，只要我本人有興趣，我也可以給任何一位旗下經理人提供有限制的股票期權。在發行的當日，儘管我們沒有付出任何現金，但巴郡卻已付出了在未來某個時段數額可能巨大的股票認購權，以便讓他或她通過行使這項權利而得到相應的報酬。所以，如果你哪天遇到一位 CEO 跟你說他們最近發行的股票期權沒有甚麼價值的話，不妨告訴他來找我們聊聊。事實上，在確定期權價格與那架企業專機每年的折舊費用之間，我們對前者反而更具信心。」

輔讀：以巴郡為例，假定 1985 年巴郡的每股資產淨值為 100 元，未來 5 年按 15% 的速率增長（巴菲特為自己定下的目標），那麼 5 年後，公司的每股資產淨值就是 200 美元左右。由於一直以來公司的股價一般都在每股淨值附近，因此當公司需要計算股票期權的價值時，應當不是一件很困難的事。至於期權價值是否真的比折舊費用更加容易計算，我想這只是巴菲特的一個誇張比喻罷了。

期權三問

「對於我本人來說，股票期權的真實性可以被簡要概括為以下幾點：如果期權不算是一種報酬，那麼它又算是甚麼？如果一種報酬不是

一項費用，那麼它又是甚麼？如果一項費用沒有列入盈餘計算，那麼它又跑到哪裏去了呢？」

輔讀：也許有人會説：期權算不算報酬是一回事，這個報酬由誰支付則是另一回事。下面我們不妨一起看一段期權的定義：

「股票期權指買方在交付了期權費後即取得在合約規定的到期日或到期日以前按協議價買入或賣出一定數量相關股票的權利。是對員工進行激勵的眾多方法之一，屬於長期激勵的範疇。股票期權是上市公司給予企業高級管理人員和技術骨幹在一定期限內以一種事先約定的價格購買公司普通股的權利。股票期權是一種不同於職工股的嶄新激勵機制，它能有效地把企業高級人才與其自身利益很好地結合起來。股票期權的行使會增加公司的所有者權益。是由持有者向公司購買未發行在外的流通股，即是直接從公司購買而非從二級市場購買。」

如果這個定義準確，那麼「直接從公司購買而非從二級市場購買」的股票期權，在期權有效期內實現的報酬（含價內與價外期權）全部都來自市場嗎？

搞混了？

「不同意我對股票期權看法的讀者這時可能會指出，我可能將發給公司僱員的股票期權與理論上可以對外公開發行和交易的股票期權給搞混了。是的，發給公司僱員的股票期權有時會被收回，從而會使股東權益受損的程度由此減小，而公開發行的股票期權就沒有這項特質。此外，僱員在行使購買權力時，公司還可獲得相應的税負抵扣，而公開發行的股票期權則沒有這項好處。但是在另外一方面，僱員股票期權的轉換價格常常會被（向下）修正，這一做法比起公開發行的股票期權來説會讓股東付出更高的代價。」

輔讀：讓我提供一段來自巴菲特 2001 年信中講述的幽默故事：「儘管安然公司已成為股東噩夢的一個標誌性事件，但這樣的事情在美國公司中絕非少見。我個人聽到過的一個故事，就很好地詮釋了公司經理人對待公司股東的一個普遍心態：在一個晚會上，一位光彩奪目的女士悄

悄湊到一位公司 CEO 跟前，然後用她性感的嘴脣喃喃到：我可以為你做『任何』的事情。沒有絲毫的遲疑，這位 CEO 馬上回答到：『請為我的股票期權重新定價』」。

我們的行為偏好

「當我們計劃投資一家有股票期權的公司時，我們會事先將這家公司的報告利潤向下調整，直接扣除掉因公開發行這些期權所產生的費用。同樣地，當我們計劃去購併一家公司時，我們也會將更換原有期權計劃的成本考慮在內，等到合併案正式完成後，我們會立即把相關的費用在會計賬上作出扣除。」(1998 年信)

輔讀：巴菲特說到做到，他在 1998 年收購通用再保險公司時，購併的賬務處理就是這樣進行的。

重點　股票期權作為一種報酬應計入公司成本。
關鍵詞　邏輯缺憾、報酬、價值、成本、轉換價格、利潤扣除。

7 合法醜聞

迷霧 巴菲特關於會計欺詐都有哪些論述？

解析 內容很多。

　　無論是投資上市公司股票還是收購私人企業，均離不開財務或會計問題。如果貪婪與罪孽讓會計欺詐成為一個繞不開的話題（又怎能繞的開呢），巴菲特在其致股東的信中就一定會談到這些問題。本節涉及的話題只是其中一個部分而已。

話題的開始

　　「管理層在股票期權會計處理上所扮演的角色可謂是竭盡其能……我認為管理層在公司重組與合併會計處理上的行為更加過分。這時，他們會刻意篡改數據以欺騙投資人。所有這些，就像 Michael Kinsley 在批評華府時所說的：『真正的醜聞不是那些違反法律的行為，而是那些看起來完全合法的行為』」。（1998 年信）

　　輔讀：所謂「竭盡所能」，是指公司管理人員與專業人士相互勾結，向政府（包括國會）長時間地不斷施加壓力，以達到將股票期權不計入公司成本的目的。

發端於 60 年代的不光彩工作

　　「以前透過財務報表，人們很容易就可以分辨出一家公司的好壞。但在 1960 年代後期，市場掀起一波被騙徒們稱為「大膽且極富想像力的會計」熱潮（這種會計處理在當時受到華爾街人士的熱烈歡迎，因為它從來都不會讓人失望）。不過在當時，大家都知道究竟是誰才會玩這種遊戲。那些一直受到人們尊敬的美國大公司 —— 基於他們對自身信譽的

維護——基本上都不會參與到這種欺詐行動中來。」（1998 年信）

今天的「光彩」工作

「這些經理人一開始就認定（一種比較流行的觀點）他們的工作職責之一就是要盡力將讓公司股價維持在一個最高的價位上（關於這點我們實在不敢苟同）。而為了撐高股價，他們光彩而努力地工作着以便能給市場交出一份出色的答卷。但是當公司的業績與市場預期不符時，這些 CEO 們就開始了不光彩的工作——運用不當的會計手法，或是直接製造出市場期待的利潤數字，或是經不當的會計處理為未來的利潤增長埋下伏筆。」（1998 年信）

輔讀：與此不同的是，巴菲特認為自己的職責之一是努力把公司的股價維持在一個較為合理的位置上。這樣做的初衷是：公司不僅要對老股東負責，也要對那些新買入公司股票的股東負責。與此形成鮮明對照的卻是市場上的另一番情景：上市公司進行無所不用其極的「利潤管理」，已達到符合市場「預期」並將股價維持在一個較高位置上的目的。

一個小把戲：重組費用

「有一個會計科目叫做『重組費用』。科目雖然合規但卻常常被當作操縱利潤的工具。通過這個小把戲，本應分攤到多個年份的費用，公司會在某個季度做一次性扣除。這也是一種比較典型的注定會讓投資人大失所望的騙術。有時候，公司這樣做是為了清理一下過去積累下來的不實利潤。有時候，則是為虛增未來的利潤而鋪路。不管出於哪一種目的，這些做法都是為了迎合華爾街一項可謂是玩世不恭的偏好：過去的一個季度每股少賺 5 元錢沒有甚麼——只要它能讓未來一個季度每股多賺 5 分錢。」（1998 年信）

輔讀：1、是不是覺得很眼熟？2、還記得我們提供的「美林證券機構調查」嗎？既然在股票市場上，每股收益或每股收益驚喜很受「投資者」青睞，某些上市公司也就樂此不疲地予以配合了；3、在當年的致股東信中，巴菲特還舉了一個高爾夫球手的例子：在球童的配合下，

將過往的記錄進行一次「洗澡」，然後最近四場比賽的平均杆數就變成了令人羨慕的 80 杆。

專業人士的提點

「在購併領域，資產重組已被提升至藝術的層次：經理人經常會通過企業合併來巧妙地重建資產和負債的價值並由此或平滑，或抬升公司未來的利潤。事實上，在交易的時候，大型會計師事務所有時也會點出某種會計上的小伎倆（也有時是大伎倆）可能帶來的大效果。經專業人士的提點之後，一流的人格往往就會屈服於三流的伎倆，而 CEO 們對這種可以增加未來利潤的『恩惠』，恐怕是很難去拒絕的。」（1998 年信）

輔讀：直到今天，這種來自「專業人士」的「提點」恐怕還是不乏存在的。至於人格是否仍是「一流」，伎倆是否仍是「三流」，就不得而知了。

一個真實的故事

「這裏有一個真實的故事，它能充分說明美國企業普遍存在的一種觀點。有兩家大型銀行的 CEO，其中一位主導了很多購併案。不久前，他參加了一個善意購併的討論會（討論沒有促成任何交易）。正當這位經驗豐富的購併老手侃侃而談合併所帶來的種種好處時，一位滿懷質疑的 CEO 打斷了他的演講：『購併不是要耗費很高的成本嗎？我想可能不少於 10 億美元吧！』這位老練銀行家的回答倒是簡明扼要：『我們會把成本搞得再高一些——這正是我們要進行購併的原因所在。』」（1998 年信）

輔讀：重溫對「重組費用」的討論。

為麵包而歌

「顯然，如今許多經理人對於編制精準會計報表的藐視態度可以說是商界的一大恥辱。正如我們先前曾提到的，審計師在這方面也沒有起甚麼好的作用。儘管理論上會計師應該把投資大眾當作是他們的老闆，

但他們卻寧可向那些有權決定審計師人選並支付給他們報酬的經理人叩首（正所謂『誰給我麵包，我為誰歌唱』）」。（1998 年信）

輔讀：下面一段摘自《沸騰的歲月》，解釋這現狀：

60 年代，華爾街正在經歷迅速的革命，這場革命將使華爾街成為世界歷史上第一個真正的公眾證券市場。在此過程中，股票交易中一個新的重要情況便是數百萬新投資者對金融和會計的無知。無知導致人們對簡單的追求，而簡單，我們已經看到，通過只關注盈虧線就能獲得。這種對企業業績的簡化認識很快導致會計師，包括一些最好的會計師，在不知不覺中偏離他們的公眾基礎，不時心甘情願地淪為無情的企業管理者和毫無誠信的股票推銷商的幫兇，簡而言之，出賣他們的靈魂。

誠信正在死亡

「不過告訴各位一個好消息，在現任主席 Arthur Levitt 的帶領下，證管會似乎已決定要好好地整頓一下美國企業上述的種種不當行為。在去年 9 月的一次歷史性演說中，Levitt 呼籲大家停止『利潤管理』。他一針見血地指出：『有太多的企業經理人、審計師、分析師參與到這種大家彼此心照不宣的遊戲中來。』接着他又提出了一項很切中時弊的指控：『管理似乎正在走向欺詐；誠信似乎正在走向死亡。』」（1998 年信）

輔讀：把這段話的背景地改為我國股票市場是否也同樣適用？如是，最後一句話去掉四個字也許會更加貼切：管理正在走向欺詐；誠信正在走向死亡。

重點	投資領域中的會計欺詐是一個至今無法繞開的話題。
關鍵詞	醜聞、大膽且極富想像力的會計、「光彩」的工作、重組費用、利潤管理。

8 Rainmaking

迷霧 對資本市場上的一些中介服務機構,巴菲特發表過甚麼看法?

解析 一羣 Rainmaking 式的人物

在巴菲特的歷年的致股東信中曾多次提到活躍在資本市場上的中介機構,如股票經紀、投資銀行、管理顧問、投資顧問、薪酬顧問以及會計師事務所等。總的來看,負面的表述多過正面的表述。之所以如此,我想和行業的現狀不無關聯。以投資顧問為例,在我的印象中,能與各種投資顧問連接在一起的好像只有一個詞彙:高昂的摩擦成本。

不過,投資顧問們也不用生氣,在巴菲特的筆下,其他一些中介服務機構也沒有討得甚麼好處。本節的討論就會涉及四類服務機構,它們是投資銀行、管理顧問公司、會計師事務所和薪酬顧問公司。需要說明的是,這裏摘錄的內容也只是巴菲特諸多表述的其中一個部分,如想全面了解,還需親自去讀完整的巴菲特歷年致股東信。

投資銀行

「對於我們去年一口氣竟然連續進行了 3 起併購案,大家或許會感到很奇怪,因為過去我們聊到這裏時通常是開始質疑其他公司所從事的併購活動。不過大家請放心,查理和我本人並沒有失去我們一貫保持的懷疑態度 —— 即在我們看來,大部分的併購活動只會損害收購方股東的利益。特別要指出的是,賣方公司及其推廣人給出的財務數據,其娛樂性通常會大於教育性。在繪製美麗圖畫方面,華爾街是一點兒也不會輸給美國政府的。」

「讓我感到困惑的是,為何有些交易中的買主會相信賣方提供的財務預測數據。查理和我恐怕連看都懶得看它們一眼,我們一直牢記着一個關於某人擁有一匹病馬的故事。一天,他牽着這匹正在生病的馬去看

獸醫：『可以幫幫我嗎？不知為甚麼，這匹馬走起路來有時很正常，有時卻一瘸一拐的。』獸醫的回答倒是正中要害：『沒問題，在牠表現正常的時候把牠賣掉。』在併購的世界中，這樣的跛腳馬常常被一些人裝扮成Secretariat（美國電影中一匹冠軍馬的名字）到處行騙。」（1995年信）

輔讀：儘管沒有點名，但這裏提到的「推廣人」以及「獸醫」暗指的應當就是投資銀行。無論是美國還是中國的資本市場，很多併購都是通過中介機構（通常是投資銀行）來完成的。儘管巴郡的收購有時也會尋求投資銀行的幫助（如所羅門兄弟公司），但在巴菲特的筆下，這些投資銀行的形象給人的感覺實在不是很好。

管理諮詢公司

「為了將以上關於購併的話題做一個總結，我忍不住要重複去年一位企業經理人告訴我的一則小故事：他所在的公司一直是一家很好的公司，在其所屬行業擁有長期的領導地位。然而，其主要產品似乎總讓人感到有些乏味。所以在幾十年前，這家公司聘請了一家管理顧問公司。很自然地，管理顧問建議他們應該要多元化經營——這在當時是一種很流行的企業經營模式（專注本業那時並不流行）。不久，在管理顧問進行了一番深入的且收費昂貴的購併調查基礎上，公司陸續實施了多項收購。至於最後的結果，這位主管很難過地告訴我：『一開始，我們的利潤百分之百來自於我們原來的主業。過了10年後，這個比例變成了百分之一百五十！』」（1995年信）

輔讀：管理諮詢公司其實也不全是一團糟，記得許多年前我讀過一本書叫《麥肯錫意識》，裏面的很多內容至少對我就有很多的啟發。書中談到一些麥肯錫的工作人員轉入實業公司後（包括像GE這樣的公司），利用他們在麥肯錫學到的知識，發現了所供職公司——即使是GE這樣以管理優秀而著稱的公司——存在不少的問題。當然，像麥肯錫這樣的公司，其數目畢竟還是太少了，混個顧問費但卻沒有真才實學的諮詢人員恐怕不在少數。

會計師事務所

「芝加哥論壇報去年9月刊載了一個有關安達信會計師事務所的系列報道，詳細說明了會計標準與審計品質在近幾年的腐化墮落。十幾年前，安達信事務所出具的審計意見還是業內的一個金字招牌。該事務所內部有一個專業準則小組（PSG），不管客戶施加多少壓力，他們一直都能堅持審計報告的誠實性。正是基於誠實的原則，PSG在1992年提出了股票期權應被視為一項成本支出的立場。然而到了後來，PSG的立場在一些被稱為『rainmaking』（一本教導人們如何提升專業服務機構收入的著作與此同名）式合夥人的推動下，發生了180度轉變。這些合夥人相當清楚，客戶心裏最渴望的東西就是亮麗的盈餘數字──不論實際的狀況究竟如何。許多公司的CEO也開始極力反對將股票期權納入費用開支，因為他們很清楚，如果如實記錄股票期權的成本，那些大量而醜陋的股票期權發行將會馬上遭到嚴厲譴責。」（2002年信）

輔讀：安達信事件想必讀者都已清楚了。2002年，伴隨着安然公司進行會計欺詐醜聞的爆發，美國司法部以妨礙司法公正對安達信會計師事務所提起刑事訴訟，開創了美國歷史上第一例大型會計師收到刑事調查的案例。同年6月，安達信被美國法院認定犯有阻礙政府調查安然破產案的罪行。安達信，一個百年老店就此宣告倒閉。

薪酬顧問公司

「為管理層的平平業績支付巨額離職補償、慷慨津貼和超標薪水的事情之所以經常發生，是因為公司薪酬委員會已成為統計數據的奴隸。如今搞定董事會的方法很簡單：選擇3-4名董事，當然不是隨機選擇，在董事會議召開前的幾個小時，用一組CEO薪酬不斷提升的統計數據對他們進行狂轟濫炸。除此之外，薪酬委員會也通常會被告知：其他公司經理人的薪酬又達到一個新的高點了。在這樣一種情形下，各種奇異的「甜品」會紛紛撒向CEO們，而原因只是我們兒時都會使用的一個小把戲：『但是，媽媽，其他所有的小朋友都有一個。』當公司薪酬委員會

讓自己陷入這樣一種『邏輯』時，昨天的過高要求，可能就會變成今天的一道底線。」（2005 年信）

輔讀：本人因工作關係，曾經聆聽過一些薪酬顧問公司所做的薪酬顧問報告。我想説的是，那些「其他所有的小朋友都有一個」的「小把戲」，不只是在美國才有。

重點	小心為麵包而歌的中介機構。
關鍵詞	rainmaking、小把戲。

9 旅鼠

迷霧 巴菲特對機構投資者似乎一直沒有甚麼好感？

解析 的確如此。

按過去的口徑（後來沒有追蹤），美國的機構投資者至少包括以下三個類型：1、共同基金；2、私人退休基金；3、公共退休基金。從上世紀中期開始，機構投資者逐漸成為股票市場的中堅力量。一晃，數十年過去了，機構投資者的投資業績究竟如何呢？與指數大盤相比，他們又有一個怎樣的表現呢？表4.6給出了部分回答：

表 4.6　簡單的價值

投資時間	標普指數（%）	權益基金（%）	差額（%）	基金／指數（%）
50年	13.6	11.8	＋1.8	87
40年	12.0	10.5	＋1.5	87
30年	12.7	10.7	＋2.0	84
20年	17.7	15.1	＋2.6	85
10年	19.2	15.2	＋4.0	79

資料來源：《伯格投資》

說明：所謂簡單價值，是指指數基金基於簡單投資而持續戰勝了奉行不簡單投資的主動型基金。

關於機構投資者業績不那麼盡如人意的原因，市場已給出了很多討論。下面我們就一起看一看在巴菲特的筆下，機構投資者有一個怎樣的形象。

旅鼠及背後的原因

「大部份的經理人沒有甚麼動機去做一些看起來像白痴,但實際上卻很有智慧的決策。他們個人的利弊得失太明顯不過了:如果一個有點特立獨行的行動成功了,上頭可能會拍拍他的肩膀以示鼓勵。但如果行動失敗了,他可能就要捲鋪蓋走人(循規蹈矩的失敗看來是更可取的:旅鼠作為一個整體身負罵名;但沒有任何一隻旅鼠獨自承擔這種責難)。」(1984年信)

輔讀一:這段話不僅暗示機構投資者的行為模式如同一羣旅鼠,而且還給出了之所以會如此的三點背後原因:1、基金經理只是一個打工者,必須在意個人的利弊得失;2、因為是一個打工者,因此特立獨行往往會得不償失;3、循規蹈矩的操作即使錯了,但「法」不責眾。

輔讀二:在彼得‧林奇所著《選股戰略》一書中,我們看到了這樣一段話:

事實上,如果選擇一家不為人知的公司,賭一睹賺大錢的機會,以及選擇一家知名的公司,明知會小賠,兩條路選一條,一般共同基金經理人、退休基金經理人,或者企業投資組合經理人,都會毫不遲疑地選擇後者。成功是一回事,但更重要的是失敗時不要看起來太難看。華爾街有一條不成文的規則:「在IBM賠錢,絕不會讓你丟差事。」

運動過度

「基金經理人的表現更像是運動過度:他們的股票交易行為,讓不斷轉動託鉢的苦行僧看起來反而顯得安靜許多。事實上,『機構投資者』這個稱呼,現在聽起來與『超級小蝦』、『女子摔角手』、『廉價律師』等稱號一樣,正在變得越來越自我矛盾。」(1986年信)

輔讀:無論是美國股市,還是中國股市,在過往的數十年裏,股票換手率要麼經歷一個從低到高的過程(美國),要麼就是一直高居世界榜首,以百分之數百的比率傲視羣雄(中國)。你要說這裏面全是來自業餘投資者的貢獻,恐怕難以服眾。事實上,有研究資料顯示,美國機構

投資者的股票換手率與幾十年前相比已經快了很多。中國股市呢？政府大力發展機構投資者的初衷，是想讓他們成為引導市場進行理性投資的中堅力量，但事實似乎並不盡如人意。數年前我曾經接觸過一個基金經理，他的季度換手率就已經高達百分之數百，真不知他的年度換手率會有多少。

選美比賽

「市場上有所謂的『職業投資人』，他們掌管着數以 10 億計的資金，就是這些人加劇了市場的動盪。本來應當聚焦於企業未來發展方向的一羣人，反而專門去研究其他基金經理人的近期動向。對他們來說，股票不過是遊戲中的籌碼，就像是大富翁遊戲中的棋子一樣。」(1987 年信)

輔讀：盯住他人，其背後原因要麼是怕被自己的同行超越 (指基金淨值的短期變動)，要麼就是他高度認同凱恩斯的「選美比賽」理論。下面這段話摘自《漫遊華爾街》：

凱恩斯在描述股市參與技巧時，運用了一個英國同胞易於理解的類比：在報紙舉行的『選美競賽』中，參賽者必須從 100 張照片中評選出 6 張最美麗的面孔，誰的選擇與參賽整體的判斷最為符合，誰就贏得獎金。智慧型股票投資人認識到，個人的審美標準在決定勝者的過程中無關緊要。若想取勝，一個較好的策略就是選擇其他選手也可能喜歡的面孔。這種邏輯往往具有「滾雪球」效應，畢竟其他參賽選手也擁有敏銳的知覺。因此，最佳策略便成為預測大家互相估計的結果，而不是挑選個人認為最漂亮的面孔，也不是挑選其他參賽者可能喜歡的面孔。這就是英國「選美比賽」的技巧所在。

越跌越賣

「他們的做法中一個極端的表現，就是所謂的「投資組合保險」。這是一種在 1986 到 1987 年間廣為基金經理人所喜愛的策略。這種策略有點像小投機者手中的止損單，當投資組合淨值或指數期貨價格下跌時，原自動增加的股票組合或股指期貨倉位須自動開始賣出操作。這一策略

不需要給出其他任何限定條件，只要成交價下跌，就會自動湧現出巨額的賣單。根據 Brady Report 顯示：在 1987 年 10 月中旬，有高達 600 億到 900 億美元的股票曾經面臨一觸即發的險境。

如果你認為投資顧問是被請來管理投資的，那麼上面所說的策略就一定把你搞糊塗了。試想一下。一個理性的買主在買下一家農場後，會不會因為隔壁農場最近以較低的價格出售，就讓其不動產經紀人開始尋求新的買主？或者，你會不會一大早起來就要把你的房子賣掉──因為 1 分鐘前你聽到隔壁的房子正在以比幾天前更便宜的價格求售？

以上所說正是投資組合保險這項策略指示退休基金──當他們持有福特或是通用電氣部份股權時──應當採取的操作模式。操作的背後邏輯是，所持公司的價值越是被低估，就越應該儘快把它們給賣掉。按照這種邏輯，還應當要求投資機構在股價大幅反彈時再把它們給買回來。一想到有這麼多的資金掌握在愛莉絲夢遊仙境般的經理人手中，那麼你對股票市場總會有如此不尋常的表現也就不足為奇了。」（1987 年信）

輔讀：美國 87 股災時，香港股票交易所為了避免出現更大的恐慌，果斷決定停市三天。但由於全球股市一路持續快速下跌（別忘了投資組合保險機制），等再次開市時，市場仍不見好轉，香港投資者因此抱怨港交所讓他們失去了減少損失的寶貴時間。後來港交所的主要管理人員還為此受到了免職處理。看來投資組合保險的運行邏輯倒是很清晰：下跌帶來恐慌，恐慌則進一步加劇了下跌，直至出現慘烈的「踩踏」事件。

大錯特錯的結論

「然而，許多評論家在觀察最近發生的事時歸納出了一個不正確的結論，他們喜歡說的一句話是當股票市場由這些行為軌跡飄忽不定的機構投資者所掌控時，小投資人根本一點機會也沒有。這種結論實在是大錯特錯：只要能夠堅持自己的投資理念，這樣的市場對任何投資者都是有利的。事實上，當手握重金的基金經理人熱衷於非理性的投機性操作時，反而讓真正的投資人有更多的機會去進行有智慧的投資。在這樣一個動

盪不安的股市中，只要投資人不會因為財務或心理上的壓力而被迫讓自己在不當的時機把手中的股票給賣掉，他就不會受到傷害。」(1987 年信)

輔讀：不可否認，機構投資者身上有許多業餘投資人沒有的專業優勢。但我們也不能否認，特別是在今天看來，機構投資者身上也有許多一個業餘投資人無需觸碰的劣勢（有興趣的讀者可去看《選股戰略》一書的「華爾街時差」一節）。我們用巴菲特的一句話作為本次輔讀的結尾：「幾乎任何一個行業的專業人士，總體上講要比外行的業績要好。但是基金管理這個領域是個例外。」(紐約證券分析師協會演講 1994 年 12 月 6 日)

巴菲特 1987 年的「抄底」行動

「過去的幾年，我們在股票市場沒有發現有甚麼可值得去做的。在 10 月股價暴跌時，有幾隻股票曾跌到我們感興趣的價位，不過我們沒有能夠在他們反彈之前及時買入。到 1987 年底，除了我們的幾隻永久持股與一些短期套利之外，我們並沒有任何大的操作（指 5,000 萬美元以上的買賣）。不過你們可以放心，市場先生一定會給我們機會的。到時，我們一定會好好地把握住。」(1987 年信)

那些認為巴菲特在 1986 年清倉，在 1987 年股災中抄底的投資者，不妨把上面的這段話再複讀一遍。

重點	機制偏差左右着機構投資者的行為模式。
關鍵詞	旅鼠、運動過度、農場、非理性投機、有智慧的投資。

⑩ 投票機與稱重器

迷霧 長期投資，股價不反映業績怎麼辦？

解析 股市短期是投票機，長期是稱重器。

過去許多年來，市場一直流行着這樣一種看法：公司股價與公司業績很多時候並不同步。極端情況下，不僅不同步，甚至還會背道而馳。本節將要介紹和討論的話題就與此有關：在巴菲特看來（思想源於葛拉漢），股市短期是投票機，長期是稱重器。

盯住比賽

「追隨葛拉漢的教誨，查理和我是以企業的經營成果，而不是它們每天甚至是每年的股價變化來判斷投資是否成功。市場或許會暫時忽略一家經營成功的企業，但這些企業終將會獲得市場的肯定。就像葛拉漢所說的：『短期看，股票市場是一個投票機；長期看，它是一個稱重器。』一家成功的企業是否能很快地被認可並不重要，重要的是這家企業的內在價值能否以令人滿意的速度增長。事實上，遲到的市場認可有時是個優勢，它能讓我們有更多的機會以便宜的價格買進它的股份。」（1987年信）

輔讀一：在 1934 年版的《證券分析》中，葛拉漢首次提出了「投票機」概念：「被我們稱作分析要素的，它們對市場價格的影響是部分的和間接的。說它是部分的，是因為純投機因素也經常從相反地方向影響市場價格；說它是間接的，是因為它要通過人們的感覺和決定才能產生作用。也就是說，市場不是一台根據證券的內在品質而精確地、客觀地記錄其價值的計量器，而是匯集無數人部分出於理性，部分出於感性選擇的投票機。」

輔讀二：在《智慧型股票投資人》一書中，葛拉漢提到了「稱重器

「問題:「讓我再一次指出,投資成功與否應該用長期的收益或長期市場價格的增長來衡量,而非短時間內賺取的差價。成功的最好證明在於,股票價格在一個普通市場水平上,在連續的平衡點之間,所表現出的上升狀態。在大多數情況下,這個合理的價格行為將與平均收益、紅利和負債表狀況很好的改進相伴隨。」

輔讀三:在《智慧型股票投資人》一書中,葛拉漢也提到了「盯住比賽」的問題:「依我看,市場價格信號給投資者誤導的次數不比有用的次數少。從根本上講,價格波動對真正的投資者只有一個意義:當價格大幅下跌後,提供給投資者買入機會;當價格大幅上漲後,提供給投資者出手的機會。而其他時候,他如果忘記股票市場而把注意力放在股息收入和公司運作上,將會做得更好。」

輔讀四:關於市場長期是不是稱重器的問題,我們最早還可追溯到 1924 年出版的由埃德加・史密斯所著的《用普通股進行長期投資》一書:「我們發現作用於普通股的有一股力量,它總是傾向於增加自身的資本價值。這種力量源於公司利用未分配利潤進行再投資的收益。我們還發現,我們經常極為不幸地在市場上升期的最高點買入,因為市場均價低於買入價的時期不會持續太久;然而即使我們在最高點買進了,也很有希望在一段時間後收回成本。所以說,就算是在最極端的例子裏,我們面對的主要風險也只是時間而已。」

輔讀五:我們下面再來看一張表,看看市場是不是一台稱重器:

表 4.7　投資 1 美元的股票回報 (1926-1990 年)

	18 家最優質企業	18 家對照公司	大盤指數基金
期末淨值	6536	955	415
年均回報 (%)	14.66	11.32	9.87

資料:《基業長青》

輔讀六：我們再來看一張表：

表 4.8　黃金 10 年與暗淡 10 年的投資回報與總回報（%）

	20 世紀 70 年代	20 世紀 80 年代	70 年代＋ 80 年代
基礎回報率	13.3	9.6	11.6
投機回報率	-7.6	7.8	-0.1
市場回報率	5.9	17.6	11.5
初始市盈率	15.9	7.3	15.9
期末市盈率	7.3	15.5	15.5

資料來源：《伯格投資》

說明：基礎回報：來自於利潤增長和現金股利的回報；投機回報：來自於市盈率變化的回報。

相同的速率

「可口可樂與吉列可以說是當今世界上最好的兩家公司，我們預期他們的利潤在未來幾年還會以驚人的速度增長。假以時日，我們所持有的股票市值也大致會以同等的速率增加。」（1991 年信）

輔讀一：請看表 4.9 能否為巴菲特的上述觀點提供佐證：

表 4.9　股市 125 年歷史考察：基礎回報與市場回報的差距

滾動持有期	≥ 2%	≥ 5%	≥ 10%
1 年	94%	84%	68%
10 年	62%	27%	3%
25 年	23%	0%	0%

資料來源：《伯格投資》

說明：基礎回報：企業利潤增長率和股息率；市場回報：股票價格增長率。

輔讀二：其實大家都可以長期追蹤一個數據：你所心儀股票的每股收益與每股價格的長期增長情況，看看它們是否能像巴菲特所說：「大致會以同等的速率增加。」

輔讀三：巴菲特在 1993 年的致股東信中，提到了可口可樂的長期股價變動，為自己的上述觀點提供了一個具有很高說服力的實證研究：「讓我為各位上一堂歷史課：1919 年，可口可樂股票以每股 40 美元的價格公開上市。到了 1920 年末，由於市場看淡可口可樂的前景，公司股價從而下跌了 50% 至每股 19.5 美元。到了 1993 年年底，如果投資人將收到的所有股利全部用於買回可樂股票，則股票的市場價值將會變成 210 萬美元。就像葛拉漢所說：『短期看，市場是一個投票機，它反映的是投資人用資金而不是智慧或穩定的情緒參與投票的情況；長期看，市場則是一個稱重器。』」

兩條線

「在去年的致股東信中我曾向大家報告，當巴郡的股價達到每股 36,000 美元時，它代表着：(1) 巴郡過去幾年的股價表現已超越其內在價值的增長——儘管後者的增長幅度也相當令人滿意；(2) 這種情況絕無可能無限期地持續下去；(3) 查理和我認為在這個價位上巴郡的價值沒有被低估。

自從我提出這些警告之後，巴郡的內在價值又大幅地增加了，主要原因在於 GEICO 的驚人表現（關於這點我在後面還會向大家詳細報告）。而與此同時，巴郡的股價卻基本維持不動。這當然就意味着 1996 年巴郡股價的提升低於其在生意上的表現。基於此，目前公司的價格與價值比，相較一年前又有了很大的不同，查理和我認為它們已處於比較合理的狀態下。」(1996 年信)

輔讀：從這段話裏我們可以想像出這樣一種情景：每家上市公司都有兩條長期增長曲線：(1) 每股收益增長曲線；(2) 股票價格增長曲線。

如果我們給它們一個相同的基期，那麼我們就會清晰看到兩條曲線的長期變動情況。當每股收益線長期走在股票價格曲線的上方時（適度參考基期以前的數據），可能就預示着公司的股價已被市場低估；當每股收益曲線長期走在股票價格曲線的下方時，可能就預示着公司的股價已有被市場高估之嫌。

最後，我們用巴菲特在 1969 年致股東信裏的一段話作為本節討論的結束：「葛拉漢説過：短期看，股票市場是投票機；長期看，股票市場是稱重器。我一直認為，由基本原理決定的重量容易測出；由心理因素決定的投票很難評估。」

重點 股票市場短期看是投票機，長期看是稱重器。

關鍵詞 （長期的）經營成果、（短期的）股價變化、同等速率。

11 平庸的回報

迷霧 巴菲特是如何看待美國業餘投資者？

解析 投資回報要麼很平庸，要麼慘不忍睹。

在歷年的致股東信中，巴菲特很少聊他對業餘投資者的看法（除了讓大家投資指數的那幾段話）。時間到了 2004 年後，面對業餘投資者不盡人意的投資回報，他在當年的致股東信裏談了自己的看法。

「過去 35 年來，美國企業交出了一份很不錯的成績單。投資人只需以分散且低成本的方式構建一個投資組合 —— 比如買入某些人從未接觸過的股票指數基金 —— 就可以獲得基本相同的回報。然而實際情況卻並非如此：大多數投資人的回報要麼非常平庸，要麼慘不忍睹。

究其原因，我認為主要有三：首先是成本太高，比如投資人的交易過於頻繁或者是花太多的錢在投資管理費上；其次，投資決策要麼是基於小道消息，要麼是基於市場熱點的切換，而不是經過個人的深思熟慮或數量化的價值評估；最後，潛嘗輒止的方法加上在錯誤的時點進入（如在股價已上漲多時的高點介入）和在錯誤的時點放棄（如在股價長期下跌後的盤整中割肉出場）。投資人應當明白，情緒上的波動與投資中的成本支出是其成功的大敵。如果大家一定要堅持選擇進出股市的時機，就應嘗試着讓自己在別人貪婪時恐懼一些，在別人恐懼時貪婪一些。」（2004 年信）

儘管巴菲特自己說是 3 條原因，不過我倒是讀出了 5 條：(1) 高昂的成本（主要是指摩擦成本）；(2) 喜歡耳語股票（巴菲特好像說過：破產的最快辦法就是 100 萬美元＋耳語股票）；(3) 追逐熱點（讀者可參閱《漫遊華爾街》一書）；(4) 時機選擇（巴菲特說過：沒有人可以持續看對股票市場的短期走勢）；(5) 投資策略多變（一項研究資料顯示：在某種前提下，投資成功的一個基本要素就是要有穩定的策略）。

下面這張表給出了美國股市上個世紀後半葉幾個時間段的（名義）回報：

表 4.10　股票名義收益率（%）

年	1950-1960	1960-1970	1970-1980	1980-1990	1990-2000	1950-2000
收益率	17.9	8.1	6.7	16.1	17.1	13.0

資料來源：《投資收益百年史》

根據巴菲特的論述我們可以大膽猜測，絕大多數美國業餘投資者（包括為數不少的職業投資者）的投資回報應遠低於表中給出的數據。

關於一個業餘投資者（其實機構投資者也是如此）應當如何去正確的投資，過去數十年來已有許多經典的論述，下面我們就摘錄幾條，作為本節討論的輔讀資料。

「因為股市上漲而買進，同時因為股市下跌而賣出。這種做法是與其他商業領域的合理經營原則背道而馳的，而且很難在華爾街取得長久的成功。根據我們自己長達 50 餘年的市場經驗和觀察，我們從來沒有發現過一個依據這種「追隨市場」的方法而長期獲利的投資者。我們可以大膽地認為，此種方法無疑是荒謬的，雖然它仍然十分流行。」

—— 葛拉漢《智慧型股票投資人》

「人類的本性使他們成為非常精明的股市時機預測者，心不在焉的投資人不斷經歷着三種心態的轉換：關切、自得與投降。投資人關切股市是否下跌，或者經濟是否轉壞。這些情況讓他不肯趁低價買進好公司的股票。在他以較高的價錢買入股票後，他自得的看着股價繼續上揚。此時，正是他應該查看一下股價基本面的時刻，但他沒有行動。最後，當他的股票開始下跌，最後跌到買入價格以下，他投降了，心慌意亂地賣掉股票。」

—— 彼得・林奇《選股戰略》

「那些能夠預測未來的投資者，應該在市場即將啟動時滿倉，甚至是借錢買入，而在市場即將下跌時及時撤出。不幸的是，這些聲稱能夠

預測市場走向的投資者，常常顯得口氣大於力氣（迄今為止，擁有預測能力的人我一個也沒見過）。我們自認為無法預測證券價格的走勢，我們接受勸告，從事價值投資，這是一種在所有投資環境下都是安全和成功的投資策略。」

——塞斯‧卡拉曼《安全邊際》

「在買股票的時候要切記：要投資於真正的價值。不要受市場走勢或者經濟前景的影響。一個智慧型股票投資人明白，股市事實上是一個『關於股票的市場』。雖然某一隻股票有可能由於強勁牛市的出現而在短時間內被拉高，但最終，實際上是這一隻股票決定了股市，而不是股市決定了這只股票。如果投資者只關注於市場走勢或者是經濟前景，他們可能是沒有意識到個別股票能夠在熊市的情況下上漲而在牛市的情況下下跌的含義。」

——約翰‧鄧普頓《約翰‧鄧普頓先生的金磚》

重點	要認真總結前人的經驗教訓。
關鍵詞	（摩擦）成本、交易頻繁、小道消息、追逐熱點、淺嘗輒止、錯誤的時點。

12 宴會打嗝

迷霧 關於公司治理，巴菲特這個大股東兼 CEO 談過甚麼看法嗎？

解析 他的重點關注之一：董事會能否選出一個稱職的管理團隊。

在中後期的致股東信中，巴菲特比較多地談了公司治理問題。本節討論的內容主要來自 1988、1993 和 2002 年的致股東信，話題則主要圍繞兩個內容展開：1、甚麼樣的股權結構會產生稱職的董事會；2、甚麼樣的董事會能催生出一流的管理層。

管理層的鐵飯碗

「以我們近距離地觀察，他們（指巴菲特 3 家永久持股公司的經理人）的表現與許多公司的 CEO 形成了鮮明對比 —— 所幸我們一直能與後者保持安全的距離。儘管有時這些 CEO 們經常作出一些與其職位不相稱的事情，但他們卻總是能保住自己的飯碗。企業管理中最為諷刺的一件事就是：不勝任的 CEO 要比不勝任的部屬更容易保住其職位。」（1988 年信）

輔讀：當巴菲特說「最」為諷刺時，我覺得這與他一貫的管理思想有關：董事會的職責之一（甚至有時可視為最重要的職責）就是選出一個稱職的管理層並監督他們的工作。如果公司 CEO 不管表現如何都能「保住其職位」，這顯然是不能接受的。

原因一：模糊的標準

「假設一位新入職的秘書被要求在一分鐘內能夠打 80 個字，如果發現她一分鐘只能打 50 個字，很快她就會被炒魷魚，因為有一個客觀的標準放在那裏，其工作表現如何很容易就被衡量出來；同樣，一個新的銷售人員如果在規定的時間內達不到規定的銷售業績，也會立刻被要求

走路。為了維持紀律，很難允許有例外情形發生。

但是，如果一個 CEO 表現不好，卻總是可以無限期的支撐下去。其中一個原因，就是沒有一套可以衡量其工作表現的客觀標準。就算是有，也大多寫得很模糊，或者很容易被蒙混過關。即便是過失很嚴重並且多次發生，也同樣是如此。有太多的公司先讓 CEO 把箭射出去，然後再走到牆邊把靶心畫在箭的周圍。」(1988 年信)

輔讀：當巴菲特說「即便是過失很嚴重並多次⋯⋯」時，想必有些讀者對此多多少少會產生一些共鳴。的確，這種現象不僅美國有，在中國，在我們的身邊，同樣也不乏其例。原因之一就是董事會對 CEO 的考核標準不但通常制定得比較模糊，而且還很容易會因各種外部原因最終將這些標準擱置一邊，就像巴菲特所說：「先讓 CEO 把箭射出去，然後再走到牆邊把靶心畫在箭的周圍。」這樣做聽起來好像不合邏輯，但真這樣做時董事會的說辭是很多的。

原因二：其他 5 條

「另外一個很重要但卻很少被關注的情況，是 CEO 與低層員工之間的差別還在於前者沒有一個可以獨立評估其表現的監督者。銷售部的經理如果僱傭了不稱職的員工，他會很快發現自己的日子過得很艱難。為了他個人的利益，他會很快糾正這個人事上的錯誤，否則他自己的地位就會很危險。同樣，一個行政部經理如果請到一位無能的秘書，也會遵循相同的行事規則。

但 CEO 的上司 —— 也就是公司董事會 —— 卻很少檢視自己的工作績效並為企業的表現不佳負責。就算董事會選錯了人而且這個錯誤已長期存在，又能怎樣呢？即使因為這個錯誤導致公司被其他企業收購，通常情況下，也會確保被逐出的董事有一筆豐厚的利益 (公司越大，這個甜頭就會越多)。」(1988 年信)

輔讀：在這段話裏，巴菲特一共給出了 5 條原因：1、CEO 缺乏一個獨立和有效的監督者；2、信息傳導會逐級弱化；3、董事會對 CEO 的考核標準難以量化；4、董事會自身也缺乏有效的監督；5、即便公

司因管理不善而被其他公司收購，董事們也不會有太大的損失。

很久以前，我記得香港新世界發展集團董事局主席鄭裕彤說過這樣一番話（大意）：「每當我感到工作很疲勞時，我就知道下面的管理層出問題了」。問題在於，任何一個層級工作人員的無能，都會很快傳導到他的上級身上，然而當這個傳導到了 CEO 與公司董事會這個層級時，就會出現明顯的弱化，這也正是為何董事會對 CEO 的表現並不那麼「敏感」的原因所在。

原因三：董事會氛圍

「最後，董事會與 CEO 之間的關係通常都是融洽的 —— 正如它被期望的那樣。在董事會議中，對 CEO 的批評就好像是在社交場合中打嗝一樣地不自然。但是當辦公室主任對表現不佳的打字員提出批評時，一切似乎都是順理成章的。」（1988 年信）

輔讀：過去 20 多年來，我大大小小也參加不少次的董事會會議。美國的情況不了解，不好說甚麼，但依照我本人在國內的親身經歷，我只能說巴菲特的上述看法至少在中國應當是存在的。每次開董事會，CEO（我們以前叫總經理）照例會把去年的工作總結一番，然後交由各位董事進行評估。幾乎沒有甚麼例外（除非董事之間有利益糾葛），大家的發言都是不痛不癢。CEO 如果表現得很好，大家自然會交口稱讚。CEO 如果表現一般，批評之聲 —— 如果有的話 —— 一般也都是相當柔和的。

公司股權結構的三種形態

「無論如何，這樣的問題讓我有必要談談近年來一個相當熱門的話題：公司治理。總體來看，我相信最近許多公司的董事們已開始挺直了他們的脊樑。現在的投資人比起不久以前，已逐漸地被公司當作真正的所有者來對待。但是評論家們很少對上市公司三種不同的『經營者與所有者』型態作出區分。雖然在法律上董事們承擔的責任是一樣的，但在能讓公司作出某些改變的能力上，各公司之間卻不盡相同……在這裏我

們有必要把這三種形態都討論一下。

輔讀：關於巴菲特為何會説「最近許多公司的董事們已開始挺直了他們的脊樑」，我們在第五十五節再進行進一步的討論。

股權結構形態（一）

「第一類，也是目前最普遍的一類：在公司的董事會裏並沒有一個控股股東。在這種情況下，我認為董事們的行為應該像是公司存在一個缺席的公司所有者，而他們應當以各種有效的方式去確保這位股東的長期利益不會受到損害。然而不幸的是，所謂「長期利益」反而給了董事們很大的操作空間。如果他們既缺乏誠信又在能力上有所不足，從而導致董事的獨立性受損，股東利益就會受到很大的傷害 —— 儘管他們嘴裏一直在説他們代表着股東利益。假設董事會運作正常，而管理人員卻很平庸甚至很差，那麼董事們就必須負起責任將管理人員換掉 —— 就像每一個明智的老闆都會做的那樣。如果公司管理人員能力尚可，只不過有些過於貪心，不時地會走過界想從股東的口袋裏撈錢，那麼董事們就必須及時出手予以制止。

在這種常見的案例中，當某個董事發覺有不合理的現象時，應該試着説服其他董事認同他的看法。如果他勸説成功，那麼董事會就有能力讓公司作出適時的改變。假設這位落寞的董事孤掌難鳴，無法獲得其他董事的支持，那麼他就應該讓並不在場的股東知道他的看法。當然，很少有董事真的會這樣做。很多董事的秉性與這種具有批判性的行為並不相融。但如果事態比較嚴重，我認為這樣的行動就沒有甚麼不妥。一般情況下，提出異議的董事往往會遭到那些不認同其看法董事的強烈反對，結果就是迫使這個持不同意見的董事最終止步，並被冠之以過於追逐細枝末節並有些非理性。」（1993 年信）

輔讀：由於股權大多較為分散，美國的上市公司也多多少少存在「所有者缺位」的問題。正是由於所有者的缺位，才有所謂「經理人資本主義」之説。儘管如此，美國公司的所有者缺位與我國的所有者缺位應有着本質的不同。至少，他們的所有者是真實存在的，而我們的所有者

則是較為虛幻的。記得年輕時看過一本書（書名記不起來了），裏面寫到有一位前蘇聯的母親帶着自己的兒子去動物園玩，當她們看到一隻長頸鹿時，她問孩子：你知道這只鹿是誰的嗎？面對小孩期待的目光，我記得這位母親是這樣説的：它是屬於我們每一個人的……

股權結構形態（二）

「第二類型態正好出現在巴郡身上 —— 具控制權的大股東擔任公司經理人。在某些公司，通過將公司的股權分成具有不同投票權的兩個類別，也會產生類似情況。在這種情況下，董事會明顯不再處於公司股東與經理人之間的代理人地位，除非經由勸説成功，否則董事會很難發揮其應有的影響力。因此，如果大股東自身能力平平或情況更糟（也包括不適當的『走過頭』），董事們除了表示反對外則別無它法。如果那些與大股東（也就是經理人）沒有甚麼關係的董事們能聯合起來提出反對意見，或許還管點用。但一般不會出現這種情況。」（1993 年信）

輔讀：我不知道有着類似股權結構的其他美國公司其董事會在公司管理上能發揮多大的作用，但在巴郡公司，董事會的影響力應當高於其他的美國公司。原因有二：1、巴菲特這個大股東兼 CEO 一直有着較強的小股東意識（或可稱為合夥人情結）；2、公司董事會成員中有不少人都持有大量的巴郡股票（即他們又是董事，又是股東）。

對比我國的情況，公司形態（二）表面上看好像比較契合我國國有企業的股權結構與公司治理結構，但實際上則似是而非。道理很簡單，那些掌控公司控股權的大股東們並不是實際的股東，只是代表一個虛幻的股東在行使職權而已。因此，這種股權結構下的董事會，想指望他們能為股東（包括那些已買入公司股票的小股東們）利益的最大化而行事，幾乎等於天方夜譚。

股權結構（三）

「第三種情況是公司擁有具控制權的大股東，但卻不參與公司管理。（股權結構形態三）這種形態在現實社會中有 Hershey 食品與道瓊

斯公司等，具體做法就是讓外部董事具有足夠的影響力。如果這些董事對管理人員的能力或誠信不滿意，他們可以直接向大股東反映（大股東可能是，也可能不是董事會的成員）。這種狀況很適合外部董事發揮作用，因為他只需將自己的不滿向一個或許有着直接利害關係的大股東報告，而當報告具有足夠的說服力時，後者馬上就會採取行動。不過儘管如此，對現狀不滿的董事也只能循此單一途徑發揮作用。如果他對事情的處理結果不滿意，除了選擇辭職似乎別無它法。」

輔讀：具體到我國的國有或國有控股企業，他們到底是屬於巴菲特所說的第二種公司股權結構，還是第三種公司股權結構，我看還真不好說。要說他們有控股股東並在其位、謀其政吧，但股東其實是虛的；要說他們的大股東雖然存在但不參與公司管理吧，似乎也與事實不完全相符。巴菲特這裏給我們描述的三種股權結構是否適用於我國，我暫時沒有答案。

最佳公司治理形態猜想

「邏輯上，第三種型態最能夠催生一流的管理層。在第二種型態下，公司老闆不可能把自己給解僱掉；第一種型態下，董事們會常常發現他們其實很難去影響那些表現平庸或撈過界的經理人。除非那些有意見的董事能夠獲得董事會大多數人的支持（這是一件艱難的社交活動），否則——特別是當管理層的表現儘管可恨但又罪不至死的時候——他們的手腳通常都是被牢牢捆綁住的。實踐中，被禁錮在這一狀況中的董事通常會這樣說服自己：留在董事會，或許還能做點力所能及的補救工作。與此同時，公司管理層則可以繼續為所欲為地大展拳腳。

在第三種型態下，大股東不需要進行自我評估，也不必自我擔心如何取得多數人的支持。與此同時，他還可以確保所有的外部董事都將受到仔細地篩選，董事會的總體素質也將由此得以提升。作為回報，這些被選中的董事也都清楚自己的正確建議應該講給誰聽，而不是被強硬的管理層僅當作耳邊風。如果大股東本身有智慧且有足夠的自信，他也可以自我篩選出一個有能力且能以股東利益為導向的管理層。還有，而且

更加重要的是，他能隨時改正自己所犯的錯誤。」(1993 年信)

輔讀：第一種形態屬於「經理人資本主義」，因此難以產生一流 (所謂一流，按照巴菲特的一貫思想，最重要的是事事要以股東利益為先) 的管理層；第二種形態儘管屬於「投資人資本主義」，但如果大股東才能有限，董事會也是無能為力的；第三種形態是否能催生一流的管理層，在美國也許行，在中國，這個猜想也許並不適用。我們不妨想一個問題：華僑城 (央企) 的任克雷與萬科 (股權分散) 的王石，誰更優秀？

重點	美國的股權結構及其公司治理大致有三種模式。
關鍵詞	模糊的標準、蒙混過關、獨立評估、豐厚的利益、打嗝、三種形態。

13 獨立董事

迷霧 對基金的公司治理問題巴菲特有過甚麼看法嗎？

解析 有，比如獨立董事不獨立。

在聊公司治理的話題時，巴菲特不僅涉及了一般性商業企業，也談了很多基金公司的公司治理問題，如獨立董事不獨立的問題。下面，我們就將巴菲特的有關看法分成幾個小專題分別作出介紹和討論。

獨立董事的三項基本條件

「目前外界正在大聲疾呼的是『獨立董事』制度。公司確實需要能夠在思想與言論上都能獨立的董事，但他們同時也需要有豐富的商業素養、有較高的工作興趣、並且切實能夠以股東利益為導向，而這些就是我 1993 年的那篇敍述中所提出的關於一個獨立董事本應具備的三項基本條件。」(2002 年信)

輔讀：1993 年信中的原話是這樣説的：「至於董事的聘請條件，他理應具備豐富的商業經驗、對這項工作有興趣以及能以股東利益為導向。」儘管當時巴菲特提出這三項標準時，指的是所有董事，但顯然包括了獨立董事。

三缺一

「過去 40 多年來，我曾經擔任過 19 家上市公司的董事（巴郡不算在內），至少與 250 位董事進行過互動交流。他們中的絕大多數都符合目前外界所訂立的『獨立董事』標準，但對於我在前面提到的三項基本條件，他們至少缺乏其中的一項。」(2002 年信)

輔讀：所謂三缺一，重點指的應當是董事的第一或第三項標準。當

董事酬金較高時（後面還會談到），被邀請的董事在一般情況下都是會有「較高工作興趣」的。然而這位董事是否具有「豐富的商業素養」，特別是是否處處「能夠以股東利益為導向」，就是另外一回事了。按照巴菲特語境，這個問題顯然沒有得到很好的解決。

選擇沉默 —— 包括我自己

「這樣的結果，導致他們對於股東權益的保護與促進作用極其有限，有時甚至還會是相反的。這些人雖然稱得上正派與睿智，但對於相關產業的了解卻極其有限，也不會站在股東利益的立場上去質疑不當的購併或不合理的薪酬計劃。至於我個人的表現，我必須坦率地承認往往做的也不夠好。當公司管理層作出有違股東利益的提案時，通常我也會選擇沉默。每當這時，就代表和諧感戰勝了獨立性。」（2002 年信）

輔讀：如果巴菲特都選擇沉默，其他所謂的獨立董事會怎樣做是可想而知的。這裏提供一個與巴菲特有關的新聞事件，儘管有些峰迴路轉，但我們從中還是可以看出，當巴菲特說「我也會選擇沉默」時，他並沒有說假話。先來看 2014 年 5 月 3 日來自鳳凰財經的報道：

北京時間 5 月 3 日晚間消息，巴菲特股東大會的第一個問題就是關於可口可樂高管薪酬的問題。此前可口可樂準備為高管發行新股和期權，這將稀釋現有股東的權益。據《華爾街日報》報道，巴菲特私下曾對此表示不滿，但作為可口可樂的大股東，股神麾下的巴郡沒有對計劃投反對票而是投出了棄權票。巴菲特解釋道，即便認為此計劃規模過大，存在稀釋作用，但巴郡並不打算為此跟可口可樂「宣戰」。

還記得我們之前有關管理層股票期權的討論嗎？儘管巴菲特不喜歡公司為管理層發放股票期權，但當可口可樂這樣做時，作為股東兼董事的巴菲特竟然投了棄權票。不過此事後來又發生了逆轉，請看 2014 年 5 月 1 日來自媒體的另一篇報道：

可口可樂可能會屈服於來自億萬富翁投資者禾倫·巴菲特的壓力，在其高管薪酬計劃明年生效之前對其進行修改。這一消息來得太突然，剛剛在上周，可口可樂股東們投票批准了可口可樂的高管薪酬計劃，當

時巴菲特拒絕投反對票。巴菲特持有可口可樂價值 159.8 億美元股票，佔該公司股份比例為 9.1%。巴菲特先生在最近與可口可樂首席執行官穆泰康的三次談話中都聲稱自己對該計劃持保留意見。根據熟悉內情的人士透露，這三次談話的其中一次發生在巴菲特的故鄉內布拉斯加州奧馬哈的一個晚宴上。巴菲特的企業集團，巴郡，是可口可樂的最大股東，擁有該飲料巨頭 9% 所謂股份。巴菲特曾多次表示，他討厭嚴重依賴股票期權的薪酬計劃，稱之為發給高管們的「彩票」，它們往往會產生規模巨大的獎勵。據悉，持有股票期權的人能夠在接受期權後的一定時期內用設定好的價格購買股票。本周三，巴菲特表示，他從外部已經對可口可樂的管理非常清楚，所以他認為這一薪酬計劃是過分的。巴菲特在接受《華爾街日報》的採訪時表示：「我反對這個計劃，他們知道這一點。

後來的事情最終是怎樣收尾的，我沒有再追蹤下去。不過我們從此事中多少可以解讀出一些微妙的東西。

獨立董事的兩項重要職責及實際執行情況

「讓我們進一步探討董事獨立性挫敗的問題，並參考一項關於過去 62 年來涵蓋數千家公司的調查研究。自 1940 年以來，聯邦法令規定投資公司（其中絕大部份為共同基金）中必須有一定比例的獨立董事。最早的要求是 40%，目前則提高至 50%。但不管怎樣，共同基金的董事會構成中，獨立董事佔據大多數的現象還是比較普遍的。

這些董事及董事會表面上肩負着許多責任，但實際上只有兩項職責最為重要：一是努力找到最優秀的基金經理人；二是為投資人爭取到最低的管理費。當一個人在為自己尋求投資幫助時，這兩個條件應該是最要緊的。同樣，承擔投資人信託責任的董事們，也應該把實現兩個目標作為自己首要的工作職責。然而實證顯示，這些獨立董事在這方面的表現卻乏善可陳。」（2002 年信）

輔讀：為何在「獨立董事佔據大多數」時，他們的表現仍然是「乏善可陳」呢？這就不禁讓我們會想到兩個也許並不複雜的問題：1、當獨立董事的酬勞由所聘公司支付（特別是當這筆酬勞在他的整體收入中

佔比不低) 時，所謂的「獨立性」還剩多少？2、當一個人的酬勞由某甲支付，他會有多大動力因為要維護某乙的利益而去和某甲據理力爭？

目前，我國也在上市公司和公募基金中引入了獨立董事制度，也都有人數及佔比的限制 —— 在某些委員會裏更是有硬性的規定。但如果上述問題沒有解決好，那麼當美國那邊「乏善可陳」時，你估我們這裏是否會風景這邊獨好？

執行力欠缺一：選人

「數以千計的投資公司董事會每年都要聚會一次，以行使他們的重要職責 —— 為其背後所代表的數百萬投資者選擇一個適當的人選來管理他們的私人財富。年復一年，A 基金公司選擇的都是經理人 A；B 基金公司也總是選擇經理人 B……其工作程序就像是一羣僵屍一樣食古不化。偶爾也會有董事提出反對意見，但大部分的時候，即使現任基金經理人的表現非常不盡人意，他們也一樣視而不見。我想，要等到這些可以獨立行使職務的董事們提出更換基金經理的建議，恐怕連猴子都能夠打印出莎士比亞戲劇了。當然，這些人在處理自己的資產時，肯定會及時解聘不稱職的基金經理人。但他們在受託管理其他人的資產時，卻通常不會這樣做。」(2002 年信)

輔讀：儘管基金與基金經理的評估都不是一個簡單問題，但也並非不可為。比如，如果某個基金經理連續 4-5 年的業績都很糟糕，這還是能夠說明一些問題的。這時，關於是否需要更換這個基金經理的討論就需要提到議事日程上來。但從巴菲特描繪的情況來看，此事進行的好像不盡人意。至於我國的情況，似乎也沒有那麼簡單。有些基金管理公司可能會比較嚴格，有些基金公司可能並不如此。特別是當衡量基金經理的能力與一場沒完沒了的短期淨值比拼聯繫在一起時，對基金與基金經理的評估就會變得更加撲朔迷離甚至有些荒誕的味道了。

執行力欠缺二：費用控制

「投資公司的董事們同樣也沒有能夠為投資人爭取到一個合理的管

理費（就像很多美國企業的薪酬委員會未能將該公司 CEO 的薪酬限制在合理範圍內一樣）。如果換作是你和我得到授權，我可以向各位保證，通過與絕大多數基金經理人談判，我們能很輕易地大幅降低其管理費。不過也請你相信，如果董事們被告知那些被他們節省下來的管理費，其中會有一部分可以歸其所有，我保證基金管理費一定會大幅降低。然而在現有制度下，降低管理費對於董事們來說一點好處都沒有，但對基金經理人來說則事關重大。所以，猜一猜誰會勝？」（2002 年信）

輔讀：這段話告訴我們：如果談判的一方換成是巴菲特，或者「節省下來的一部分管理費可以歸獨立董事所有」，那麼基金公司的收費標準會大幅度降低。這就說明基金公司的收費存在很大的下降空間。那麼這個下降空間究竟出在哪裏呢？我本人猜想，可能來自於對基金公司相對回報的評審中。我們都知道，過去數十年來，美國 80% 左右的基金公司回報不如標普 500 指數。與此同時，絕大多數的基金公司卻照樣收取同樣的基金管理費。這也許就是巴菲特所說需要大幅調低收費標準的原因吧。

執行力弱的原因

「現實的情況是，不論是按過去幾十年來用於約束投資公司董事的舊規則，還是按旨在建立美國企業行為規範的新規則，都無法保證能選出真正具有獨立性的董事。按照上述兩種規則，當一個董事的收入百分之百來源於董事酬勞 —— 並且他會試圖通過擔任更多的董事去提升自己的收入水平 —— 時，這個董事才被視為獨立的。這是完全沒有道理的。按照這個邏輯，擔任巴郡董事的 Ron Olson 律師反而是不獨立的，因為他每年從巴郡收取的費用僅佔其個人總收入的 3%，而且這 3% 的費用還是來自於他為公司提供的法律顧問服務，而不是董事酬金。但我們可以確定的是，不論這 3% 的收入來源於何處，都不會妨礙到 Ron 律師的獨立性。然而，如果一個人的董事酬勞佔其個人總收入的 20%、30% 或 50%，那麼這必將會影響到他的獨立性，特別是當他的收入總水平不是很高時尤其會如此。事實上，我覺得這正是美國共同基金目前面臨的

狀況。」（2003 年信）

輔讀：作為這段話的一個背景是：過去十幾年來，美國不斷提高了獨立董事的酬金，本意自然是想讓他們願意並認真執行自己的職責。但在巴菲特看來，這樣做的結果也許適得其反。據我知道的情況，我國的基金公司在過去的幾年來也在不斷提升獨立董事的酬勞，少則每月一萬，多則可能數萬甚至更高。但我們面臨同樣的邏輯問題：董事酬金的提升是否會讓獨立董事發揮更好的作用？就以巴菲特上面提到的兩種不同情況為例，誰會更「獨立」一些呢？

最後的猜想

「薪酬發放上的過量與不合理，無法通過信息披露或是聘請『獨立』董事擔任薪酬委員會的委員而進行有效的糾正。實際上，我之所以會被許多薪酬委員會拒之門外，最可能的理由就是因為在這些人眼裏，我這個董事實在是過於『獨立』了。薪酬體系的改革只有在大型機構投資者（數目不必多）要求對整個薪酬制度不時進行重新審核時才有可能出現。目前，薪酬顧問這種將『同業』水平當作薪酬設計基準的做法，恐怕還會持續一段很長的時間。」（2006 年信）

輔讀：看來巴菲特還是把希望寄託在「投資人資本主義」上面了，獨立董事在他的眼裏早已失去本應具有的光芒。至於投資人資本主義的話題，我們等會兒就會聊到。

重點	獨立董事並不獨立
關鍵詞	三項基本條件、和諧感、獨立性之善叮陳。

14 橡皮圖章

迷霧 關於信息披露是否真實的問題，巴菲特發表過甚麼意見嗎？

解析 有，比如如何對外部審計師進行管理。

財務造假、會計欺詐、使用各種財會技巧讓企業的信息披露變得雲遮霧罩、撲朔迷離，並不是我國特有的情況，美國的上市公司有時同樣會如此。如何才能有效治理這個問題？在巴菲特看來，除了其他一些必要的手段外，對公司的外部審計師進行有效的管理，也會有助於問題的解決。

審計委員會需擔起重任

「正如我們先前討論過的，近年來有太多的經理人在公司的財務數據上造假。他們要麼使用會計上的，要麼使用經營上的技巧來虛構數據。這些手法儘管表面上看起來都合法，但卻嚴重誤導了投資者。通常情況下會計師都十分了解這些欺詐的手法，但他們往往會選擇保持沉默。所以，審計委員會最主要的職責就是讓這些外部的審計師能如實報告他們所知道的事實。」(2002 年信)

輔讀：以我國的情況為例（相信美國也差不多），每一家上市公司或基金管理公司的董事會內部通常會下設若干個專業委員會，其中有兩個委員會應當必不可少：1、提名與薪酬管理委員會；2、審計委員會。所謂審計委員會，它並不直接負責對公司的財務報表進行審計，而是受託對公司的外部審計師進行管理。可以這樣說，審計委員會是董事會裏一個很重要的委員會。那麼，它們對自己的職責履行得究竟如何呢？

不應有的曖昧的關係

「要做到這一點，委員會必須能夠讓這些審計師充分認識到：誤導審計委員會的後果，要比得罪管理層更加嚴重。近幾年來，會計師的想法似乎剛好相反。他們往往把公司的 CEO 而不是公司的股東或董事當作自己的客戶，這是他們每天都要和管理層一起工作的一個自然結果。他們很清楚，不管審計報告如何寫，支付給他們酬勞以及決定他們能否繼續為公司服務的是公司的 CEO 和 CFO。近年來，修正的法令依然無法改變這個基本現實。要真正打破雙方這種曖昧的關係，唯有讓審計委員會十分明確地告知這些審計師：如果不將他們所發現或懷疑的事情合盤託出，將承擔巨額的罰金。」(2002 年信)

輔讀：為何會出現這種情況，管理外部審計師的不是審計委員會嗎？話雖如此，但實際情況則要略顯複雜一些。儘管審計委員會對公司的外部審計工作負有監督責任，但每天和這些外部審計師一起工作的卻是公司的行政管理人員，「支付給他們酬勞以及決定他們能否繼續為公司服務」的，在這些人看來，是公司的 CEO 或 CFO，而不是甚麼審計委員會。還記得我們以前討論過的「為麵包而歌」的問題嗎？如果這些外部審計師認為手中的麵包是公司 CEO 給的，那麼，一個「聰明」的審計師自然就會對 CEO 惟命是從。

審計委員會的四個問題

「我個人認為，審計委員會可以通過向外部審計師詢問以下 4 個問題來實現這個目標 (委員會應當將他們的回覆全部記錄下來並及時報告給公司股東)。這四個問題是：(1) 如果是由貴審計師單獨負責本公司財務報表的編制，那麼你的做法會不會與現有管理人員準備的這份報表有所不同？如是，那麼是有重大差異還是非重大差異？如果審計師的做法有任何的不同，那麼就需要將管理人員的爭辯和審計師的回覆同時予以公佈，然後由審計委員會來進行評估。(2) 如果貴審計師是一個投資人，那麼你是否認為已經收到了 —— 用通俗易懂的語言 —— 足以讓你清晰

了解這家公司在報告期內財務狀況所需要的所有信息？（3）如果貴審計師是本公司的 CEO，那麼你認為本公司的財務報告是否已經嚴格遵循了所有你認為必要的編制程序？如果不是，都有哪些差異？原因是甚麼？（4）貴審計師是否知曉公司管理人員有任何——通過財務或經營上的舉措——將公司的收入或費用在不同報告期內進行騰挪的行為？

如果審計委員會能認真詢問以上 4 個問題，那麼其組織架構（這是大部分改革的焦點）如何就一點也不重要了。此外，這一做法還可以大大節省時間與成本。一旦審計師能夠面對這樣的詢問，他們就會乖乖地負起自己的職責。否則，嗯，結果想必大家已經知道了。」（2002 年信）

輔讀：我們現在所看到的外部審計師報告，給出結論的核心內容大多都是上市公司是否「真實」地記錄了當期營運的情況。但如何界定「真實」呢？這裏面應當還有很大的騰挪空間，否則，也就沒有甚麼所謂的會計技巧之説了。巴菲特的四個問題，對細化和深化審議委員會的工作職責顯然會有一些幫助。如能認真執行，對外部審計師也應能起到一些震懾作用。不過，有哪家公司的審計委員會會真的這樣做呢？還記得我們對所謂「董事會氛圍」問題的討論嗎？在一片和和氣氣、歡聲笑語中，又有多少審計委員會會對公司 CEO 或 CFO 的工作提出挑戰呢？

橡皮圖章

「我們列舉的這些問題，應當在財務報表正式對外公佈的前一周就提出來。這樣的時間安排，可以讓審計委員會有充足的時間去了解審計師與公司管理人之間存在的差異並將問題予以解決。如果時間定得太緊——比如在審計委員會與外部審計師正在溝通時，公司需要馬上公佈它的利潤數據——這將會使審計委員會在時間壓力下變成一個橡皮圖章。『倉促』是『精確』的敵人。我個人認為，證管會最近縮短公司財報公佈時間的做法，將嚴重影響股東接收財務信息的品質。查理和我認為，這樣的規定根本就是個錯誤，應該立即予以撤回。」（2002 年信）

輔讀：美國證監會對不同類型和不同規模的公司有不同披露時間上的要求，有些公司需要快一些，有些公司則可以慢一些。不過我倒是覺

得「橡皮圖章」早已深深嵌入我們討論過的「董事會氛圍」裏了，至於信息披露的快與慢會對審計委員會的工作帶來甚麼影響，這只是一個次生的問題。這裏我們想要問的一個問題也許是：從 2002 年巴菲特提出這些呼籲至今，不知有多少上市公司的審計委員會採納了這些建議？

他們代表的究竟是誰？

「我現在站在自己的肥皂箱上發表演講，只是因為那些露骨的錯誤行為不斷發生且背叛了數百萬投資人的信任。許多業內人士相當清楚事件發生的真相，但沒有人敢公開站出來説一句公道話，這最終促成 Eliot Spitzer 檢察官以及協助他辦案的執法同仁開始着手進行一次大清掃。我們敦促那些基金董事們能夠將這項工作延續下去。就像全美其他公司的董事們一樣，這些受託人士現在需要作出決定：他們代表的究竟是投資人還是公司經理人。」（2003 年信）

輔讀：巴菲特的這段小結式表述指責的不僅是審計委員會，還有公司董事會以及董事會下設的其他所有的專業委員會。作為本節討論的結束，我想説的是：公司治理問題已經困擾了我們很多年 —— 美國差不多是 100 年，我們則至少也有半個世紀了，但問題解決的似乎仍不夠理想。就以獨立董事為例，無論是美國還是中國的上市公司（包括基金公司），折騰來折騰去，各種政策不知變了多少回，但獨立董事難以獨立的問題今天依然存在。

重點　「四個問題」可有效提高審計委員會的工作成效。

關鍵詞　保持沉默、曖昧關係、四個問題、橡皮圖章。

15 所有者資本主義

迷霧 關於公司治理，巴菲特還發表過甚麼獨特看法嗎？

解析 所有者資本主義。

巴菲特所說的「所有者資本主義」，指的又是一種甚麼情況呢？

理想狀態一：同乘一條船

「真正的獨立，代表的是當一個處於強勢的 CEO 犯下錯誤或是幹出愚蠢的事情時，董事要有敢於挑戰其權威的勇氣 —— 這也是公司董事所應具備的最重要的特質之一。可惜，這種特質目前極為少見。只有在下列人羣中，我們才有望找到真正具備這一特質的人：品格高尚且其個人利益與公司股東的利益基本一致 —— 最好是高度一致。」（2003 年信）

輔讀：品德高尚這事兒有點可遇不可求，因此我們先放在一邊。接下來的前提條件則是很清晰的：公司的董事必須「與股東利益基本一致 —— 最好是高度一致。」沒有這個前提條件，所謂董事的獨立性（與其說獨立性，不如說他們能為股東利益保駕護航）就得不到保障。那麼甚麼才叫基本一致或高度一致呢？我們接着往下看。

理想狀態二：資深乘客

「在巴郡，我們已經找到了這樣的人。公司現在一共有 11 位董事，其中每一位 —— 包含其家族成員在內 —— 都持有價值超過 400 萬美元的巴郡股票。此外，他們持股的時間都已延續了很多年。11 位董事中有 6 位董事及其家族，其持有巴郡股票的市值已達數億美元，持股時間更是長達 30 年之久。所有 11 位董事持有的股票與其他股東一樣，都是從公開市場用自己的錢買來的。我們從來沒有發放過股票期權或有限制權的股票。查理和我喜歡這種較為純粹的持股方式。畢竟，沒有人喜歡去

沖洗一輛租回來的轎車。」(2003 年信)

輔讀：所謂基本一致或高度一致，說白了就是你和其他股東一樣有真金白銀投資在公司身上。當公司被比喻成一條船時，甚麼才叫資深乘客？一來你是一個老乘客，二來你的屁股底下必須壓着一大筆錢。在巴菲特看來，只有這樣的資深乘客，才稱得上董事這個名銜。

理想狀態三、第一落水者

「我們對董事的要求底線是，如果股東贏，他們贏得更多；如果股東輸，他們輸得更慘。我們的方式或許可以被稱之為所有者資本主義。我們不知道還有甚麼更好的方法可以對獨立性作出保障（不過這樣的安排也無法保證一定會有完美的行動：我在許多巴郡擁有巨大利益的公司擔任董事，但是當一些有問題的決議被橡皮圖章一樣的董事會表決通過時，我通常會保持沉默）。」(2003 年信)

輔讀：在這段話裏，巴菲特指出了「所有者資本主義」的前提條件：「股東贏，他們贏得更多；股東輸，他們輸得更慘。」這裏需要強調一下：所謂輸贏，是指公司內在價值的長期前景，而不是下一個季度或下一個年度的股價。為何當機構投資者以投資人的面孔出現時，反而引起了一場關於「機構投資者與公司經理人誰更在乎企業的長期前景」的話題之爭（有關內容可參閱《罷黜董事長》一書）？原因就在於：有時機構投資者反而比公司經理人更在乎公司的短期表現。

當股東贏，董事贏得更多；當股東輸，董事輸得更慘時，我們就可以說：如果船翻了，董事們是第一批的落水者。而只有這樣我們才能夠說：公司進入了「所有者資本主義」狀態。

理想狀態四：有較高的商業素養

「除了要保持獨立性，作為一名董事，還必須具有商業頭腦、以股東利益為導向、以及要在其擔任職務的公司中擁有真正的個人利益。在這三項條件中，第一項尤為難得，但如果缺乏這一項，其他兩項的作用也就不大了。社會上有許多頭腦聰明、口齒伶俐且受人尊敬的人物，但

他們對生意缺乏足夠的了解。這並不是他們的錯，他們在別的領域或許都可以大放光芒。但他們並不適合待在公司董事會內。同樣，如果讓我擔任一家醫學或科技公司的董事，也將不會有任何的作為（儘管我有可能是一些喜歡獨斷專行的董事局主席所歡迎的對象）。我個人的名聲或許可以給一份董事名單增添一些光彩，但我可能無法對一項生意決定作出精確的評估。除此之外，為了要掩飾個人的無知，我可能會選擇沉默（你可以想像那將是一種甚麼樣的境況）。事實上，如果我的位置由一個盆景來取代，可能也不會帶來任何的損失。」（2003 年信）

輔讀：如果美國如此，那麼中國呢？當經濟學家、大學教授、社會賢達以及退休的政府官員逐一被高調地聘入公司董事會時，他們是否都符合巴菲特所說的三項標準？

理想狀態五：真正獨立

「在為公司挑選新董事時，我們沿用一套多年的標準：1、以股東利益為導向；2、較好的生意悟性；3、利益相關；4、真正獨立。我之所以說要『真正』獨立，是因為現在許多被監管當局和市場觀察家們看作是獨立的董事，其實一點都不獨立，因為他們的日常生活在很大程度上依靠的是他們的董事費用。這類以不同形式支付的款項，通常每年在 15 萬至 25 萬美元左右。這樣的收入，與這些『獨立』董事的其他收入已經相差無幾，甚至還略有超過。而且 —— 令人不無驚訝地 —— 董事酬勞在近年來更是出現了暴漲。」（2006 年信）

輔讀：跟隨美國的腳步，最近幾年我國上市公司以及基金管理公司的董事酬金也先後得到了較大幅度的提升。如果按年度算的話，少則十幾萬，多則幾十萬的都有。雖然不敢說這些酬金已多到讓公司董事的「日常生活在很大程度上」要依靠它們，但數目已多到足以讓人不能輕易忽視的地步。在這一前提下，如果董事會氛圍再融入一些不健康的因素，所謂董事的獨立性就可想而知了。

以上我們介紹了巴菲特筆下關於如何實現「所有者資本主義」的五種理想狀態以及巴郡公司為此所做的一些努力。那麼美國的其他公司做

的又如何呢？在巴菲特的眼裏，那又是一種甚麼樣的狀態呢？

現狀一、諾亞方舟上的物品

「芒格和我相信，我們提出的這 4 項標準，是公司董事能夠充分履行其職責 —— 即依法忠實地代表股東利益 —— 的基本條件。但現實中，這些標準通常都被大家所忽略。取而代之的是，正如那些正在為董事會尋覓董事人選的顧問們以及公司 CEO 們常常所說的：我們要找的是『一名女性』、『一位西班牙裔』、『一個來自海外的人士』等。他們的工作，聽起來好像是在為諾亞方舟存放不同的物體。許多年來，我曾多次被詢問有關董事標準的問題，但從來沒有人問過我：『他能否像一個很有智慧的股東那樣提出問題？』」（2006 年信）

輔讀：這段話如果放在我國國內，是否也同樣適用呢？

現狀二、傷寒瑪麗

「我在去年的股東信中曾提到，儘管我擔任了 19 家公司（不含巴郡及其控股公司）的董事，但幾乎所有這些公司的薪酬委員會都把我視同『傷寒瑪麗』（Typhoid Mary）而避之唯恐不及。只有一家公司邀請我擔任了薪酬委員會的委員，但在大多數的關鍵問題上，我的意見都會立刻遭到多數人的否決。在如何處理公司 CEO 的薪酬問題上面，我的經驗可謂豐富，受到如此廣泛的排斥，着實有些古怪。不管怎樣，我本人是巴郡薪酬委員會的唯一成員，為公司旗下近 40 個重要營運事業的 CEO 拍板他們的薪酬和獎勵計劃。」（2006 年信）

輔讀：傷寒瑪麗本名叫瑪麗・梅倫（Mary Mallon），瑪麗雖然身體一直健康，卻攜帶傷寒桿菌，所以得名 Typhoid Mary。後來相繼傳染多人，最終被隔離在紐約附近一個名為「北兄弟島」的傳染病房。因此，傷寒瑪麗常被人泛指為那些社會惡習的擴散者，人們對其避之則吉。」

現狀三、客戶的遊艇

「一家公司提供給 CEO 的薪酬與獎勵，很快就會被其他公司複製。

『別家小孩都這樣』的想法，對於公司董事會來說也許是過於幼稚了，根本不能構成效仿的理由。然而那些薪酬顧問們可不這樣想，當他們向薪酬委員會提出薪酬調整的建議時，正是以此為依據──當然，他們會採用一些更優雅的詞彙。」

輔讀：《客戶的遊艇在哪裏》是小弗雷德於上世紀 40 年代寫的一本書，在書的扉頁寫着這樣一段話：「很久很久以前，在那個可愛的蕭條時期，一位外鄉人正在參觀紐約金融區的景象。當他們到達巴特利時，一位嚮導指着一羣停泊在港口的豪華船隻說道：瞧，那些就是銀行家和經紀人的遊艇。天真的遊客於是問：那客戶的遊艇在哪裏呢？」。

現狀四、他們毫髮無傷地離去

「把幾家全國最大金融機構業務搞砸的，不是公司股東。然而卻由他們承擔了最後的結果：在大多數的案例中損失了自己 90% 甚至更多的私人財富。總計下來，在過去兩年 4 個最大的金融慘敗中，這些公司的股東已經損失了 5,000 多億美元。現在如果說這些股東已被『解救』（bailed-out）了，那麼就是對『解救』這個詞的最大嘲諷。」

「然而，把這些金融機構搞砸的 CEO 和董事們，一個個地卻都幾乎是毫髮無傷地離開了。的確，在這場因他們的工作失職而帶來的災難中，他們的私人財富也有一些減損，但總體上，他們豪華的生活水準並沒有因此而降低。正是這些 CEO 和董事們的生活狀態才應當改變一下了：如果因為他們的工作失誤而讓公司和國家受到了傷害，他們就應當付出更高的代價，而不是由已被他們傷害的公司或者保險機構來買單。長期以來，這些公司主管和董事們已經享受了太多的胡蘿蔔了，是時候在他們的職業生涯中加入一些大棒了。」（2009 年信）

輔讀：慚愧，竟一時不知道該說些甚麼。

重點	在公司治理領域，實現所有者資本主義還有很長的路要走。
關鍵詞	高度一致、純粹的持股、所有者資本主義、商業頭腦、真正的獨立、大棒。

16 資本利得稅

迷霧 巴菲特是因為美國有較高的資本利得稅才進行長期投資的,是這樣的嗎?

解析 當然不是。

美國股市與中國股市目前有一個很大的不同,那就是美國股市有資本利得稅——因賣出股票而獲利的部分需繳納所得稅——而我國則暫時還沒有徵繳這項賦稅。基於此,我常常聽到有人說巴菲特之所以會長期投資,就是因為美國有較高的資本利得稅。根據這句話的邏輯(他們也確實是這樣認為的),由於我國沒有資本利得稅,因此大可不必進行長期投資。事實究竟如何呢?巴菲特選擇長期投資只是因為避稅嗎?本節將圍繞這個話題展開討論。

溫克爾式投資

「基於稅法運作的方式,我們更偏愛溫克爾式的投資(Rip Van Winkle),因為與快速進出的方法相比,它有一個很重要的數學優勢。下面讓我們用一個極端的例子來作出說明。假設巴郡只有 1 美元可用於投資股票,每年都有 100% 的回報,然後我們把股票售出,然後將售出後的稅後所得,再用同樣的方法重複操作 19 次。那麼 20 年後,依照 34% 的資本利得稅,我們貢獻給國庫的總金額為 13,000 美元,而我們自己則可以拿到餘下的 25,250 美元。嗯,看起來還不錯。然而如果我們把上述操作轉變成一項單次操作:即一次性投資 20 年,我們最後的股票淨值就會變成 1,048,576 美元。在扣除 34%——即 356,500 美元——的所得稅之後,可實得 692,000 美元。」

輔讀:溫克爾式投資的背後是一部著名的短篇小說。

《瑞普·凡·溫克爾》(Rip Van Winkle)是美國作家華盛頓·歐文

（Washington Irving，1783-1859 年）創作的一部著名短篇小說。這篇小說鄉土風味濃鬱，充滿浪漫主義奇想……書的背景是荷蘭殖民地時期的美國鄉村。書中的主人公瑞普為人熱心，靠耕種一小塊貧瘠的土地養家糊口。有一天，他為了躲避嘮叨兇悍的妻子，獨自到附近的赫德森河畔茲吉爾山上去打獵。他遇到當年發現這條河的赫德森船長及其夥伴，在喝了他們的仙酒後，就睡了一覺。醒後下山回家，才發現時間已過了整整二十年，人世滄桑，一切都已十分陌生。他現在已由英王的臣民變為合眾國的一個自由的公民。

這個故事與投資有甚麼關聯呢？其實故事的重點就在於：溫克爾在睡了長達 20 年以後，一切都已發生了改變，而巴菲特是借用這個故事中的人物，形容他的長期投資好比是「睡了一覺」，醒來後一切都已不同。

所得稅的支付時點

在 1989 年的致股東信裏，巴菲特繼續說道：「之所以會有如此大的差異，原因就在於支付所得稅的時點不同。有趣的是，政府從第二種方法所得到的稅收是第一種方法的 27 倍（356,500 美元 /13,000 美元）——只是他們需要等到最後才能拿到這筆稅金。」

輔讀：關於「時點不同」，懂現金流折現的讀者應當能理解其中的含義。資金是有時間價值的，支付（或收到）某筆資金的時點不同，自然就會有不同的結果。而政府是否會一家公司的「避稅」而普遍受益，則是另一個故事。公司如果選擇溫克爾式的投資，等於是把政府的資本利得稅給「截留」了下來，而這筆被截留資金的使用效果，自然就決定了政府會否因為資金被截留而受惠。由於巴郡每股淨值的年複合增長高達 20% 上下，因此政府不僅沒有因資金被截留而受損（僅就投資回報而言），反而最終是加大了收益。

那麼巴菲特是否只是因為可以延遲繳納資本利得稅才採用長期投資策略的呢？當然不是，在同一年的致股東信中，他這樣寫到：「需要指出的是，我們不是簡單基於這種算數上的優勢而選擇長期投資的策略。事實上，經常性地買賣股票反而有可能使我們的稅後利潤顯得更高一些。

許多年以前，查理和我就是這樣操作的。」

　　輔讀：所謂「經常性地買賣股票反而有可能使我們的稅後利潤顯得更高」，是指當巴菲特選擇把「浮盈」的股票進行獲利了結時，繳交資本利得稅後，餘下的錢可以計入巴郡的當期利潤。而如果他選擇一直不賣股票，那麼投資收益（股票價格的提升）就只能反映在公司的每股淨值上，而不是當期利潤上。

重點	溫克爾式投資可以因「避稅」而提高回報，但不構成長期投資的基本前提。
關鍵詞	溫克爾式投資、數學優勢、資本利得稅、支付時點。

17 價值投資

迷霧　人們稱巴菲特的投資為價值投資，他自己又是怎樣看待這個問題的呢？

解析　只要是投資，都應當是價值投資。

1996-1997 年期間，我當時在香港工作。當時一位在外資投行工作的朋友（哥倫比亞大學畢業，聽過巴菲特的課）來到我的辦公室，手中拿着一份資料。翻開資料後，他一邊看一邊向我說明：巴菲特的投資模式是「價值投資」，而不是我們慣常理解的「價值型投資」。從那以後，我第一次了解到了原來價值投資不同於我們所知曉的價值型投資。

巴菲特自己是如何看待這個問題的呢？從 1992 年致股東信中尋答案。

看法一：總標尺

「我們在股權投資上的操作策略與 15 年前相比並無甚麼變化，我們在 1977 年的年報中曾經指出：『我們在股票投資時所採用的評估方式與買斷一家公司的全部股權沒甚麼兩樣。我們希望投資對象：(1) 能夠被我們所了解；(2) 具有良好的長遠經濟遠景；(3) 由才德兼具的人所經營；(4) 有非常吸引人的價格。』考慮到目前兩個市場（私人股權與證券市場）的條件和我們現有的資金規模，我們現在決定將『非常吸引人的價格』改成『吸引人的價格』」。

輔讀：前文已討論過這個問題，這裏重新作出介紹只是想強調：你做到了這四條，就等於是在做價值投資了。不過需要強調的是：以價值為導向的投資，操作策略其實並不完全一致，有基於企業資產負債表的價值投資，也有基於企業現金流量表的價值投資；有短期的價值投資，也有長期的價值投資。如果你想遵循巴菲特式的價值投資，光符合四條

標準還不夠，還需要做到知其然，也知其所以然：巴菲特之所以手中有四把尺，是因為他是在以一個企業所有者的視角進行投資。

看法二：關於成長與價值

「或許你會問，如何確定價格夠不夠『吸引』呢？在回答這個問題時，大部分的分析師通常都會在兩種看起來對立的方法中做選擇：『價值』與『成長』。事實上，在許多投資專業人士眼裏，任何試圖將這兩種概念予以混合的做法，都像是一個人身着異性服裝一樣奇怪。

我們覺得這種觀念有些似是而非（我必須承認幾年前我也曾受到這一觀念的束縛）。在我們看來，這兩種方法本為一體：在計算一家公司的價值時，成長是一個不可或缺的變量，這個變量的作用可大可小，其影響可能是正面的，也可能是負面的。」

輔讀：這裏面的邏輯關係應當並不複雜：因為是價值導向的投資，所有你要看現金流；要看現金流，就必須計算不同時點上的數據；要計算這些數據，你必須給出它們的成長率。因此，當你想要進行「價值」投資時，根本就繞不開「成長」率這一環節。因此所謂價值和成長，它們本為一體。

看法三：多餘的稱呼

「此外，我們認為『價值投資』這一特別的提法也是多餘的。如果所投入的資金不是為了追求相對應的價值的話，那還是投資嗎？明明知道所支付的價格已高出其所對應的價值，只是寄望在短期之內可以用更高的價格賣出，這是投機行為（儘管投機行為既不違反法律，也不違背道德，但就我們的觀點來看，它也不會讓你的財富有所增加。」

輔讀：說起股票的投資風格，我們知道有個成長型投資，還有個價值型投資。前者是為了追求企業的快速成長而甘願犧牲近期的回報（即高市盈率），後者則因為不看好企業的前景而要求必須有較高的近期回報（低市盈率）。按照舊有的解釋，這些都不算是價值投資。所謂價值投資，正像我開頭講的那個故事一樣，是基於企業價值的投資。當這個價

值表現為不同的形式時，就產生了不同風格或不同含義的價值投資。說到價值投資的風格，我們可以舉出葛拉漢式的，邁克爾·布萊斯式的，約翰·鄧普頓式的，彼得·林奇式的以及巴菲特式的等等。但不論是哪種投資風格，都是基於企業的「價值」進行投資。因此，如果這個稱呼只是為了與價值型投資進行區隔，則情有可原；如果這個稱呼只是想與投機進行區隔，則巴菲特的觀點是有一些道理的。

看法四：錯誤的信號

「不管恰當與否，『價值投資』這個提法已被廣泛使用。一般而言，它代表投資人以較低的市淨率、市盈率或高股息收益率買入股票。但不幸的是，就算是具備以上所有條件，投資人還是很難確定所買入的東西是否物有所值，從而確保他的投資是依獲取價值的原則在進行。相對地，以較高的市淨率、市盈率或低股息率買入股票，也不一定就不是一項有『價值』的投資。」

輔讀：我們一起來看兩張經簡單假設和計算後的表格：

表 4.11　A 公司的股價增長（PE：25；EPS 年均增長率 15%）

	當年	5 年後	10 年後	15 年後	20 年後
每股收益	1 元	2 元	4 元	8 元	16 元
市盈率	25 倍	25 倍	25 倍	25 倍	25 倍
每股價格	25 元	50 元	100 元	200 元	400 元
期末股價 / 期初股價		200%	400%	800%	1600%

表 4.12　B 公司的股價增長（PE：15；EPS 年均增長率 7%）

	當年	5 年後	10 年後	15 年後	20 年後
每股收益	1 元	1.40 元	1.97 元	2.76 元	3.87 元
市盈率	15 倍	15 倍	15 倍	15 倍	15 倍
每股價格	15 元	21.0 元	29.5 元	41.4 元	58.1 元

	當年	5 年後	10 年後	15 年後	20 年後
期末股價 / 期初股價		140%	197%	276%	387%

哪家公司更像價值投資：是高市盈率的 A 公司，還是低市盈率的 B 公司呢？

看法五：成長陷阱

「只有在資金投入到可以帶來更多回報的項目上時，投資人才有可能因成長而獲益。或者說只有當企業每投入的一塊錢可以在未來創造超過一塊錢的市場價值時，成長才有意義。那些只能獲取低回報卻需要不斷投入新資金的項目，成長反而會傷害到投資人的利益。」

輔讀：我們還是用兩組假想的數據來做一個說明（數據不一定嚴謹）：

表 4.13　A 公司每股收益的變化 (每股淨值按 10% 遞增)

	第一年	第二年	第三年	第四年	第五年	第六年
淨資產收益率	15%	15%	15%	15%	15%	15%
每股淨值 (元)	1	1.1	1.21	1.33	1.46	1.61
每股收益 (元)	0.15	0.165	0.18	0.20	0.22	0.24

表 4.14　B 公司每股收益的變化 (每股淨值按 10% 遞增)

	第一年	第二年	第三年	第四年	第五年	第六年
淨資產收益率	15%	14%	13%	12%	11%	10%
每股淨值 (元)	1	1.1	1.21	1.33	1.46	1.61
每股收益 (元)	0.15	0.15	0.15	0.16	0.16	0.16

數據顯示，如果是 A 公司，當每股淨值逐年遞增時，每股收益也會

隨之增長；如果是 B 公司，儘管每股淨值每年仍按 10% 遞增，但每股收益卻因為淨資產收益率的下降而逐年遞減。B 公司的業務以及資本需求也許一直在成長，但這種成長，(有可能)「反而會傷害到投資人的利益」。

看法六：價值公式

「John Burr Williams 在其 50 年前所寫的《投資價值理論》(The Theory of Investment Value) 中，便已提出計算價值的公式，我把它濃縮如下：任何股票、債券或企業的價值，都將取決於將資產剩餘年限的現金流入與流出以一個適當的利率加以折現後所得到的數值。」

輔讀：儘管在某一年的股東會上芒格調侃巴菲特，說自己從未見過他計算一家公司的現金流折現值，但遍覽巴菲特歷年的致股東信後，你會發現巴菲特並沒有在說謊 —— 他的確是有計算的，不過計算的方式是否真的每次都列出一個現金流量表（比如像《勝券在握》一書的附表那樣），我覺得倒也未必。

看法七：債券是特殊的企業

「請特別注意，儘管這個公式對股票和債券投資同樣適用，但兩者之間卻存在着一個重要且很難處理的差異：債券因為有息票與到期日，因此可以清楚地界定出未來的現金流。但對於股票，投資分析師必須自己去評估未來的息票。此外，管理層的質素對於債券息票的影響相當有限，最多也就是延遲利息的發放。但是對於股票來說，管理層質素的高低將會對『票息』產生巨大的影響。

經過現金流折現後，投資人應選擇的是價格相對於價值最便宜的投資標的 —— 不論其生意是否增長、利潤是否穩定、市盈率或市淨率是高還是低。此外，雖然大部分的價值評估顯示股票的投資價值高於債券，但這種情況並不絕對。如果計算出來的債券價值高於股票，投資人就應當買入債券。」

輔讀：既然債券也有現金流，那麼它的內在價值計算也應當等同於股票。儘管整體上講股票的內在價值應當高於債券，但當債券出現嚴重

的錯誤定價時，它的投資價值就會顯現出來，這也是巴菲特不時會投資債券的其中一個原因。債券是特殊的企業，股票是特殊的債券，這些都是巴菲特帶給我們的非常珍貴的投資思想。

看法八：兩項準則

「雖然用於評估股權投資的數學計算並不難，但即使是一個經驗豐富、智慧過人的分析師，在估計未來『息票』時也容易出錯。在巴郡，我們試圖用兩種方法來解決這個問題：首先，我們試着堅守在我們自認為了解的生意上，這表示它們必須簡單易懂且具有穩定的特質。如果生意比較複雜且經常變來變去，我們實在沒有足夠的智慧去預測其未來的現金流。附帶說一句：這一點不足不會讓我們有絲毫的困擾。就投資而言，人們應該注意的不是他到底知道多少，而是能夠清晰地界定出哪些是自己不知道的。投資人不需要做太多對的事情——只要他能儘量避免去犯重大的錯誤。第二點一樣很重要，那就是我們在買股票時，必須要堅守安全邊際。如果我們計算出來的價值只比其價格高一點點，我們就不會考慮買進。我們相信，葛拉漢十分強調的安全邊際原則，是投資人走向成功的基石所在。」

輔讀：第一條是講能力圈問題，第二條是講安全邊際問題，由於在相關章節中我們都有討論，這裏就不贅言了。

重點	投資自然應當以價值為導向。
關鍵詞	本為一體、多餘、價值公式、同樣適用、兩種方法。

18 白天與黑夜

迷霧　巴菲特是如何看待有效市場理論的呢？

解析　市場「常常」有效與市場「永遠」有效的區別，如同白天與黑夜。

市場真的有效嗎？這個問題差不多已經爭論了近半個世紀，直到今天，似乎也沒有一個讓所有人都能信服的結論（再過 50 年可能也不會有）。因觀察的視角不同，爭論的各方都有自己的「證據」，且對那些於自己不利的證據嗤之以鼻。究竟誰是誰非，這個問題恐怕還要繼續爭論下去，讀者只能在本次的討論中作出自己的判斷了。

關於華盛頓郵報

「1973 年中期，我們以不到當時每股內在價值四分之一的價格買進華盛頓郵報的股票。計算價格與價值間的比率並不需要非凡的眼光，大部份的證券分析師、媒體經紀人和經營者跟我們一樣，對該公司內在價值的評估大約在 4 億至 5 億美元之間。但是，市場給出的估值卻僅為 1 億美元左右。我們的優勢在於對此事的態度：我們從葛拉漢那裏學到的是，成功投資的關鍵是當有着出色生意的公司其內在價值被市場嚴重低估時，買進他們的股票……

美好的結局現在你們已經知道了。Kay Graham —— 華盛頓郵報的 CEO —— 運用其無比的智慧與勇氣，一方面通過其極佳的管理才能將公司的內在價值進一步提升，一方面大手筆地以便宜的價格大量買回公司的股票。在此同時，投資人也開始認識到公司具有特殊的經濟特質，公司股價逐步回升到與其內在價值相匹配的位置。在這一過程中，我們獲得了三重收益：1、公司內在價值的提升；2、股票回購進一步增加了每股價值；3、隨着折價幅度的縮小，股票市值的提升速率快於內在價值的提升速率。除了 1985 年依照持股比例賣回給公司的那些股份外，

我們一直持有我們在 1973 年買入的所有股份。至去年年底，持股市值加上已賣出股份的所得合計為 2.21 億美元。」（1985 年信）

輔讀一：從 1973 年的 1000 萬美元（當時巴郡的持股市值）到 1985 年 2.21 億美元，期末淨值是期初的 22.1 倍，年複合回報為 29.4%。

輔讀二：1974 年，也就是巴菲特買入的一年後，該公司的股價又下降了 25%。我們如果再以期初的 800 萬美元計算，1985 年的期末淨值就是 1974 年淨值的 27.6 倍，年複合回報為 35.2%。哪個定價錯了？是 800 萬美元那次，還是後來的 2.21 億美元那次？

輔讀三：同期指數又增長了多少呢？即使我們以 1974 年 12 月 6 日的低點 577.6 為期初點數，以 1987 年 1 月 8 日首次道指突破的 2000 點為期末點位，這十幾年股票指數的年複合回報也就是 10% 左右。

有效市場的來源

「然而在 1970 年代的早期時，大部份的機構投資人卻認為股票的投資價值與他們買進賣出的價格並無太大關聯。現在看這個觀點實在是有點兒令人難以置信，然而當時的市場是因為受到了某個知名商學院所提出的一項新理論的影響。該理論認為股票市場具有很高的效率，計算企業價值對於投資沒有甚麼幫助（我們真是欠這些學者太多了 —— 不管是打橋牌、下國際象棋還是舉行選股比賽，當對手被告知任何思考都是浪費時間時，還有甚麼能比這個更對我們有利？）」（1985 年信）

輔讀：我們來看一個第三方眼中的有效市場理論。以下這段摘錄來自哈佛大學教授安德瑞・史萊佛所著《並非有效的市場》一書：

「EMH 理論建基於三個逐漸放鬆的假定之上。首先，投資者被認為是理性的，所以他們能對證券作出合理的價值評估；其次，在某種程度上某些投資者並非理性，但由於他們之間的證券交易是隨機進行的，所以他們的非理性會相互抵消，所以證券價格不會受到影響；最後，在某些情況下，非理性的投資者會犯同樣的錯誤，但他們在市場中會遇到理性的套利者，後者會消除前者對價格的影響。」

套利會讓市場變得「有效」嗎？如是，葛拉漢與巴菲特師徒二人連

續 60 多年的套利成功又如何解釋？

擲飛鏢

「前面提到的套利活動，讓我們有必要簡要討論一下有效市場理論。這一理論現在已變得非常流行，尤其在 1970 年代的學術圈，它幾乎被奉為神明。這一理論認為：股票分析是沒有用的，因為所有公開的信息均已恰當地反應在股價上。換句話說就是，股票市場是無所不知的。做為一項推論，傳授這一理論的教授們做了一個比喻：一個人用擲飛鏢的方法隨機射出的股票組合，可以媲美由最聰明、最努力的證券分析師所篩選出的股票組合。」（1988 年信）

輔讀：不要以為這是巴菲特在主觀臆想，下面這段摘錄來自《漫遊華爾街》：

「隨機漫步是指人們無法根據過去的行動預測未來的步驟或方向。這一詞語運用到股票市場，是指股價的短期變動不可預測，各種投資諮詢服務、收益預測和複雜的圖形都毫無用處。在華爾街，隨機行動是一個令人生厭的詞語，是一個由學術界杜撰出來的，對專業預言者有冒犯的名詞。從極端的邏輯意義上講，它意味着一個被蒙住雙眼的人胡亂投鏢於報紙的金融專欄，挑選出一種證券，其收益可與由專家精心挑選的證券相媲美。」

人們究竟應當如何看待有效市場理論呢？

觀點一、白天與黑夜

「令人驚訝的是，有效市場理論不但為學術界所歡迎，也被許多職業投資人與公司經理人所接受。在正確地觀察下，我們可以說股票市場『常常』是有效的。但學者們卻給出了一個錯誤結論：股票市場『永遠』是有效的。這兩者之間的差異，如同白天與黑夜。」（1988 年信）

輔讀：我們不妨以中國股市為例：上證綜指從 25 年前的 100 點一路上漲至 2015 年底的 3539 點，也許它是有效的（年複合增長 15% 左右）。至少，它與同期的 GDP 增速差不多。但當它在 2005 年 7 月 11 日

的 1011 點、2006 年 7 月 11 日的 1745 點、2007 年 11 月 1 日的 5914 點、
2008 年 11 月 1 日的 1729 點上時，是不是也是有效的呢？

觀點二、愚蠢的理論

「以我個人在葛拉漢 -- 紐曼公司、巴菲特合夥企業以及巴郡公司
連續 63 年在套利操作上的所見、所聞與所做，已足以説明有效市場理
論有多麼的愚蠢（當然證據遠不止這些）。當初在葛拉漢 -- 紐曼公司上
班時，我將該公司 1926-1956 年全部的套利成果做了一番研究，發現每
年平均有 20% 的投資回報。從 1956 年開始，運用葛拉漢的原則，我先
是在巴菲特合夥，後來又在巴郡公司進行了套利活動，我們 1956 年到
1988 年間的投資回報率 —— 雖然未經認真而仔細地計算 —— 估計也應
超過了 20%（當然，後來的投資環境比起葛拉漢當時的年代要好很多，
他經歷了 1929 至 1932 年的大蕭條）。

用來公平測試投資組合表現的所有條件均已具備：首先，3 家公
司在 63 年裏買賣了上百種的不同證券；其次，最終的結果並沒有被某
幾個特別好的個案所扭曲；再次，我們不需要去深挖項目背後的內幕，
也不需要對項目及其管理有獨到的眼光，我們只是依照已公開的信息行
事；最後，我們所有的套利成果可以很容易被追查到，它們並不是事後
被特地挑選出來的。」（1988 年信）

輔讀：有效市場理論的假設之一是：「最後，在某些情況下，非理
性的投資者會犯同樣的錯誤，但是他們在市場中會遇到理性的套利者，
後者會消除前者對價格的影響。」葛拉漢無疑是理性的投資者，巴菲特
當然也是一個理性的投資者（市場上肯定還有不少）。如果這些「理性的
投資者會消除對（錯誤）價格的影響」，那麼為何在長達 63 年的時間裏，
這個錯誤還是沒有糾正過來呢？

如果套利還不能説明問題，那麼巴菲特長達 60 年的股票投資實踐
是否也能説明點兒問題呢？在同期標普指數年複合增長 10% 左右時，巴
郡的每股淨值（其中一大塊由股票市價組成）則獲得了 20% 左右的年複
合增長。如果市場「永遠」是有效的，「永遠」是恰當定價的，我們又如

何解釋巴菲特的成功呢？

有效市場裏的猴子

「信奉這一理論的人們從不會關注理論與現實之間為何會有如此多的差異。的確，與過去相比，他們已經較少説話了。但據我所知，仍然沒有一個人願意承認錯誤 —— 儘管他們已經誤導了成千上萬的學生。除此之外，市場有效理論繼續是各大商學院的主要投資課程。顯然，不願收回自己的主張並因此解開祭司的神秘面紗，不是只有神學家才做得出來。」（1988 年信）

輔讀：巴菲特等一眾價值投資者（早期的芒格、施洛斯、羅納、辛普森、鄧普頓、林奇、布萊斯等等）的成功，在信奉有效市場理論的學者眼中不過是幾個偶爾打出莎士比亞戲劇的猴子，或是正態分佈曲線中右粗尾線上幾個例外者而已。他們幾個真的只是幸運而已嗎？關於這個爭論，我本人相信巴菲特在 1984 年哥倫比亞大學演講中給出的邏輯：如果 100 個幸運兒中有 40 個猴子來自同一個動物園，則事情就會顯得有些不尋常。

從我本人十多年的價值投資實踐看，如果説市場永遠或總是能夠恰當定價，我是堅決不信的。

重點	場「常常」有效與市場「永遠」有效的區別對投資者來說如同白天與黑夜。
關鍵詞	難以置信、奉為神明、擲飛鏢、愚蠢、誤導。

⑲ 股票回購 —— 其他公司

迷霧	巴菲特是如何看待股票回購的？
解析	看重並推崇企業的股票回購行為。

在 1980、1984 和 1999 年的致股東信中，巴菲特比較多地談了他對股票回購的看法。這一節我們介紹與討論的重點，是巴菲特關於股票回購的一般性看法，即在他的眼裏，公眾公司應當如何看待股票回購。至於巴郡的自身的股票回購問題，我們放在本書的第五部分再做進一步的討論。

總的來看 —— 正如我們在本節的標題裏所說 —— 巴菲特是非常看重並極力推崇公司進行股票回購的。不過儘管股票回購有這樣或那樣的好處，但也不是任何情況下的股票回購都有利於股東價值的提升。本節的討論將圍繞這個話題展開。

股票回購的好處一：可確定地提升股東價值

「如果我們所投資的公司將其所賺取的利潤用於買回自家公司的股票，我們通常會報以熱烈的掌聲。理由很簡單：當一家優秀公司的股票價格遠低於其內在價值時，還有甚麼投資會比買回自家公司的股票能更加確定且大幅度地增加股東利益呢？企業購併市場的相互競價，通常會使得購併整家公司的價格等於 —— 在多數情況下會高於 —— 它的內在價值。」（1980 年信）

輔讀：由於信息不對稱的問題，任何一家公司的 CEO 對自己公司（內在價值）的了解必將多於對其他公司的了解。這樣，當出現股票回購的機會時（具體條件後面會談到），買回自家公司的股票，與收購其他公司的股票相比，在提升（留守）股東的價值方面無疑具有更高的確定性。除此之外，由於收購別人公司的動力遠大於讓自己被別人收購，因此賣

方報價通常是很高的。從這個意義上說，回購比收購更容易提升股東的價值。

股票回購好處二：有望大幅度提升股東價值

「我們幾個投資部位較大的公司，在其價格與價值之間出現較大差異時都會大量買回自家公司的股份。作為公司的股東，我們發現這樣做有兩點好處：第一點好處很明顯——僅僅基於簡單的數學計算：通過買回價值被低估的股票，會立即大幅度提升公司的每股內在價值。在這一過程中，企業會發現他們很容易做到只需花費一元錢的代價便能夠獲得兩元錢的價值。而在購併交易中，特別是那些大額的購併，就連一元換一元的事兒都很難做到。

第二點好處儘管難以被準確計算，但長期來看非常重要。當股價低估時回購公司的股票，表明企業管理人員很重視股東價值的提升而不是管理版圖的擴充，而後者對股東沒有任何好處（甚至還會有損害）。看到有回購行動，原有股東或潛在股東對公司的未來將更加具有信心。信心的提升，將導致公司的股價進一步貼近其內在價值，而這時的股價才算是完美的。當一個企業的經營者處處都能以股東利益為導向時，投資者理應給予更高的估值。」（1984 年信）

輔讀一：我們先來做一個「簡單的數學計算」：假設 A 公司有 1000 股發行在外的股份，每股內在價值假設為 1 元，每股市價假設從 1 元跌至 0.5 元。這時公司決定用自己的閒置資金在股票市場上公開回購 10% 的公司股票，回購完成後，每股內在價值就等於用原來的 1000 元內在價值除以回購後的 900 股，每股的含金量自然會因回購而得到提升。而與此同時，公司等於用 50 元購買了一件價值 100 元的資產（只是粗算，不是很嚴謹）。

輔讀二：管理溢價並非是空談。上市公司有管理才幹的 CEO 也許並不少見，但能以提升股東價值為首要己任的則恐怕不多。因此，當公司股票一旦出現低價管理層就會回購自己的股票時，這就給出了一個明確信號（後面還會談一些例外情況）：公司管理層是以提升股東利益而不

是擴充自己的管理版圖為先。當市場普遍認識到這一點後,管理溢價就有望出現。

股票回購好處三:試金石

「當回購行動有利於股東利益而公司經理人卻一直不去做時,就足以揭示了他們的動機所在。不管他們如何頻繁並極富蠱惑力地使用一些來自公共關係學科的專業詞語向公眾解釋自己的行為是為了股東利益的最大化,市場在聆聽時都會打一個很大的折扣。如果他們說一套做一套,市場終究會給出正確的反應。」(1984 年信)

輔讀:這段話講的內容其實是上段話的一個繼續,只是言辭更直接了一些。那麼市場上究竟有沒有「當回購行動有利於股東利益而公司經理人卻一直不去做」的具體實例?美國情況不是很了解,不便多說(不過我還是相信有),我就舉個中國上市公司的例子吧:大約數年前,我到一家國內的大型鋼鐵公司提供財務諮詢服務。當時公司的股價因多種原因被市場壓得很低很低,公司對此也一直感到很失望。某一天,當我與公司的副總兼董秘聊天時我就問他:既然如此,為何不回購自己的股票呢(當時公司有大量的閒置資金放在銀行裏)?他是這樣回答的:我們好不容易把規模做得這麼大,怎麼會反其道而行之?!

巴郡受惠實例

「就像其他股東一樣,我們從 GEICO、 Washington Post 和 General Foods(我們的三大持股)的大量股票回購中取得了可觀的收益(艾克森石油公司,我們的第四大持股,也進行了明智和積極的股票回購,只是我們剛剛才完成了建倉)。由於上述公司實施了低價位的股票回購,使得其股東在出色生意上所佔有的權益得到了進一步提高。在這些同時有着良好經濟前景和強烈股東意識經理人的公司裏擁有權益,我們感到十分的欣慰。」(1984 年信)

輔讀:因自己所投資的公司實施股票回購而受惠,這點我們上面已進行過「簡單計算」了,這裏我想告訴大家的是一個關於股票回購的小

插曲。這個小插曲告訴我們，巴菲特在因股票回購而受惠方面，有時會作出一些主動的努力。以下摘錄來自《滾雪球》：

「那時正是報紙迅速發展的高潮時期。『凱瑟琳真的想買進一些報紙，但是首先，她不想讓其他人搶在她前面。』巴菲特說。『告訴我怎麼做。』她請求道。巴菲特已經改變了她向董事會其他成員請求幫助的習慣，但是她仍然請求他的幫助。『我只會讓她自己去做那些該死的決定。』他說。他幫她認識到，對自己想要的東西付錢太多是錯誤的，焦躁是最大的敵人。在很長一段時間裏，《華盛頓郵報》幾乎沒有任何大的商業運作，增長的速度也很慢。巴菲特使凱瑟琳明白在股價較低時間回購公司股票，從而減少其公開發行量的價值，這種做法能增加每一份蛋糕的分量。同時《華盛頓郵報》也避免了一些代價高昂的錯誤，這樣一來，它也就成為了盈利最大的公司。」

回購的前提條件

「只有在幾個條件同時具備時，公司買回自家的股份才有意義。首先，公司必須有多餘的（指短期內一定不會使用）資金（現金加上合理的舉債能力）；其次，以保守的評估，公司股價低於其內在價值。此外，我們恐怕還要加上一個旨在防止誤解的說明：公司股東必須已獲得足以對公司股價進行評估的所有信息。否則的話，某些內部人士就有可能利用不對稱信息佔不知情股東的便宜。」（1999年信）

輔讀一：第三個條件帶有一定的巴菲特個人色彩。按說賣股票是自己的事，你賣我買，天經地義。但在巴菲特看來，這種事有時並不如此簡單。當股價出現非理性的巨幅下跌時，當公司因股價下跌而準備大舉回購自己公司的股票時，在巴菲特看來，儘管此舉會提升留守股東的價值，但對那些選擇賣出股票的股東來說，如果他們只是因為受到錯誤信息的引導而賣出，則多少會顯得有些不公平。

輔讀二：巴菲特提出的三個條件（主要是前兩個）是較為保守和穩健的。其實還有一種稍顯進取的操作策略也同時可提升股東價值，那就是融資回購。當然，這也是有前提條件的。我們可以假設一種情況：比

如當公司的 ROE 長期為 15%-20%，而公司的股價從 2PB 跌至 1PB 甚至更低時，如果當時的利率不高而公司的負債率也很低，融資回購股票也有望能大幅提升股東價值。要知道，一般情況下（好公司尤其如此），股本的成本是遠高於債務成本的，只是對國內的上市公司來說，這一條很多時候似乎沒有甚麼意義。至於背後的原因，這裏就不討論了。

明日黃花？

「事實上，在 1970 年代（以及在後來的好多年裏），我們到處尋找那些大量買回自家股份的公司。因為這一舉動充分顯示出這既是一家公司價值被低估的公司，同時又有一個注重股東權益的管理層。

不過這種情況已成明日黃花。現在，買回自家股份的公司幾乎比比皆是，但在大部分回購行為的背後都隱藏着一個不可告人的卑鄙動機：拉抬或支撐公司的股價。這樣做當然有利於那些本來就有意願在短期內出售公司股份的股東，因為他們能夠藉此以一個較高的價格將股票脫手——不管他來自於哪裏以及出售的動機是甚麼。但對那些選擇留下來的股東來說，這樣做卻會因為公司以高於股票內在價值的價格買回股份而蒙受其害。以 1.1 美元的價格買進一張 1 塊錢美鈔，無論如何都是不划算的。」（1999 年信）

輔讀：股票市場因為人類不斷進化的聰明才智，已變得原來越複雜。原來股票主要是權益憑證，現在則主要是交易憑證；原來買股票是主要是看公司好壞，現在則還要看貝塔值和標準差；原來衍生工具是為了避險，現在則主要是為了牟利；原來股票回購是為了提升股東價值，現在股票回購其背後的動機竟開始變得撲朔迷離。

投資者，自重吧。

重點	當前提條件具備時，股票回購可以提升股東價值。
關鍵詞	確定、兩點好處、股東意識、幾個條件、卑鄙動機。

20 華爾街好人

迷霧 巴菲特好像聊過幾次沃爾特・施洛斯？

解析 是的，且充滿了讚許、尊敬和推崇。

　　沃爾特・施洛斯是巴菲特 50 年代初在葛拉漢─紐曼公司打工時的同事，後來自己出來開了一家投資合夥公司，一幹就是幾十年。在 2006 年的致股東信中，巴菲特談到了他的這位早期同事，文中充滿了尊敬、讚譽和推崇。

一個好人

　　「下面讓我介紹一位華爾街的好人，也是我一直以來的一個好朋友：沃爾特・施洛斯（Walter Schloss），去年他剛滿 90 歲。自 1956 至 2002 年，沃爾特掌管着一個十分成功的投資合夥人企業。對這個投資合夥人企業，他的一個行為準則就是除非投資人有錢賺，否則他不會拿一分錢的管理費。需要說明的是，我對他的尊崇並不是事後諸葛亮。早在 50 年前，一個位於聖路易的家族讓我給他們介紹一個既誠實、又能幹的投資經理人，沃爾特是我當時唯一的推薦者。」

　　輔讀：關於沃爾特・施洛斯為何會離開葛拉漢 - 紐曼公司而出來自己幹，《滾雪球》裏有一段記載：

　　「還不到 18 個月，葛拉漢和傑瑞・紐曼都開始把禾倫當作一個潛在的合夥人對待，那意味着會有一些家庭聚會……沃爾特・施洛斯沒有被邀請參加這樣的場合，他已經被歸為熟練僱員這一類，永遠不可能升為合夥人。一向對人不那麼友好的傑瑞・紐曼更加怠慢輕視施洛斯，於是，已婚且育有兩個年幼孩子的施洛斯決定自己幹。1955 年底，他自己的投資合夥人公司正式開張。」

共同的智力結構

「沃爾特並沒有上過商業學校或學院。1956 年時，他的辦公室只有一個檔案櫃。到了 2002 年時，數目已增加為 4 個。沃爾特在工作中從來沒有請過秘書、職員或會計，他唯一的工作夥伴就是他的兒子——畢業於北加州藝術學校的埃德溫。投資時，父子倆不會去尋找所謂的內幕消息。事實上，他們只是簡單地遵循他們在為葛拉漢工作時學到的統計方法，小心謹慎地利用一些公開的信息挑選股票。當父子倆在 1989 年接受《傑出投資者文摘》採訪並被要求『簡單描述一下你們的投資方法』時，埃德溫的回答是：『我們只是努力地去買便宜的股票』。寥寥幾句，讓現代投資組合理論、技術與圖表分析理論、宏觀經濟理論以及諸多複雜的股票投資模型着實顯得有些多餘了。」

輔讀：1984 年，為慶祝葛拉漢和多德所著《證券分析》一書發表 50 周年，巴菲特到哥倫比亞大學做了一次題為《葛拉漢與多德鎮的超級投資者》的演講，其中有一部分介紹了這位華爾街的好人。

沃爾特・施洛斯從來沒有念過大學，但他在紐約金融學會參加了葛拉漢的夜間課程。沃爾特在 1955 年離開葛拉漢─紐曼公司，28 年來的投資績效可參見表一（後面的輔讀將提供這個表格）。亞當・史密斯在我和他談論過有關沃爾特的事跡之後，在 1972 年的《超級金錢》中對他做了如下描述：「他從來不使用或接觸那些看似有用的信息。實際上在華爾街幾乎沒有人認識他，所以也沒有人為他灌輸一些有關如何投資的理念。他只關注一些投資手冊中的數據或是向上市公司索取年報，這就是事情的全部。當禾倫介紹我們認識時，我記得他是這樣說的：『他從來沒有忘記自己是在管理別人的財富，這進一步強化了他對於投資風險的厭惡。』」沃爾特的投資組合非常分散，常常持有 100 隻以上的股票。他知道如何去尋找哪些價格遠低於其價值的股票，而這就是他所做的一切。他不擔心目前是不是一月份，不在乎今天是否是星期一，也不關心今年是否為大選年，他的想法很單純：如果一家公司值 1 美元，而我能以 40 美分買入，我遲早會獲利。他就是這樣操作的，年復一年。他持有的股票數目遠多於我，也不像我一樣密切關注股票背後的生意特質。

依我看，他的操作理念也從未受到過我的影響。這正是他的一個強項：沒有人可以影響到他。

輝煌的業績

「遵循避免實質風險 —— 指本金的永久性損傷 —— 的投資策略，沃爾特在他 47 年的投資生涯中戲劇化地戰勝了標普 500 指數。需要特別注意的是，他是通過購買大約 1,000 隻股票（大部分為冷門股）而創造這一紀錄的。如果只是在數隻股票上取得成功，也許說明不了他的出色業績。保守地說，市場上有數以萬計的投資經理循以下路徑進行着股票交易：1、股票選擇是相互獨立的；2、購買的數量與沃爾特有可比性；3、在他們賣出股票的同時，沃爾特也在出售股票。然而，即使是他們當中最幸運的經理人，其投資業績也無法與沃爾特相比較。沃爾特的成功絕不是能用隨機或幸運就可以解釋的。」

輔讀：下面提供一張 1956-1984 年沃爾特・施洛斯的投資業績對比表（摘自巴菲特 1984 年演講）：

表 4.15　沃爾特・施洛斯的投資回報（%）

年	標普指數（含息）	沃爾特有限公司	沃爾特合夥
1956	7.5	5.1	6.8
1957	-10.5	-4.7	-4.7
1958	42.1	42.1	54.6
1959	12.7	17.5	23.3
1960	-1.6	7.0	9.3
1961	26.4	21.6	28.8
1962	-10.2	8.3	11.1
1963	23.3	15.1	20.1
1964	16.5	17.1	22.8
1965	13.1	26.8	35.7
1966	-10.4	0.5	0.7
1967	26.8	25.8	34.4
1968	10.6	26.6	35.5
1969	-7.5	-9.0	-9.0
1970	2.4	-8.2	-8.2
1971	14.9	25.5	28.3
1972	19.8	11.6	15.5
1973	-14.8	-8.0	-8.0
1974	-26.6	-6.2	-6.2
1975	36.9	42.7	52.2
1976	22.4	29.4	39.2
1977	-8.6	25.8	34.4
1978	7.0	36.6	48.8
1979	17.6	29.8	39.7
1980	32.1	23.3	31.1
1981	-6.7	17.4	24.5

年	標普指數（含息）	沃爾特有限公司	沃爾特合夥
1982	20.2	24.1	32.1
1983	22.8	38.4	51.2
1984 年一季度	-2.3	0.8	1.1

註：

1、標普 28 年加一個季度的總回報為 887.2%，而沃爾特有限和沃爾特合夥則分別為 6678.8% 和 23104.7%；

2、標普同期的年複合回報為 8.4%，而沃爾特有限和沃爾特合夥則分別為 16.1% 和 21.3%。

3、在整個合夥經營期，沃爾特曾擁有過超過 800 隻的股票；在大部分的時間裏，其持有的股票數目超過 100 隻；目前管理的資產總值為 4500 萬美元。

又一個「右粗尾」上的猴子？

「我第一次公開談論沃爾特是在 1984 年。那時，有效市場理論還是美國大多數商學院投資教程裏的核心內容。這一理論，就如同當時被廣泛傳播的，認為任何股票的價格在任何時點上都不會被錯誤定價，這意味着沒有投資者可以依靠公開信息獲取高於市場平均水平的回報（儘管還是會有一些幸運兒）。當我在 23 年前談到沃爾特時，他當時的投資業績有力地反駁了這一信條。當看到沃爾特的投資業績時，這些學院裏的學者們又有何反應呢？不幸的是，他們的反應與一般常人的反應是一樣的：不是敞開自己的心扉去接受新的東西，而是選擇閉上他們的眼睛。據我所知，沒有任何教導市場有效理論的商學院試圖去研究一下沃爾特的表現以及這一投資記錄對於他們所珍愛的投資信條到底意味着甚麼？取而代之的，是這些學者們在教授有效市場理論時，其態度猶如講述聖經一樣的堅定。可以這樣說，由一位金融系講師去質疑有效市場理論，其概率比伽利略成為教宗主要候選人的可能性還要低。」

輔讀：下面的這段對話摘自《Investment Gurus》：

彼得・泰納斯：那麼咱們談談這些幸運的人。你如何解釋一小部分經理長期一直地勝過市場？我不是指在一兩年內業績非常好的人。

辛格菲爾德：答案就在你的問題裏。那些僅有一兩年好運氣的人不是我們這裏要討論的，我們只關注那些業績長期非常出色的情形。我們把這些人從分佈曲線的右端挑出來，這是一些最成功的經理人。如何解釋他們？那我問你又怎麼解釋位於曲線左端的 3 個人，可惜我不知道他們的名字。他們在賭博中被淘汰出局了，賭注已早早地從他們面前拿走。事實上，也許這部分人比位於曲線右端的人還要多。因此，當我們考察這些非常成功的投資者時，我們出現了事後選擇偏差的大問題。我們知道距今 20 年或 30 年後，還會有 3 個、4 個或 5 個具有這種出眾業績的其他人，但是現在我們無從知道這些人是誰。如果我們能夠事先辨認出這些人，那才真正有幫助。有一些科學研究試圖尋找一些證據，證明人們可以根據以前的業績識別成功的投資經理。但這些研究並不成功。實際上不存在可靠的證據，證明職業經理人的業績一直出眾。

誰是誰非？還是請讀者自我判斷吧。

地球是平的

「數以萬計的學生就這樣被送入了社會，他們深信股票在每一天的定價都是『正確』的（或說得更加準確一點：是沒有確切錯誤的），任何給一項生意進行估值的企圖都是沒有意義的。與此同時，沃爾特繼續着他的輝煌，他的工作因為那些走進社會的學生被統統灌輸了錯誤的思想而變得更加容易。總的來看，如果你經營一項海上運輸生意，那麼當你周圍的競爭者被告知地球是平的時侯，這對你的生意是幫助很大的。沃爾特沒有走進任何一家商學院讀書，對於他的投資者而言，這無疑是幸運的一件事。」

輔讀：有時候我也經常想一個類似的問題：如果巴菲特當時就讀的不是哥倫比亞大學，那麼是否就沒有今天的巴郡了？

重點	買便宜的股票就是沃爾特操作策略的全部。
關鍵詞	誠實、公開信息、便宜的股票、本金的永久損傷、錯誤的思想。

21 風雨過後是彩虹

迷霧 巴菲特的成功是因為他生長在美國，是這個道理吧？

解析 不完全對。

過去許多年來常聽到有人說，巴菲特的長期投資之所以能夠成功，那是因為他生長在美國。關於這個問題的是是非非，我們就不在這裏展開深入討論了。我們的話題只圍繞一個內容展開：如果你恰好也一直生長在美國，你是否會像巴菲特那樣去做長期投資呢？

從後視鏡裏看甚麼都是很清晰的，但當你一旦回到 100 年前的美國時，你的思維與行為模式是否還會與今天一樣，是需要打一個大大問號的。其實，也不用回到 100 年前，當時光已進入 21 世紀時，如今的美國照樣還是有很多的人對未來充滿了恐懼，像巴菲特那樣的操作模式仍遠不能構成市場的主流——儘管他已取得了至少 50 年的成功。

在最近幾年的致股東裏，巴菲特談了如何面對所謂「巨大不確定性」的問題。在他看來，過去充滿了不確定性，未來照樣充滿了不確定性，但只要你相信美國的明天會更好，你就沒有理由不看好美國股市的長期前景。

明天永遠是不確定的

「去年，當悲觀情緒充斥整個資本市場時，巴郡繼續展現出它在資本支出方面的熱情：我們在地產和設備方面共計投資了 60 億美元。這 60 億美元中，大約有 90% 即 54 億美元投在了美國本土。我們未來的海外業務肯定會有進一步的擴張，但我們投資中的絕大部分還是會放在美國。2011 年，我們的資本開支將再創新高，達到 80 億美元，但其中新增的 20 億美元將全部投資於美國本土。

金錢永遠都會流向機會之地，而美國就擁有大量的機會。如今的

評論員總喜歡談『巨大的不確定性』，但回想一下 1941 年的 12 月 6 日，1987 年的 10 月 18 日，2001 年的 9 月 10 日，這些時點告訴我們：不管今天有多麼的平靜，明天永遠是不確定的。」(2010 年信)

輔讀一：2008 年年末，標普 500 指數比上一年下跌了 37.0%，創 1977 年（巴郡網站股東信列表的最早年份）以來的最大跌幅。儘管到 2009 年年末標普 500 指數上漲了 26.5 個百分點，但巴郡的投資行動則是在「悲觀情緒充斥整個資本市場」時完成的。

表 4.16　上證綜指階段性最低價

時間	1992-11-19	1994-08-09	2005-07-19	2008-11-04	2012-12-04	2013-06-27	2016-02-16
上證指數	398.95	821.58	1014.35	1706.70	1975.14	1950.01	2836.57

輔讀二：上表標出的幾個點位都是階段性的最低價位，也可以說是市場悲觀情緒到達最高點（按收盤價計算）時所形成的點位。但當時間拉長時，我們發現了兩個小「秘密」：1、如果把幾個最低點位連成一條線，則是一個不斷向上的曲線；2、如果首尾兩端的點位（398.95 和 2836.57）當作期初和期末，則這個時段上證綜指的年複合回報為 8.80%。

好日子還在前頭

「不要讓現實嚇壞了你。在我的一生中，政客和各個領域的專家們一直都在哀歎美國總是面臨着各種各樣的可怕問題。然而，與我出生時相比，人們現在的生活水準已經提升了 6 倍。那些可以預測命運的先知們忽略了一個重要且確定的事情：人類的潛力還遠沒有被開發完畢，而美國的的社會體制 —— 它已成功運行了兩個世紀，儘管經常遭遇經濟危機甚至是『內戰』(Civil War：美國的一首反戰歌曲，指責所有的戰爭都是內戰) 的襲擾 —— 在釋放人類這些潛能上面依然充滿着活力和效率。

我們生來就不比我們建國時更加聰明，工作也不比那時更加努力。但是環顧四周，你會看到一個超越了任何殖民地居民夢想的世界。現在

來看，與 1776 年、1861 年、1932 年和 1941 年一樣，美國最好的日子還在前頭。」（2010 年信）

輔讀：我們再來看一張表

表 4.17　中國國內生產總值（億）與（%）

年	1978	1979	1980	1981	1982	1983	1984	1985	1986	1987
國內生產總值	3650	4068	4552	4898	5333	5976	7226	9040	10309	12102
增長率	11.6	7.6	11.9	7.6	8.88	12.05	20.91	25.1	14.03	17.39
年	1988	1989	1990	1991	1992	1993	1994	1995	1996	1997
國內生產總值	15101	17090	18774	21896	27068	35524	48460	61130	71572	79429
增長率	24.78	13.17	9.85	16.63	23.77	32.24	36.41	26.14	17.08	10.72
年	1998	1999	2000	2001	2002	2003	2004	2005	2006	2007
國內生產總值	84884	90188	99776	110270	121002	136565	160714	185896	217657	268019
增長率	6.86	6.25	10.63	10.52	9.73	12.86	17.68	15.67	17.08	23.14
年	2008	2009	2010	2011	2012	2013	2014	2015	2016	2017
國內生產總值	316752	345629	408903	484124	534123	588019	635910	676708	720694	767539
增長率	18.18	9.1	18.30	18.39	10.33	10.09	8.14	6.41	6.5	6.5

說明：2016 年及 2017 年為估算值

改革開放後（1978 至 2015 年），國內 GDP 提升至原來的 185 倍，年複合增長率為 15.2%。想一想：這段期間我國發生了多少政經大事？這其中自然是有好有壞，但風風雨雨數十載後，最後的結果又如何呢？

風雨過後是彩虹

「去年我們應不難看到，在公司 CEO 中普遍瀰漫着一種絕望情緒，當他們進行資本配置時，口中喊出來的話大多都是『不確定性』（儘管其中有許多公司的當年利潤和現金流都創出了歷史新高）。在巴郡，我們

則沒有他們那樣的恐懼。2012 年，我們在工廠和設備上的投資又一次達到創紀錄的 98 億美元，其中 88% 都用在了美國境內。要知道 2011 年我們已創出了投資金額的最高歷史記錄，而我們在 2012 年的投資規模比 2011 年還要高出 19%。查理和我都喜歡在一些值得投入的項目上投入巨額的資金，從不理會專家們在說甚麼。與此相反，我們認同歌手 Gary Allan 在一首新鄉村民謠中所唱到的：『風雨過後是彩虹』」。（2012 年信）

輔讀：摘錄兩段彼得・林奇的話，看看兩位智者是不是心有靈犀一點通：

「人們總是到處尋找在華爾街獲勝的秘訣，長久以來真正的秘訣就是一條：買進有持續盈利能力的企業的股票，在沒有極好的理由時不要拋掉」。

「或許還會有大的股災，但是，既然我們沒有掌握預測股災的武器，那麼，試圖提前保護自己又有甚麼意義呢？當代的 40 次股災中，如果我每次賣出了股票，我每次都會後悔。即使發生了最大的災難，股票的價格總會漲回來。」

—— 摘自《選股戰略》

兩岸猿聲啼不住

「長期來看，美國的企業將會有良好的表現，股市也一定會向好的方向發展，這是因為市場的命運最終將取決於企業的命運。是的，階段性的反覆會時有發生，但投資者和經理人參加的是一場已預先設定好只對他們有利的遊戲（20 世紀，道瓊斯指數從 66 點增至 11,497 點，增幅達到令人難以置信的 17,320%，這期間還伴隨着 4 次代價慘重的戰爭、一次大蕭條和多次的經濟衰退。不要忘記，除了指數增長之外，在這一個世紀裏，股東們還收到了豐厚的股息）。」（2012 年信）

輔讀：市場的命運取決於企業的命運，企業的命運則取決於國家的命運，即使經歷無數個風風雨雨，但只要國運總體向上的趨勢不改，企業創造財富的腳步就不會停止，跌下去的市場也最終會隨着企業的發展而漲回來。這一規律不僅美國如此，其他國運不是太差的國家也同樣如

此。下面給出的一組數據可以充分證明這一點：

表 4.18　百年股市回報（年複合：1900-2000）

國家	瑞典	澳洲	美國	加拿大	荷蘭	英國
年複合回報	12.2	11.9	10.3	9.7	9.1	10.2
國家	丹麥	瑞士	德國	日本	法國	意大利
年複合回報	10.4	7.6	9.9	13.1	12.3	12.1

資料：《投資收益百年史》

門內與門外

「既然博弈的整體格局如此有利，查理和我相信，根據塔羅紙牌的轉換、『專家』的預測以及商業活動的潮漲與潮退而採取一種頻繁進出的行為模式，將會犯很大的錯誤。停留在這場遊戲大門之外的風險，要遠大於參與其中的風險。」（2012 年信）

輔讀：我們下面摘錄兩段話，作為理解巴菲特本段表述的一個背景資料。

「典型的投資人已經習慣於聽信經濟預測，可能開始過分信任這些預測的可靠性。果真如此，我建議他們去找一找二次世界大戰結束後任一年的《商業金融年鑒》過期刊物檔案。不管選看哪一年，他會找到很多文章，裏面有知名經濟和金融權威人士對未來展望的看法。由於這份刊物的編輯似乎刻意平衡內容，讓樂觀和悲觀的意見並陳，所以在過期刊物中找到相反的預測不足為奇。叫人稀奇的是這些專家看法分歧的程度。更令人驚訝的是，這些論點強而有力、條理清晰、叫人折服，但後來證明是錯的。」

　　　　　　　　　　　　── 費舍《普通股而不普通的利潤》

「研究表明：各年度基金所表現出的市場時機把握能力有一定的差別。在 1999 年有 10 隻樣本基金都表現為正向市場時機把握能力，其中 5 隻顯著；在 2000 年的 22 隻樣本基金中，表現為正向市場時機把握的

基金達到 18 隻，但只有 1 隻顯著；在 2001 年 33 隻樣本基金中，表現為正向市場時機把握能力的基金只有 1 隻，但卻有 22 隻基金表現為負向市場時機把握能力；在 2002 年的 50 隻樣本基金中，表現為正向市場時機把握的基金有 7 隻，且只有 1 隻顯著，另有 9 隻基金表現為顯著的負向市場把握能力。總體情況比 2001 年略好。另外，在檢驗過程中發現，各年度市場時機把握係數為正及正顯著的基金在不斷變化，也就是說，幾乎沒有基金具有持續的市場時機把握能力。」

—— 華安基金《基金能夠把握市場時機嗎？》

重點　　道路曲折而前途光明。

關鍵詞　人類潛力、社會體制、企業命運、有利的遊戲、大門之外。

說公司

1 雙性戀

迷霧 巴菲特為何既做私人企業收購又進行股票投資？

解析 有多重的原因。

相信有不少的讀者都清楚，巴菲特的資金配置有兩個主要方向：一是對上市公司部分股權的投資，二是對私人企業控股權的收購。巴菲特為何選擇這種兩條線同時作戰的經營策略呢？本節將圍繞這個話題展開介紹與討論。

股票投資的原因

「我們的經驗顯示，擁有一項出色生意的部份所有權，其價格要比協議買下整家公司便宜很多。因此，想要擁有一項出色的生意又不想價格太高，採取直接購併的方式往往不可行，不如通過買入股票而間接擁有其部分股權。當價格合適時，我們很願意在所選擇的公司身上持有大量的倉位，這樣做不是為了要取得公司的控制權，也不是為了將來再轉賣出去或是進行購併，而是期望企業本身能有好的表現，進而可以轉化為企業較高的市場價值及豐厚的股利收入 —— 不論我們是握有少數股權或是多數股權皆如此。」（1977 年信）

輔讀：這段話透露出兩個信息：1、之所以在私人企業收購的同時還進行股票投資，主要原因是後者可以讓人有很多機會以很便宜的價格買入自己心儀的企業，前者則往往做不到這一點。在後來的 1987 年致股東信中，巴菲特曾經舉了兩個例子來進一步說明這個問題：「我們在 1973 年以每股 5.63 美元買入華盛頓郵報的股票，而該公司 1987 年的每股收益已升至 10.3 元。另一個例子，是我們分別在 1976、1979 與 1980 年以每股平均 6.67 美元的價格買入蓋可保險的部份股權，而到了去年，其每股稅後盈餘已提高到 9.01 元。從以上情況來看，市場先生實在是一

位不可多得的好朋友。」2、同進行私人企業收購的目的一樣,投資上市公司股票也是為了獲取長期的財務性回報。因此只要價格便宜,自然多多益善,這與盡力去謀求對公司的影響力無關。

「這種以更為划算的價格獲得公司部份所有權的操作(其中少了一些激情與刺激),在與通過談判獲取公司全部所有權或控股權的操作(其中多了不少激情與刺激)之間,形成了一個鮮明對比。但我們很清楚,一方面很多公司正在透過協議談判以較高的叫價買下整家公司,從而犯了明顯的錯誤;另一方面由於我們使用了大筆的資金通過股票市場以一個較大的價格折扣買下類似優秀公司的部分股權,從而最終會讓我們獲取很高的投資回報。」(1978 年信)

輔讀:與買賣股票的簡單操作對比,企業收購顯然更能喚起和滿足人們的某種慾望。正是基於此,我們才看到了兩種完全不同的行為模式:一邊是受這種慾望的驅使,不斷「透過協議談判以較高的叫價買下整家公司」,一邊則是基於某種少有的理性,在公開交易的股票市場上「以一個較大的價格折扣買下類似優秀公司的部分股權」。

更愛私人企業的收購

「雖然我們對於買入少數股權的投資方法感到滿意,但真正會讓我們感到雀躍的還是能夠以合理價格買入一家優秀公司的全部股權。我們已經完成了一些出色的收購(也希望能夠再次做到),但這也是一件十分困難的工作——比起以理想的價格買入公司少數股權的工作要困難許多。」(1982 年信)

輔讀:注意這段話裏透露出的信息:當條件具備時,能讓巴菲特「感到雀躍」的是私人企業收購。這也就是說,儘管是在兩條線上同時作戰,儘管在很長的時間裏巴郡的資產淨值大多由股票組成,但就巴菲特來講,他其實更喜歡的是收購企業。為何如此,我們接下來就會聊到。

「需要說明的是,控股一家公司有兩個重要優勢:首先,當我們控股一家公司時,我們便有了分配資金的權力。如果是部份持股,我們就完全沒有說話的餘地。這個優勢很重要,因為大部分的公司經營者並不

擅長做資金分配。之所以如此，其實也並不讓人感到詫異。大部分的公司經理人能夠在事業上取得成功是靠着他們在行銷、生產、工程或行政管理方面的出色能力。

控股一家公司的第二個優點與稅負有關。當我們只是部分持有一家上市公司股權時，巴郡會承擔比控股一家私人企業高得多的稅負成本。這個問題不僅已陪伴了我們很長一段時間，而且按照新的稅法，在過去幾年裏我們的成本還進一步加重了。同樣一筆生意，如果由我們持有80% 以上股權的公司來做 —— 相對於我們僅持有部份股權的公司 —— 其效益要高出 50% 以上。」（1987 年信）

輔讀：儘管這裏談了兩個原因而且它們都很重要，但個人覺得還不遠足以構成巴菲特喜歡私人企業收購的全部原因。關於這一看法的依據，我們後面會談到。關於第二個優點：「稅負有關」，主要是指當巴郡旗下的私人企業向總部繳交股利時，巴郡不需為此繳納所得稅。而如果投資的是上市公司股票，當巴郡有分紅收入時，需繳納大約 14% 的紅利稅。除此之外，還有資本利得稅的減免：當巴郡賣出手中的股票時，需要繳納 35% 左右的資本利得稅。而如果是將旗下企業出售，由於扣除項較多，因此資本利得稅會少很多。

雙管齊下的原因

「查理・芒格 —— 巴郡的副主席同時也是我的合夥人 —— 和我本人一直想建立起這樣一個企業組合：它們不僅有着傑出的經濟特質，而且全部由出色的經理人所打理。我們最喜歡的投資模式是通過協商，以合理價格買入一個優秀企業的全部股權。但是如果我們有機會能在股票市場上以低於購併成本很多的價格取得一家優秀上市公司部分股權，我們也會一樣的高興。這種雙管齊下的投資方法 —— 即協商買下整家企業和購買上市公司股票 —— 使我們在資金配置上比起那些只堅持某一做法的人來說擁有很大的優勢。活地・亞倫曾解釋過這種偏好的優越性：『雙性戀者最大的好處就是在週末時比一般人有多出一倍的約會機會。』」

輔讀：這段話給出了巴菲特選擇在兩條線上同時作戰的另一個重

要原因：資金配置便利。請讀者千萬不要輕視巴菲特眼中的這一項「便利」。正如我們前面談過的：投資股票，對於巴菲特的意義要遠大於對一般公司 CEO 的意義。一是因為在巴菲特的眼裏，投資股票就是投資企業。二是因為這兩種資金配置都不是小打小鬧的遊戲，都是具有基於企業健康而快速發展的戰略性意義。如果讀者經常讀巴菲特的信，相信你會深深地感受到這一點。

「許多人以為股票是巴郡做資金配置時的第一選擇，不過這並不是事實：自從 1983 年我們開始披露公司的經營準則後，我們就一再公開表示我們的最愛是私人企業收購而不是股票投資。其中一個原因是私人性質的，那就是本人喜歡與我們旗下的經理人一起共事。這是一羣具有高水平、有才幹、同時有着較高忠誠度的夥伴。還有一點需要坦言的是，他們的行為遠較許多上市公司的經理人理性，且更能以公司股東的利益為重。」

輔讀：還記得我剛才談到的一個觀點嗎？我覺得這段話也許透露出了巴菲特為何更喜歡私人企業收購的另一個重要原因，而且具有某種特有的「私人性質」。我記得巴菲特曾經說過這樣一句話（不記得在甚麼場合了）：人生最大的追求就是能一直與自己喜歡的人做自己喜歡的事。從這個意義上說，巴菲特更喜歡收購企業，除了那些冷冰冰的財務因素外，還有一種溫情或個人的追求在其中。

「儘管商界整體上景氣低迷，但巴郡旗下非保險事業的表現卻都十分優異，10 年前，我們非保險事業的稅前利潤總計為 2.72 億美元。時至今日，在公司持續擴張至零售、製造、服務以及金融業領域之後，這個數字只是我們一個月的利潤數據。」（2002 年信）

輔讀：從 90 年底中期開始，巴菲特的資金配置重點已逐漸偏向私人企業收購，這點請讀者務必予以注意。

「我以前曾經提到過，從商的經歷讓我成為了一個好的投資者，而在投資上的經歷又讓我成為了一個好的經營者。兩者中的任何一項工作經歷，都可以達到相互補充與相互促進的效果。而許多的真知灼見，只有在你經歷了以後才能夠真正學到。（在小弗雷德那本著名的著作《客

戶的遊艇在哪裏》中，有一幅由 Peter Arno 繪製的插畫。漫畫中，一臉困惑的亞當正在望着對面飢渴的夏娃。漫畫上有一行字是這樣說的：『對於一個處女來說，有些事是不能用文字和圖畫說清楚的。』如果你還沒有讀過小弗雷德的這本書，那麼在我們的年會上買一本吧。書中包含的智慧和幽默是很值得一讀的。）」

輔讀：這裏又出現了一條投資金句：「從商的經歷讓我成為了一個好的投資者，而在投資上的經歷又讓我成為了一個好的經營者。」。

重點　　「雙性戀」是巴菲特經營巴郡的一項戰略性安排。

關鍵詞　便宜、大量倉位、明顯的錯誤、很高的回報、稅負有關、很大的優勢、私人性質。

2 透視盈餘

迷霧 經常聽到巴菲特講透視盈餘，甚麼是透視盈餘？

解析 透視盈餘是指看得見的盈餘加上看不見的盈餘。

早在 70 年代後期的致股東信中，巴菲特就曾經常提起與「透視盈餘」有關的話題，只是當時還沒有明確提出這個概念。直到 1989 年的致股東信，巴菲特才首次（也可能本人會記錯）有了透視盈餘的提法。那麼甚麼是透視盈餘呢？為何在一般性的財務概念中沒有這個提法呢？如何從透視盈餘的提法中去了解巴菲特的投資理念呢？本節的討論將圍繞這個話題展開。

第三類投資

「近年來由於我們旗下保險事業的蓬勃發展，同時也由於股票市場出現了特別有吸引力的投資機會，從而使得我們的第三類投資（第一類：持股佔比大於 50%；第二類：持股佔比大於 20% 但小於 50%；第三類：持股比例小於 20%）大幅增加。股票投資（大多為第三類投資）的大量增加再加上這些公司本身獲利能力的增長，使得我們的實際成果相當可觀。以去年為例，光是保留在這些公司賬上的屬於我們但未分配給巴郡的利潤就比巴郡整年度的報告利潤還要高。因此，傳統的會計準則等於只允許我們把少於一半的利潤記錄在我們公司賬面上。這種情況在其他企業那裏則很少見，但在我們這裏今後還會不斷出現。（1980 年信）

　　輔讀一：熟悉會計準則的讀者都應當清楚，當投資一家公司而持股比例小於 20% 時，公司的年度利潤表只能計入已獲取的股利部分。由於巴菲特投資的上市公司股票佔其總股本的比例大多都在 10% 以下，因此當公司產生盈利時，巴郡只能把獲分的股利計入當期利潤，而被所投資公司留存的但實際屬於巴郡的利潤是不能反映在公司損益表上的。

輔讀二：下面我們給出一張表，它記錄了巴郡 1982 的股票持倉情況，從中我們可以看出當時的投資規模究竟有多大。

表 5.1　股票持倉明細 (1982 年)

持股數量	公司名稱 (市值大於 1,000 萬美元)	成本價 (千美元)	市場價 (千美元)
460,650	聯合出版	3,516	16,929
908,800	克朗佛斯特公司	47,144	48,962
2,101,244	通用食品	66,277	83,680
7,200,000	蓋可保險	47,138	309,600
2,379,200	哈迪哈默	27,318	46,692
711,180	聯眾集團	4,531	34,314
282,500	大眾媒體公司	4,545	12,289
391,400	奧美國際	3,709	17,319
3,107,675	雷諾煙草	142,343	158,715
1,531,391	時代公司	45,273	79,824
1,868,600	華盛頓郵報	10,628	103,240
合計		402,422	911,564
其他持倉		21,611	34,058
總持倉		424,033	945,622

資料來源：巴菲特 1982 年致股東信

說明：這些公司留存的但屬於巴郡的利潤其總額已大於巴郡的報告利潤。

森林裏的一棵樹

「對巴郡而言，留存在其他公司裏的利潤，其價值的大小不取決於我們擁有的是 100%、50%、20% 還是 1%，而是取決於當它們被用於再投資時所能產生的效益；而且，與該筆資金是否由我們自己或是我們

旗下的經理人在使用也無關（行動的效果如何重於由誰來行動）；也與我們的賬上是否認列了這筆收入無關。如果我們擁有森林中的一棵樹，即使它的成長沒有記錄在我們的財務報表上，我們仍然擁有這棵樹。」（1980 年信）

　　輔讀：如何看待「森林中的一棵樹」呢？這段話提出了 3 個準則：1、如何使用比持有比例更重要；2、如何使用比誰來使用更重要；3、如何使用比是否認列更重要。從這 3 個準則裏，我們可以解讀出巴菲特在這件事上的嚴謹與理性。

失效的指標

　　「就在幾年前，我曾經說過『營業利潤／股東權益』是衡量企業單一年度經營績效的最佳指標。儘管我們相信這一指標仍然適用於絕大部分的企業，但就巴郡來說，它的適用性已大大降低。或許你會質疑這樣的說法：當盈餘數據好看時，很少有人會捨棄原有的衡量指標；但是當結果變得不盡人意時，絕大部分的經理人會主張更換評價指標，而不是把他們自己給更換掉……但基於之前描述的情況（指公司的非分配利潤），我們相信放棄原有的『營業利潤／股東權益』指標，是有着充分理由的。」（1982 年信）

　　輔讀：在巴菲特眼裏，淨資產收益率一直是考察企業經營績效的一個最重要的指標，對巴郡自然也不能例外。然而由於巴郡買了大量上市公司股票，而這些所投資企業的年度分紅佔其當年利潤的比例通常又比較低，從而就導致了淨資產收益率分子項的失真。如果分子失真，指標本身自然也會失真。因此當巴菲特說「它的適用性已大大降低」時，這是符合實際情況的。

會計上的精神分裂症

　　「會計準則規定我們只能將股利計入公司的當年損益，但股利收入 —— 相對於按我們持股比例應分得的利潤 —— 通常要小得多。以這3 家公司為例，如果按我們的持股比例計算，1987 年屬於我們的利潤應

為 1 億美元。另一方面，會計準則又規定：這 3 家公司的股份如果是由我們的保險公司持有，則公司報表上的資產淨值需要按最新的市場價展示。這樣做的結果就變成：公認會計準則一方面要求我們在報表上列出持股公司最新的市場價值，一方面卻不准我們在損益表上列示它們實際的利潤數據。在我們具有控制權的公司那裏，情況卻剛好相反。我們需要在損益表上充分列示其盈利情況，但卻不允許在報表上變更其資產價值數據——儘管這些公司在我們買下之後其資產價值已經增加了很多。

我們是不去理會這些按一般公認會計準則列示的數據，而是專注於我們具控制權或不具控制權公司未來的獲利能力。通過這種方法，我們自行建立起一套企業價值的評價模式，它既有別於具控制權公司的賬列資產淨值，也有別於我們不具控制權公司因股市的非理性波動所造成的較為離譜的市場價值。」

輔讀：對巴菲特講的「自行建立起一套企業價值的評價模式」，我們將在後面的「三條線」一節再進行深入的討論。

首次提出概念

「以我們的觀點，巴郡的獲利能力可以用『透視盈餘』法來衡量，也就是把被投資公司留存的利潤加回到我們的報告利潤中，同時扣除我們已實現的資本利得。如果我們希望公司的內在價值每年平均以 15% 的速度成長，我們的透視盈餘也需要以同等的速率增加。為了實現這個目標，我們不僅需要現有被投資公司的大力支持，同時也需要不斷增加一些新的成員進來。」（1989 年信）

輔讀：巴菲特在這段話裏首次提到了透視盈餘的概念，至於具體的計算公式，後面會談到。

透視盈餘的計算公式

「我相信，評估我們真實盈利狀況的一個最好方式是使用『透視盈餘』這個概念，具體計算方法如下：先計入 2.5 億美元——這是我們在被投資公司那裏按持股比例應佔的利潤；然後減去 0.3 億美元——這是

我們一旦收到上述 2.5 億美元以後必須繳交的股利所得稅；最後再將剩餘的 2.2 億美元加上我們的報告利潤 3.71 億美元，從而可得出我們 1990 年的『透視盈餘』為 5.91 億美元。」(1990 年信)

輔讀：計算方法比較簡單，巴菲特只是提醒在將未分配利潤加回時，需要扣除應繳的稅項，餘下的金額才是真正的透視盈餘。這種提醒很有必要，因為當人們把屬於自己但被投資企業留存的利潤給加回時，由於沒有實際的稅項指出，這一筆稅款很容易被忽略掉。

關注比賽

「我們相信投資人也可以通過關注自身的透視盈餘而受益。在計算過程中，他們需要確定各投資公司中按其投資股權應歸屬於他們自己的所有利潤，讓後再把它們加總。所有投資人的目標，應該是能創建一項投資組合 (事實上，應當叫做一項『公司組合』)：其透視盈餘在未來的 10 年內能夠達到極大化。

這樣一種投資方法，將會促使投資人去思考企業的長期經濟遠景而不是短期的股價表現，並藉此改善自己的投資績效。無可否認，就長期而言，投資決策的好與壞最終要看股價的長期表現如何，但決定股價長期走勢的則是公司未來的獲利情況。投資就像是打棒球：想要讓記分牌上的數據不斷翻轉，你需要全神貫注於比賽，而不是記分牌。」(1991 年信)

輔讀：這段話儘管還是在說透視盈餘，但其透露出來的信息已遠不止於此。在這段話裏，巴菲特是在告訴我們：1、所投資公司透視盈餘 (或企業利潤) 在未來 10 年的最大化，是「所有投資人的目標」；2、你關注企業的經營狀況，市場自然會關注好企業的股價；3、投資就像打棒球，要想獲取成功，你必須關注比賽而不是不斷翻動的記分牌。

重點	了解巴郡，必須了解甚麼是透視盈餘。
關鍵詞	第三類投資、再投資效益、指標失真、透視盈餘、關注比賽

3 特色餐廳

迷霧　巴郡公司是個怎樣的大家庭？

解析　一家具有鮮明個性的「特色餐廳」。

在巴菲特的帶領下，巴郡的業務經營不僅頗具特色，公司的信息披露與股東管理也同樣具有鮮明的個性。下面我們先給出全部的摘錄，以便你對這個特色餐廳有個整體了解，然後我們再就幾個比較重要的話題展開討論。

我們的股東

「在某種程度上說，我們的股東是相當特別的一羣人，這影響着我每年撰寫年報的內容。舉例來說，當每年結束時，大約有 98% 流通在外的公司股份會繼續被那些在年初就持有我們股票的投資者所持有。因此我們每年向股東報告的內容都會以之前的報告內容為基礎，不需要大量重複以前的內容。這樣，大家就可以不斷獲取更多的訊息，我們自己也會樂此不疲。」（1979 年信）

「此外，或許有 90% 的股東，他（她）們最大的持股就是巴郡，其中應有許多人長期都是如此。因此這些股東願意花相當多的時間來研讀我們每年的年度報告，而我們也會努力嘗試以換位思考的視角向他們提供如果我們自己是股東時所需要了解的所有信息。」（1979 年信）

店長親自發佈經營信息

「當各位從我們這裏收到某些訊息時，它們一定來自於你們付錢讓其打理這項生意的那個家伙。你們的董事長 —— 也就是我本人 —— 有一個堅定的信念，那就是公司股東有權直接從公司的 CEO 那裏聽到有

關公司運營的情況以及他本人對當下與未來公司價值的看法。人們在一家私人企業所要求獲得的信息，在一家上市公司那裏應當同樣能夠得到。來自公司管家的一年一度的運營報告，不應當簡單地交由一位公司特定人員或公關顧問來撰寫——因為他們到達不到公司 CEO 那樣的視角和高度。」(1979 年信)

特色餐廳

很多情況下，公司吸引甚麼樣的股東往往取決於公司自己。如果公司向市場傳遞的信息是他們比較注重短期的經營成果或是股價的短期波動，則具有同樣偏好的投資人便會自動找上們來。如果公司對其股東一直採取不理不睬、無足輕重的的態度，則投資者最終也會以相同的態度回敬之。

菲利普·費雪 (Phil Fisher)，一位令人尊敬的投資人與作者，曾將一家公司吸引股東的方式比喻成餐廳如何招攬潛在的客戶。一個具有特色口味的餐廳，比如便利快餐、優雅美食或東方口味等，可輕易吸引到喜歡這些特色菜肴的顧客。加上餐廳服務良好、品質上佳、價錢公道，相信還會吸引到大把的回頭客。但餐廳不能時常變換其固有的特色，如今天是法國大餐、明天又改成外賣炸雞等。這樣做的結果，必將導致顧客會不停地變化並最終都將帶着困惑與不滿而離去。」(1979 年信)

固定座位

我們對於一些公司總是希望自家公司的股票能夠保持一個較高的周轉率而感到疑惑不解。實際上，這些公司好像在那裏不停地告訴人們：我們希望能不斷地有老股東拋棄我們，以便讓公司能另結新歡——正所謂舊的不去，新的不來。

相反，我們特別希望公司的股東能一直喜歡我們的服務和我們的菜單以及年年都來光顧我們的餐廳。我們實在很難再找到比那些老股東更好的新股東來搶佔他們的『座位』。因此，我們期待公司的股票能一直保持一個極低的周轉率，這表示我們的股東了解公司的運營、認同我們的

經營決策、願意與我們一起分享公司的未來。我們自己也希望能與股東一起去實現這些未來。（1979 年信）

三個重要問題

「不管是按一般公認、非一般公認或是一般公認外加補充的會計準則，報告內容都應當能夠幫助到有一定財會基礎的報表使用者了解以下 3 個問題：1、這家公司大約值多少錢？2、實現公司未來目標的可能性有多大？在現有條件下，經理人的工作表現如何？

大部分情況下，按照公認會計準則提供的框架，並不能清晰解答以上某個或更多的問題。複雜的商業世界很難用一套簡單的規則對所有企業的經濟實質作出有效的解釋，像巴郡這種由各種不同事業組成的公司就更是如此。」（1988 年信）

告訴我壞消息

「在巴郡，我們相信查理的格言：『只管告訴我壞消息，因為好消息會不脛而走。』這正是我們希望旗下各經理人向我們報告時所採取的態度。也因此，身為巴郡大股東的我，也有義務向大家通報去年我們有三項事業的營運出現了問題：經營利潤較以往出現了下滑 —— 儘管他們的資本回報率繼續保持原有的記錄（甚至更好）。當然，每個事業所面臨的問題互有不同。」（1995 年信）

信息披露的準則與時間

「對我們來說，公平的信息披露代表着我們 30 萬的『合夥人』可以同時得到相同的信息 —— 至少可以儘可能地做到這一點。因此，我們會選擇在周五閉市到第二天早上的這段時間，把我們的年報與季報刊載在互聯網上。如此一來，公司股東們與所有關心巴郡的投資人都可以及時地得到這些重要的訊息，同時在星期一股市開盤之前，有足夠的時間吸收和消化這些信息。」（2000 年信）

墮落的行為

「對於證監會主席 Arthur Levitt 近幾年來着力打擊企業如癌症般擴散的選擇性信息披露,我們表示高聲的喝採。確實,近年來由大企業『引導』分析師或主要投資者去進行盈利預期,以便讓這一預期正好符合或接近公司期望值的做法已變成一項標準行動。通過上市公司對選擇性對象進行各種提示、暗示甚至是擠眉弄眼等手段,那些以投機為導向的機構投資者可以獲取比以投資為導向的個人投資者更多的資訊。這實在是一種墮落的行為。不幸的是,這樣的行為卻在華爾街與美國企業間廣受歡迎。」(2000 年信)

肥皂箱上的演講

「站在我個人的肥皂箱上(巴菲特藉此暗諷自己正在進行街頭演講)再發表一點個人看法:查理和我都認為公司 CEO 對企業未來的增長率作出預判,這一行為既不靠譜,也很危險。當然,他們通常是在證券分析師和投資者關係部門的要求下才這樣做的。但我認為他們應該抵制這種要求,因為這樣做通常會帶來許多的麻煩。

我們之所以這樣說,原因就在於只有極少數的大型企業才有可能達到如此的增速。下面我們就做一個簡單的測試:找出那些從 1970 年或 1980 年以來最能賺錢的 200 家公司,看看到底有多少公司切實達到了年均 15% 的增長速率。你會發現,只有少數公司能夠達到這個指標。我可以跟你打賭,在 2000 年獲利最高的 200 家公司中,能夠在接下來的 20 年裏其利潤的年均增速達到 15% 的公司,一定不會超過 10 家。」(2000 年信)

扭曲的行為

「過高的增速預估,不但會帶來盲目的樂觀,更大的問題在於它會扭曲 CEO 的行為。許多年來,查理和我已經看過太多關於 CEO 運用一些非經濟性伎倆以達成他們之前所做的利潤預估的案例。更加糟糕的

是，在用盡營運上的各種手段之後，公司經理人有時還會運用一些會計方法去『製造數據』。這種會計騙術會產生滾雪球效應：一旦今天你挪用了本來屬於明天的利潤，由於數據存在虧空，明天你就會更加變本加厲地挪用未來的利潤。最終，這種數據的騰挪就會演變成一場會計欺詐（畢竟用筆去偷錢比用槍去搶錢要來得容易得多）。」（2000 年信）

5 個問題：

1、店長是否應為首席信息披露官？

從 1956 年組建首家有限合夥人公司，再到 1969 年接手巴郡的經營管理，在過去的近 60 年裏，無論是作為普通合夥人還是公司的董事長兼 CEO，巴菲特都一直保持着一個習慣：每一年都要給公司合夥人或股東寫一封內容翔實的信件，將過去一年的經營情況認真而細緻地彙報給他們。反觀其他上市公司的董事長或 CEO（中美皆是如此），沒有幾個能這樣去做，更不要說一幹就是一個甲子。

在思考有沒有這個必要之前，我們不妨進行一下換位思考：如果你全資擁有一家公司並委託一個經營團隊去打理。每年結束時，你最希望由誰來向你報告過去一年的經營情況？相信你很快就會有答案。那麼當你只是部分擁有一家上市公司的股份時，是否就需要有不同的處理模式呢？可惜的是，這正是絕大部分上市公司的情況：公司的董事長或 CEO 在過去的一年裏都想了甚麼、做了甚麼，股東們是無從知曉的。

2、披露甚麼？

近幾年來，投資者關係問題開始躍上公司管理者的桌面。不過在本人看來，如下兩個問題正是投資者關係中的兩個重要內容：A、由誰來進行一年一度的信息披露；B、披露些甚麼？關於第一點，我們上面已經說過了：不盡人意。關於第二點，上市公司又做得如何呢？是的，他們大多都已按照既定的法規與規則進行信息披露了，但這樣做是否已足夠？

在 1988 年的致股東信中，巴菲特提出了信息披露中理應包含的 3 個問題，並指出在「大多數情況下，按照公認會計準則提供的框架，並不能清晰解答以上某個或更多的問題。」根據本人的觀察，這一判斷至少符合我國的實際。我們就講一條吧：作為一家上市公司的股東，當我們考慮是增持還是減持手中的股票時，我們自然想知道公司的內在價值究竟是多少。這個答案，想必只有公司的 CEO 最清楚（假設他是一個稱職的 CEO）。然而實際情況卻是，很少有公司的 CEO 會在年報中談到這個問題。或者我們退一步：說價值被低估的也許時有發生，說高估的則一定沒有。

3、壞消息

記得在某次與學生的對話上，當有學生問巴菲特都犯過甚麼錯誤時，巴菲特的回答是：那要看你有多少時間。在中後期的致股東信中，巴菲特也不止一次地不斷向股東檢討自己在過去曾犯下的錯誤。這種做法與他對旗下經理人的其中一項要求表現出了高度的一致性，這個要求就是一定要坦誠。正所謂己所不欲，勿施於人。要求別人做到的，自己也要身體力行。

在我有限的視野裏，似乎不記得有哪家上市公司曾在自己的年報中檢討過去曾犯過的錯誤，更不要說多次地檢討。當然，你會說巴菲特既是 CEO，又是大股東，因此他不怕被炒魷魚。不過這個問題我們也可以反過來想：他也不必如此頻繁地檢討自己的錯誤吧？這種在股東面前的坦誠，僅僅是因為他不怕自己被炒魷魚嗎？與此對照的是，在上市公司的年報中，我們看得比較多的都是一些歌舞升平。即使當年業績表現不佳時，曝光的問題也極為有限。至於責任追究，更多的也是歸於外部的原因。

4、股東周轉率

問大家一個問題：如果你是公司的董事長兼 CEO，你是喜歡公司的股票交易保持一個較高周轉率，還是相反呢？一直以來，不管是美國

還是中國，市場給予的回答似乎都很清楚：越高越好。君不見，無論是在哪個國家或地區的股市，如果聽到有誰說某家公司的股票交易很活躍，那一定是在褒獎他們，而絕不是在貶低這家公司。現在問題來了，正如巴菲特所說，這是否在等於告訴人們：我們公司希望能不斷地有老股東拋棄我們，以便讓公司另結新歡。聽起來是不是有點詭異？

5、業績預測

當巴菲特發出警告：「過高的利潤增速預估，不但會帶來盲目的樂觀，更大的問題在於它可能會扭曲 CEO 的行為」時，我們知道這顯然不是在無中生有，也不是在杞人憂天。在「管理利潤」和「管理預期」不乏存在的美國股市，因為要符合大眾的預期而對利潤表作出「管理」的事其實並不少見。鐵的事實是：能夠達到樂觀預期的公司數目可謂是少只又少，因此管理利潤的事自然也就多之又多了。

在我國股市，最近我們常常聽到一個詞彙就是「再造一個甚麼甚麼」。也許有些公司真的能做到，也確實有公司實際上做到了。但正像歷史統計的那樣，這樣的公司數目不會很多。因此，當投資者聽到你投資的公司又在豪言壯語甚麼「高速」、「再造」、「翻番」時，還是小心為妙。

重點	巴郡是一家具有鮮明個性的特色餐廳。
關鍵詞	CEO 視角、特色餐廳、座位、三個問題、壞消息、用筆偷錢。

4 靶心

迷霧　巴菲特是如何定位巴郡的公司特質、增長目標與比較基準的？

解析　穩定的合夥模式；糾結的比較方法。

　　這一節的標題雖然是「靶心」，但涉及的問題並不單一。這裏面有巴菲特對巴郡公司屬性的定位、有公司的增長目標、有比較基準的設定以及在選擇何種數據與基準進行比較上的糾結與猶豫不定等。通過本節的介紹與討論，相信讀者會對相關問題有一個大致的了解。下面我們繼續按時間的先後，分標題作出介紹和討論。

執行合夥人

　　「儘管我們的組織登記為有限公司，但我們一直是以合夥人的態度來經營。查理跟我視巴郡股東為『老闆合夥人』，而我們兩個人則為『執行合夥人』(考慮到公司股東規模龐大，我們也可以視自己為具控制權的合夥人)。我們並不把公司視為企業資產的最終擁有人，而是僅僅把公司當作股東擁有資產的一個管道而已。」(1983 年信)

　　輔讀：本來是有限公司，卻將自己定位於有限合夥；本來是一羣股東加兩個管理人，卻定位於一羣老闆合夥人和兩個執行合夥人。先不說這種定位在其他公司那裏少之又少，重點是巴菲特能說到做到並且一幹就是數十年。不要以為這只是一些虛幻的忽悠，想一想：有哪家上市公司 CEO 的年薪不動輒數十萬乃至數百萬美元，有哪家上市公司 CEO 的薪酬中不含限制性股票、期權、選擇權或其他一些權益性收入？又有哪家上市公司的 CEO 會把自己 90% 的身家都綁定在自己打理的公司上？

我們做的飯，我們自己也吃。

「與前述公司由股東利益為導向相一致的是，我們的所有董事都是巴郡的大股東。5 個董事中有 4 個董事家族資產淨值的一半以上為巴郡持股。換言之：我們做的飯，我們自己也吃。」（1983 年信）

輔讀：這樣的董事會美國有多少？中國有多少？全球又有多少？儘管我沒有具體的數據，但我相信數目極其有限。

每股內在價值的極大化

「我們長遠的經濟目標（附帶後面所述的幾個標準），是將公司每股內在價值的成長極大化。我們不會用巴郡的企業規模去衡量公司的重要性及業績表現，我們看重的是每股內在價值的長期表現。（1983 年信）

輔讀：企業的經營目標大致可分為資產規模的最大化、營業收入的最大化、經營利潤的最大化、每股經營利潤的最大化以及生命週期內企業現金流的最大化。哪一個目標最符合股東價值的最大化呢？顯然是最後一個。

15%

「大家要記得，我們的目標是讓公司的內在價值每年能以 15% 的速度增長。在計算增長的速率時，公司賬面價值是一個略顯保守但卻相當有用的替代性指標。不過，這一目標恐怕很難以平穩地態勢達成，因為按照公認會計準則的規定，我們旗下保險事業所持有的並且在巴郡資產淨值中佔有很大比例的股票組合必須以市價列示。自從 1979 年以來，公認會計原則一直要求它們以市價的方式而非原來的成本與市價孰低法列示在公司賬上（須扣除未實現資本利得屆時應繳交的稅負）。股票價格的上下起伏不定，必將使我們每年的資產淨值也會上下起伏不定，尤其是在與一般工業公司進行比較時會更為明顯。」（1992 年信）

輔讀：每股內在價值以 15% 的速度增長，意味着每股收益也需按 15% 的速率增長，在不分紅的前提下，淨資產收益率（ROE）也需要保

持在 15% 左右，這正是巴菲特對 ROE 的期望比率。此外，按照 72 法則，15% 的增長速率就意味着公司利潤每 5 年可以翻一番。儘管在不少人看來這個目標算不上宏偉，但與宏偉目標比起來，一步一個腳印地去走也許更加重要。

基準展示

「為了便於說明我們資產淨值變化的程度以及股票市場的短期波動對於資產淨值的影響，從今年起我們決定在年報的首頁展示公司每股淨值的年度變化情況以及它們與 S&P 500 指數（含現金股利）之間的比較。」（1992 年信）

輔讀：儘管這一做法顯示出巴菲特的坦誠與理性，但這樣的做法恐怕也許僅適用於巴郡（指非資產管理類公司），而其他公司是否需要仿效則值得探討。畢竟在巴郡的早期和中期發展階段，其資產淨值的主要構成還是上市公司的股票市值，而這一點，即使不是絕無僅有，恐怕數目也是少之又少。

三點注意事項

「大家在比較這些數據時至少要注意 3 點：首先，我們旗下眾多事業體每年的經營業績並不會受到股市波動的影響……第二項需要注意的因素 —— 也是嚴重影響我們相對表現的因素 —— 是我們投資證券所產生的收入以及資本利得必須要繳納很重的稅，而 S&P 500 指數卻是以免稅基礎計算的……第三個要注意的因素包含了兩項預測：1、查理・芒格 —— 巴郡的副主席兼主要合夥人 —— 和我確信未來 10 年 S&P 500 指數的表現將遠低於其過去 10 年的表現；2、我們同樣相信由於巴郡的資本規模越滾越大，這會大大拖累我們一直以來所變現出的優異的相對業績。」（1992 年信）

輔讀：一個免稅，一個稅後，淨值對比時自然不利。但站在巴郡一邊的也並非全是不利因素，正如巴菲特所講，其資產淨值的構成還包括旗下非上市公司上交的利潤，而相對於波動頻繁乃至波幅巨大的股市而

言，這部分上交的利潤變化則要小得多。隨着後者在資產淨值中佔比的不斷加大，這個有利因素也在不斷增強。

生命共同體

「就像我們曾經承諾過的──除了盈利無法再做到像以前那樣好之外──你們在巴郡的任何財富變化將會與查理和我完全一致。如果你們遭受了損傷，我們也會遭受同樣的損傷；如果我們擴充了財富，你們的財富也一樣隨之增長。我們絕對不會借用那些讓我們個人在公司向好時能多佔有一些成果，而在公司遭遇困境時則毫髮無傷的薪酬計劃，去打破這種平衡。

我們進一步的承諾是，我們個人絕大部份的家產都將繼續附着在巴郡身上：我們不會在邀請各位投身於我們的同時，卻把自己的錢擺放在別的地方。除此之外，我們的家族成員以及查理和我在 1960 年代經營合夥企業時的一些老朋友，他們的大部分家產也都投在了巴郡身上。在這方面，我們差不多已經做到了極致。」（1994 年信）

輔讀：沒甚麼要說的了，能做這家公司的股東，實乃人生之幸。

新目標

「儘管我們去年的表現不盡人意，不過公司的主要合夥人查理·芒格與我本人仍然預期巴郡在未來的 10 年裏其內在價值的增速可以略微超越 S&P500 指數同期的表現……請注意，我說的是『略微』（modestly）超越 S&P500 指數。對巴郡來說，大幅超越 S&P 指數的境況已經成為歷史。當初我們之所以能夠有那樣的成績，主要是因為那時不管是收購私人企業或是投資公開交易的股票，其價格都相當的低廉，而我們的資本規模也相對較小，使得那時的我們比現在有更多的投資機會可供選擇。」（1999 年信）

輔讀：在前一年（1998）的致股東信中巴菲特還把自己的目標定位於 15% 的增長速率，一年後就作出了如此修正。一個明顯的理由也許是：標普 500 指數當時的增長速率已遠不同往日。表 5.1 給出了幾個不

同時期標普指數的增長情況。

表 5.2　股市年複合回報（%）

年	1960-1970	1970-1980	1980-1990	1990-2000
標普 500 指數	8.1	6.7	16.1	17.1

80 和 90 年代如此的增長速率，即使是巴菲特，恐怕也要給出足夠的敬畏之心了。

相對回報

「有些人並不認同我們聚焦相對業績的做法，他們的依據是『相對績效並不保證絕對業績為正』。但如果你的看法與查理和我本人相同 —— 即如果你投資 S&P 500 指數，其長期績效應該相當不錯 —— 的話，那麼對於一個長期投資者而言，只要他的的投資回報每年都能比指數好一點，最終的結果一定會頗為可觀。這就好像你擁有時思糖果，雖然它一年四季的營收數據波動很大（每年夏天我們都會賺很多的錢），但一年總的結算下來，其經營業績還是很不錯的。」（2001 年信）

輔讀：當時間達到一定積累時，相對回報差不多就會變成絕對回報。至於背後的原因，一是公司的業績增長必然推動股價的增長；二是我們之前探討過：所謂系統風險其實就是時間的函數，時間越長，系統風險就會越小。下面我們就以 A 股為例，看看上面的觀點是否成立：

表 5.3　上證綜指滾動 10 年回報（年複合：1990-2015 年）（%）

時間	2005-2015	2004-2014	2003-2013	2002-2012	2001-2011	2000-2010	1999-2009	1998-2008
上證綜指	11.78	9.83	3.50	5.36	2.94	3.08	9.14	4.73
時間	1997-2007	1996-2006	1995-2005	1994-2004	1993-2003	1992-2002	1991-2001	1990-2000
上證綜指	15.97	11.30	7.65	6.93	6.02	5.69	18.84	32.15

不承諾回報

「我在 1956 年就制定的一條基本原則，現在看來還繼續適用。那就是『我不會向合夥人承諾回報』。不過查理和我可以向各位保證，你們在持有巴郡股票期間所獲得的利益，一定與我們自己獲得的利益完全一致：我們不會有任何的現金補償、限制性股票或股票期權。你們如果得到的是一分錢，我們得到的一定不會大於一分錢。」(2003 年信)

輔讀：期望回報是一回事，實際回報則是另一回事；目標回報是一回事，承諾回報也是另一回事。儘管巴菲特不斷給出了自己的目標回報（也可以說是期望回報），但目標不等於承諾——儘管他有這個能力作出一些承諾。股市風雲變幻莫測，在長達 17 年的時間裏，指數可以顆粒無收，但也可以在另一個 17 年裏翻上十幾倍。儘管一個精選的公司組合回報也許不同於指數回報，但承諾一旦給出，就容易背上一個沉重的包袱（承諾一般都不會太低），進而會影響到投資的心態。投資心態不穩，則無疑是投資的大敵。

114% 與 50%

「雖然有缺憾，但在巴郡，追蹤賬面價值的變化仍不失為衡量公司內在價值長期增長率一個有效——儘管不時會出現低估——的指標。不過，如今單一年度的淨值變化與 S&P500 指數的比較，其意義已不如以往那樣大了。我們的股票投資部位——包含可轉換優先股在內——佔我們資產淨值的比重已大幅下降。1980 年代時，這個比重為 114%，而從 2000 年開始，這個比重已下降至 50%。因此相較以前，股票市場在一年中的波動對於我們資產淨值的影響程度已經大幅減少。」(2003 年信)

輔讀：巴郡的資產淨值構成除了所投資股票的市值外，還有所投資私企的上繳利潤。相關話題我們前面已經討論過。如果淨值中的利潤佔比過大，則和指數對比業績似乎意義已不大。表 5.4 給出了一些可以參考的數據：

表 5.4　營業利潤（巴郡：1964-2003）（單位：百萬美元）

年	1968	1976	1978	1983	1988	1993	1998	2003
利潤	2.7	11.9	30.0	48.6	313.4	477.8	1277.0	5422.0

資料：巴菲特 2003 年致股東信

新基準思考

「我們應該注意到，如果改用『股價』作為我們的業績衡量標準，巴郡的表現看起來會更好一些：自 1965 財年以來的年複合增長率達到 22%。令人驚訝的是，這一併不算大的年複合增長率差額，使我們 45 年以來的總增長率達到了 801,516%，而賬面價值的增長率則僅為 434,057%（參見前面第 2 頁）。我們的市值增長率更高，是因為在 1965 年，巴郡的股票是以賬面價值的折扣價出售，它代表着當時的資產淨值背後是獲利不佳的紡織品生意。而如今巴郡的股票通常是以高於資產淨值的價格出售，它代表着如今資產淨值的背後是一些獲利甚佳的生意。」（2009 年信）

輔讀：我們先來看 2009 年巴郡每股淨值與標普 500 指數的增長對比：前者比上一年增長了 19.8%，後者則增長了 26.5%，兩者相比，巴郡慢了 6.7 個百分點。這裏我們只是提供一個背景資料，至於巴菲特為何會提出想更換業績比較的數據，原因則要複雜得多。簡單來說，對於巴郡股東來說，他們持有這只股票的回報，應主要表現為股價的增長加上分得的股息。而股價的增長則源於每股收益的增長，而不是每股淨值的增長。特別是當巴郡後期的經營重點逐漸偏向私人企業收購時，就更加如此。因此巴菲特作出以上思考，是可以理解的。

5 年比較期

「為了讓你能以一個長期眼光審視我們的業績，我們在下一頁會提供一個表格，將第 2 頁上的年度比較改為每 5 年為一個比較期。總的

看，我們一共得到了 42 個比較期，它們會給你展示了一個很有趣的故事。」（2010 年信）

輔讀：5 年比較期比 1 年比較期更科學已不用多講。在 42 個比較期中全部戰勝了指數，這一業績無疑是令人稱道的。特別是，當這 42 個比較期積累在一起時，則會產生令人嘖目結舌的回報差異。

不變的基準

「迄今為止，我們從來沒有在 5 年時段的對比中輸給大盤，在總共 43 個統計期中，我們的表現均超越了標普 500 指數。然而標普 500 指數在過去 4 年裏每年都在上漲，並且都超越了我們。如果市場在 2013 年繼續保持上漲態勢，我們 5 年業績全部跑贏標普 500 指數的紀錄將會終結。

有一件事情你們可以放心：無論巴郡的業績如何，查理和我不會改變我們的績效標準。我們的工作就是以超過標普 500 指數增長的速度來提升公司的內在價值——對於後者，我們用賬面價值這一保守得多的數據作為跟蹤指標。如果我們做到了，儘管年度間的表現難以預期，巴郡的股價將最終會隨着時間的推移跑贏標普 500 指數。如果我們沒有做到，我們的管理工作就沒有給公司股東帶來任何價值，他們可以自己購買低成本的指數基金來獲得與標普 500 指數相同的回報。」（2012 年信）

輔讀：比較的基準一直沒有變，相信今後也不會變，但用甚麼數據去比較這個基準，巴菲特最近則出現了糾結：是繼續用每股資產淨值，還是改用每股收益，抑或是每股股價？每股淨值已經用了數十年，一直沒有甚麼大的問題。但隨着巴郡經營重心逐漸偏向公司收購和商業運營，原有的比較方法似乎已變得越來越不合時宜。

糾結的數據

「今天，我們的經營重心已經發生了重大變化，從股票投資逐步轉向了商業資產收購和運營。其中不少企業的真實價值已遠遠超過基於成本價計算的賬面價值。但是，無論這些企業的真實價值增加了多少，其

賬面價值卻從未向上修正過。最後的結果就是，巴郡內在價值與賬面價值之間的差距已經越拉越大。

考慮到這一點，我們在首頁增設了一組新數據——巴郡股票價格的歷史記錄。我要強調的是，市場價格在短期內是有局限性的，月度或年度的股價波動通常是飄忽不定的，根本無法反映公司內在價值的真實變化。但如果將時間拉長，股票價格的變化就能大致反映出其內在價值的變化。巴郡副主席、我的合夥人查理・芒格和我都相信，巴郡過去50 年的每股內在價值增長幅度基本上等同於公司股票價格在同時期的增長——即：1,826,163%。」（2014 年信）

輔讀：新的比較數據已出爐，不知是否會一直這樣用下去？

重點	巴郡的增長目標已從過去的 15% 修訂為「略微超越」標普 500 指數。
關鍵詞	老闆合夥人、執行合夥人、每股內在價值極大化、完全一致。

5 股票分割

迷霧 巴菲特為何不分割巴郡股票？

解析 這樣做的效果只會是弊遠大於利。

巴菲特為何不分割股票？

在 1983 年致股東信中，巴菲特較為深入地談了這個問題。由於相關表述已形成一個完整的邏輯鏈，本人也決定不再「分割」它們，而是在摘錄的後面給出本人對這個邏輯鏈的解讀。

「有人常問我們：為何巴郡不分割它的股票？這個問題的後面通常會假設這樣做會對股東有利。我們並不認同這一點。讓我告訴你為甚麼。」

「我們有一個目標是希望巴郡的股價能與其內在價值相關 (注意，是相關而非完全一致。如果市場上優秀公司的股價都遠低於其內在價值，巴郡也很難免除在外)。一個公司要維持合理的股價，其實與其背後的股東 (現存的和未來的) 有很大的關係。」

「如果公司現有或未來的股東都是基於非理性或情緒化而買入公司的股票，那麼公司股票便會不時地到達一個很愚蠢的價位。焦躁的性格必然會導致焦躁的價格波動。這種情緒上的失常對於我們買賣其他公司的股票也許有所幫助，但為了你我的共同利益，我們應儘量避免這種情況跟巴郡的股票扯上關係。」

「讓自己僅僅去吸納高品質的股東是很難做到的。沒有任何企業可依照智慧的高低、情緒的穩定與否、道德感的強弱或衣着的品味來篩選股東。因此，股東優生學基本上是一項不可能完成的任務。(下續)(對選擇甚麼樣的股東，我們可以做的並不多。)」

「不過大體上講，我們覺得可通過不斷地與股東交流公司的生意進展與經營哲學 —— 其中沒有融入可以讓人混淆的信息 —— 然後再經過

一個自我篩選過程，就可以達到吸引並維持優質股東羣體的目的。例如一場標榜為歌劇的音樂會與另一場以搖滾樂為號召的演唱會，一定會吸引不同的聽眾，儘管人們可以自由地買票進入任何一個音樂會場。」

「通過不斷地政策宣傳與信息溝通——即我們自己的音樂會廣告——我們希望能夠籍此吸引到了解並認同我們的經營理念、工作態度以及未來展望的股東（同樣重要的是勸離那些不認同我們的人）。我們想吸引是那些能夠把公司當成是自己事業一樣看待並願意長期投資的股東；我們想要吸引的還包括那些能讓自己始終聚焦於公司營運而不是股票價格的股東。」

「具有上述這些特質的投資人屬於少數羣體，但我們卻擁有不少。我相信有超過 90%（甚至是 95%）的股東已投資巴郡或 Blue Chips 達 5年以上。另外我猜測超過 95% 的公司股權掌握在這些股東手中——而且他們所持有的巴郡股票價值比起其第二大持股要大 2 倍以上。在股東人數多達數千，市值超過 10 億美元的公司中，我幾乎可以肯定巴郡的股東是最具有所有者思維的一羣人，我們很難再將我們股東素質做進一步的提升了。」

「如果我們將公司的股票分割，或採取其他一些注重公司股價而非生意價值的行動，我們吸引到的新股東其素質可能會比離開的那些老股東差得多。當巴郡的股價為每股 1,300 美元時，很少有人負擔不起一股的支出成本。如果我們把一股分拆為一百股，那麼對於買得起一股公司股票的潛在投資者來說，會有任何有益的影響嗎？那些抱有如此想法且真的只是因為我們進行了股票分割（或預期會分割）而買進的人，肯定會將我們現有的股東水準往下拉。（難到我們通過犧牲那些有着清晰思維的股東而換來一羣認為擁有 9 張十元鈔票要比擁有 1 張百元鈔票更富有的人，真得能夠提升整個股東團隊的素質嗎？）人們如果並非基於公司價值而買進股票，早晚也會基於相同的原因拋棄它。他們的加入恐怕只會使公司的股價更加偏離其背後的價值而出現不合理的波動。」

「我們會儘量避免那些會招來短期投機客的舉動，轉而採取的是一些會吸引長期價值投資者的政策。如果你是在一個佈滿這種類型投資者的股票市場上買進巴郡的股票，你也會期望可以在相同的市場上將它們

賣出（你們會有賣出嗎？）。我們將努力保持這種狀態的長期存在。」

　　股票市場上具有諷刺意味的一點是太過於重視股票的周轉率。股票經紀商們使用諸如「可交易性」和「流動性」等詞彙，對那些具有高股票周轉率的公司大加讚揚（這是一羣無法用財富塞滿你的口袋，卻一定會用鼓譟塞滿你耳朵的人）。但投資人必須要明白一個道理，那就是凡事對莊家有利的一定對賭客不利。一個過熱的股市就如同賭場一樣，會不斷地從公司與股東手裏竊取錢財。

　　「在過去每天大約交易 1 億股（含櫃檯交易）的年代（以今日的水準看算是相當低了），對投資者來說絕對是禍不是福，因為那代表大家要付出兩倍於當每天交易 5000 萬股時的成本。如果這種交易額持續一年並假設每買賣 1 股的交易成本為 15 分錢，則 1 年累積下來投資者大約要花費 75 億美元。這相當於《財富》500 強中最大的 4 家企業：愛克森石油、通用動力、通用汽車與德士古石油的年度利潤總和。」

　　「按照我們的上述假設，投資人只因為手癢而將手中股票換來換去的代價，等於是耗去這些大企業一年裏所有的資本回報。如果再加上約 20 億美元投資管理費 —— 只為一些交換座椅的建議 —— 則更相當於全美前 5 大金融機構（花旗銀行、美國銀行、大通銀行、漢華銀行與摩根銀行）年度利潤的總和。這一昂貴的遊戲只是用來決定誰能吃到這塊餅，而不是讓餅變得更大。」

　　「巴郡股票的實際周轉率（扣除內部交易、送禮與親屬贈與等）每年大約 3%。這也就是說，巴郡股東每年為交易便利所付出的成本約佔巴郡股票市值的萬分之六。按此粗略計算，成本總計 90 萬美元（儘管這筆金額已不算少，但已遠低於市場平均值）。股票分割只會增加交易成本、降低股東整體素質以及鼓勵公司股價與其內在價值長久性地背離。除此之外，我們看不到它有任何一點好處。」

　　輔讀：這十幾段話形成了一個完整的邏輯鏈：分割不會對股東有利 —— 股東影響股價 —— 焦躁的股東只會帶來焦躁的股價 —— 股東優生學不可為 —— 但可以作出一些努力，比如音樂會廣告 —— 我們已經取得了一些成功 —— 股票分割如同給出公司重交易而輕價值的「音樂會

廣告」——我們不會這樣做——提升周轉率只會對莊家有利——令人瞠目結舌的摩擦成本——巴郡的股票周轉率。

我是不會推薦它的

康尼恩獲得了哈佛商學院的 MBA 學位，並成為華爾街一家大型證券公司的一名高級管理人員。他對巴郡公司非常了解，也見過巴菲特。『我不買那只股票是因為價錢……我意識到其價格背後的東西，但我認為沒有比賺錢更值得考慮的事情。』康尼恩說，他曾關注過這只股票，當時，它的股價超過了每股 1000 美元。許多股票經紀人說：「我是不會推薦它的。」

溫菲爾德的回答

那些踏入巴郡股票這片領域的投資者很顯然不能駕馭其股價。有一次，伯明翰市的巴郡股東喬安妮向一位住在卡羅萊納州的朋友瑪莎·溫菲爾德博士提出建議，希望她購買一股巴郡股票，並告訴她這樣一來就可以參加在奧馬哈舉行的巴郡股東年會了。溫菲爾德回答道：「我認為花 7000 美元去奧馬哈度一個週末，對我來說似乎貴了一些。你說呢？」

在 1983 年討論了股票分割問題後，巴菲特在 1992 年的致股東信中再次提到了這個問題：「我們仍然堅持我們在 1983 年的年報中曾提出的關於對股票分割的看法。總的說來，我們相信我們以股東利益為導向的政策——包含不分割股票在內——讓我們匯集了一個全美上市公司中最優秀的股東羣體。我們的股東不論是在想法上或是行動上，都是理性的長期投資人。在如何看待一樁生意上，與查理和我也都有着幾乎一樣的看法。正因為如此，巴郡的股價才能一直在一個與公司內在價值相關的區間內波動。」

重點	焦躁的股東只會帶來焦躁的股價。
關鍵詞	股東優生學、音樂會廣告、所有者思維、莊家與賭客、昂貴的遊戲。

6 三條線

迷霧　如何評估巴郡的內在價值及其增長率？

解析　看三條線。

　　第一條線已眾所周知，即巴郡每股資產淨值及其年度變化。儘管資產淨值與內在價值不是一個可以等同的概念，但由於（僅適用於巴郡公司）兩者的增長速率變化不大，再加上內在價值計算的不方便與不統一，因此一直以來巴菲特都是用每股資產淨值的變化來記錄公司內在價值的增減情況。隨着巴郡公司規模的不斷擴大，只是記錄公司每股淨值的變化已不能很好地反映公司實際的經營情況及其內在價值的變化。因此從1996 年開始，巴菲特在其致股東信裏增加了兩組可以讓股東追蹤的數據：每股投資和每股稅前利潤。

兩個重要指標

　　「從去年開始，我們提供給各位一張查理和我本人認為可以幫助大家估算巴郡內在價值的表格。在下面這張會不斷進行資料更新的表格中，我們設計了兩個重要的用於追蹤公司價值的指標。第一欄列示的是我們的每股投資金額（包含現金及等價物），第二欄列示的是每股稅前營業利潤（扣除利息與營業費用，但未扣除購買法會計調整）。營業利潤未包括股利收入、利息收入與資本利得，這些都已記錄在第一欄的每股投資名下。事實上，如果把巴郡拆成兩個獨立的部門，這兩欄數字將分別代表這兩個部門各自的經營情況。」（1996 年信）

8.88 億稅前利潤

　　「對於那些無視於我們 38,000 名員工對公司所作出的重要貢獻，只

是簡單地將巴郡當作是一家投資公司的人，應該認真研究一下第二欄中的數據。從 1967 年我們進行了第一次商業併購開始，公司的稅前利潤已經從當年的 100 萬美元成長到現在的 8.88 億美元。此外，正如註釋中所說，這一數據還是在吸收了巴郡全部的開銷——包括 660 萬美元的營運費用、6,690 萬美元的利息支出以及 1,540 萬美元的股東指定捐贈後的結果——雖然這其中有一部份是與投資活動有關的支出。」（1998 年信）

兩組重要數據

「芒格和我用來衡量巴郡表現以及評估其內在價值的方法有很多種，其中沒有任何一個標準能獨自完成這項工作。有時，即使是使用大量的統計數據，也難以對一些關鍵要素作出準確描述。比如，巴郡迫切需要比我年輕得多且能夠超越我的經理人就是一例。我們從未在這方面作出改觀，但我卻沒有辦法單純用數字來證明這一點。

然而，有兩組統計數據還是非常重要的。第一組是我們的每股投資金額（包括現金與現金等價物）。在記錄這一組數據時，我們排除了財務部門所持有的投資部位，因為其大量的融資性負債會抵消掉大部分的投資價值。」（2006 年信）

經營重心轉移

「我們早期的作法，是將大部分的留存利潤及保險浮存金投資於已上市交易的有價證券。由於比較專注於此一類別的投資，加上所買入的證券一直都有不錯的表現，所以在一段較長的時期內我們的每股投資有着較高的增長率。

然而近年來，我們開始逐漸把經營的重心轉向對私人企業控股權的收購。這一工作重心的轉移，一方面降低了我們每股投資的增長速度，一方面則加速了我們（非保險事業）每股收益——也就是衡量我們表現的第二個標尺——的增長速度。」（2006 年信）

我們的首要目標

「自 1970 年以來，我們每股投資的年複合增長率為 19%，每股經營性收益的年複合增長率則為 20.6%。可以想像，我們的股價在過去的 44 年裏能有類似的增速，這絕不是一件偶然的事情。儘管查理和我都喜歡看到兩組數據能同時增長，但我們的首要目標還是每股收益的長期增長。」(2014 年信)

輔讀一：我們從巴菲特一些相關年度的致股東信裏摘錄了幾個記錄公司每股投資和每股稅前利潤變化的表格，作為本次討論的背景資料：

表 5.5　每股投資 (1965-2005 年)

年份	每股投資 (單位：美元)
1965	4
1975	159
1985	2,407
1995	21,817
2005	74,129
1965-2005 (年複合增長率)	28.0%
1995-2005 (年複合增長率)	13.0%

說明：過去 40、30、20、10 年的平均增速分別為：28.0%、22.7%、18.5%、13.0%

表 5.6　每股稅前利潤 (1965-2005 年)

年份	每股稅前利潤 (單位：美元)
1965	4
1975	4
1985	52
1995	175
2005	2,441
1965-2005 (年複合增長率)	17.2%
1995-2005 (年複合增長率)	30.2%

說明：過去 40、30、20、10 年的平均增速分別為：17.2%、23.8%、21.2%、30.2%

表 5.7　年末金額（單位：美元）

	1970	1980	1990	2000	2010
每股投資	66	754	7,798	50,229	94,730
每股稅前利潤	2.87	19.01	102.58	918.66	5,926.04

數據來源：巴菲特致股東信

表 5.8　年複合增長率

	1970-1980	1980-1990	1990-2000	2000-2010	1970-2010
每股投資	27.5%	26.3%	20.5%	6.6%	19.93%
每股稅前利潤	20.8%	18.4%	24.5%	20.5%	21.02%

　　輔讀二：幾點提示：（1）數據只給到 2010 年，以後年度的致股東信似乎沒有再提供相關的表格；（2）解讀巴郡業績與投資回報時我們現在有了三組數據（或三條曲線）：A、每股資產淨值；B、每股投資；C、每股稅前利潤；（3）巴郡經營重心的轉移大致應從 90 年代中期開始，背後的原因雖可能有多種，但至少應包括這一條：按照新的規定：巴菲特必須及時披露他的股票持倉情況。（4）隨着浮存金規模越來越大，每股投資增長速率開始逐漸減速，每股收益則在過去的數十年裏保持了大體穩定。

重點　　應透過三組數據綜合看巴郡內在價值的長期變化。

關鍵詞　每股證券投資、每股稅前利潤、經營重心、首要目標。

7 煙蒂

迷霧 巴菲特後來投資策略的改變是否只是因為資金規模變大了？

解析 不完全是。

　　現在市場上有一個看法似乎很流行：巴菲特買大型優秀企業並進行長期投資，是因為他的資金規模已變得越來越大，不得已而為之。對於一個小散戶而言，由於資金規模並不大，船小好掉頭，因此應當學習巴菲特早期的投資方法 —— 畢竟，他那時的投資回報要好於後來的表現。

　　實際情況如何呢？下面，我們先集中摘錄幾段巴菲特關於早期投資策略的一些表述，然後我們再進行有針對性的討論。（以下摘錄全部來自 1989 年信）。

煙蒂投資法

　　「如果你以一個足夠低的價格買進一家公司的股票，那麼你總會有機會在未來以一個還算不錯的價格出售了結 —— 儘管這家公司的長期經營結果可能很糟糕。我將這種投資方法稱為『煙蒂』投資法：你在街上看到了一隻煙蒂，拿起來還能吸上一口。儘管『煙蒂』不能讓你過足煙癮，但在『廉價買入』下，卻有望讓你賺取一些利潤」

　　「除非你是一個清算專家，否則買下這類公司實屬不智。首先，原來看起來划算的價格到最後可能並沒有給你帶來任何收益。在經營艱難的企業中，通常一個問題剛被解決，另一個問題就又浮出水面 —— 廚房裏的蟑螂絕不會只有你看到的那一隻。其次，先前的低價優勢可能很快就被企業不佳的經營績效所侵蝕。例如你用 800 萬美元買入一家公司，然後能夠儘快以 1,000 萬美元的價格將其出售或清算，你的投資回報可能還算不俗。但如果賣掉這家公司需要花上你 10 年的時間，而在這之前你只能拿回一點可憐的股利的話，那麼這項投資就會十分令人失望。

時間是優秀公司的朋友，卻是平庸公司的敵人。」

數次失敗

「或許你認為這樣的道理再明顯不過了，不過我卻是在經歷了數次失敗之後才真正搞懂這一點。在買下巴郡不久後，我又通過一家叫做多元零售的公司（後來與巴郡合併）買下了巴爾的摩百貨公司和 Hochschild Kohn 百貨公司。我是以很大的淨資產折扣價買下這些公司的，其經營人員非常優秀，整個交易甚至還有額外的收益——未實現的不動產增值與後進先出法下的存貨價值緩衝。我還能漏掉甚麼呢？不過還好，3 年之後，我幸運地以成本價左右的價格脫身。在跟 Hochschild Kohn 百貨公司結束關係之後，我的記憶就像是一位丈夫在一首鄉村歌曲中所吟唱的：『我的太太跟我最好的朋友跑了，我是多麼地懷念我的朋友！』」

好騎師要配好馬

「在這裏我們又學到了一課：好騎師要搭配好馬才有好成績。要知道，巴郡與 Hochschild, Kohn 都有非常能幹且品格優秀的人在管理。同樣一撥人，如果他們所在的行業有着良好的經營環境，相信他們一定會經營得有聲有色。但很不幸，他們所面臨的卻是流沙般的困境，個人再怎麼努力也是白搭。我曾說過很多次，當一個聲譽顯赫的經理人遇到一家深陷困境的企業時，通常都是後者維持現狀。但願我再也沒有那麼多的精力去創造新的案例。我的行為就像是 Mae West 所說：『曾經我是白雪公主，如今我卻四處漂流。』」

「我們學到的另外一課是：只做簡單的事情。在經歷了 25 年對不同企業的投資與觀察後，查理和我還是沒有學會如何去解決生意中的難題，我們學會的只是如何去避開它們。對於後者，我們做得倒是很成功。我們只是讓自己專注於如何去識別那些可以輕鬆跨越的一尺欄杆，而不是讓自己學會如何去奮力跳過七尺高的欄杆。」

「在犯下其他幾個錯誤之後，我試着只與我們所喜愛、信任和欽佩的人來往。正如我在前面曾提到的，這一政策不會保證你成功，因為二

流的紡織工廠或是百貨公司不會因為管理人員是那種你會把女兒嫁給他的人就一定走向成功。儘管如此，一個公司所有者 —— 或是投資人 —— 如果能學會讓自己與出色的生意和出色的管理人為伍，就一定會獲益良多。」

如何解讀轉變

煙蒂 VS 一根整煙

一截煙蒂和一根整煙放在那裏，誰更有投資價值，也許這並不是一個容易回答的問題。為甚麼巴菲特早期的投資方法是選擇撿起那截煙蒂而不是一根整煙，那是因為他的老師告訴他：投資煙蒂的安全邊際是看得到的，而判斷一根煙是否便宜則要困難的多。也正是因為如此，葛拉漢認為投資一根整煙的風險要遠大於投資煙蒂的風險。

現在我們要思考的是（畢竟這已不是 1934 年），如果判斷一根整煙的價值其難度不再像以前那麼大，我們又如何面對這個問題呢？如果一根有着雙數 PE 值的煙其價值遠高於一截有着單數 PE 值的煙蒂，那麼我們應當選擇投資誰呢？在費雪、芒格以及時思們的影響下，巴菲特後來給出了不一樣的回答。這時，我們是否能簡單地說：哦，那是因為他的資金規模太大了？

由廚房裏的蟑螂引發的問題

由於信息不對稱，一個局外人（即巴菲特所說的「非企業清算人」）是不可能掌握一家問題企業的全部經營信息的。當企業陷入大麻煩時，就尤其如此。因此，人們只能看到廚房裏到處爬的蟑螂，而看不到隱藏在幾角旮旯以及廚房深處的蟑螂。而當這些蟑螂逐漸地逐一呈現在人們面前時，就會引發出投資中的三個問題：A、原來的物超所值，可能就會變得一錢不值；B、原本較低的價格由於蟑螂的不斷湧現可能會一直趴在那裏，讓你等到花兒也謝了；C、貨幣是有時間價值的，當你在長期等待時，隔壁王大媽的股票可能早已一飛衝天。

巴郡部分股票的高周轉率問題

下面讓我們重溫一段巴菲特在 1981 年致股東信裏寫過的話:「我們已經犯了很多類似錯誤 —— 無論購買的公司我們有控制權還是無控制權。由於在企業價值評估上的失算,第 2 種類型的錯誤是最為常見的」。現在我們看到了幾個有趣的用語:說到私人企業收購時,巴菲特用的是「數次失敗」。說的股票投資時,巴菲特用的是「最為常見」(指價值評估上的失算)。關於後者,我們以前討論過這個話題:巴菲特在部分股票買賣上的高周轉率,不是基於所謂的獲利回吐,而是因為 —— 看錯了。

「數次失敗」以及「最為常見」也許有資金規模上的問題,比如資金多就會買的多,而買的多就容易造成錯的多。但,這就是問題的全部嗎?資金多了,自然會加大投資的難度。但這就是巴菲特捨棄煙蒂股票而擁抱優秀公司,捨棄分散投資而擁抱長期投資背後所有的故事嗎?老實說,關於這個問題巴菲特似乎講的並不多,因此,我們也只能在這裏進行自我猜想了。

芒格的一段講話

下面這段摘錄來自《窮查理寶典》:「我們起初是葛拉漢的信徒,也取得了不錯的成績,但慢慢地,我們培養起了更好的眼光。我們發現,有些股票雖然價格是其賬面價值的 2-3 倍,但由於該公司的市場地位隱含着成長慣性、它的管理人員可能非常優秀、以及整個管理體系可能非常出色,它仍然是便宜的。一旦我們突破了葛拉漢的局限性,用那些可能嚇壞葛拉漢的定量方法來尋找便宜的股票,我們就開始考慮那些更為優質的企業。巴郡數千億美元資產的大部分來自於這些更為優質的企業。」

不少讀者也許都知道,安全邊際是葛拉漢投資理念中的一個重要思想。某種程度上說,我們甚至可以講它就是格式投資思想的基石所在。而從芒格的話裏我們看到了一個重要「修正」:「有些股票雖然價格是其賬面價值的 2-3 倍,但由於公司的市場地位隱含着成長慣性、它的

管理人員可能非常優秀、以及整個管理體系可能非常出色，它仍然是便宜的。」也就是説，當巴菲特將投資方法轉變為對優秀上市公司的長期持有時，他遵循的其實還是老師的重要思想，只是做了老師不敢做的事情。這僅僅是因為資金規模變大了嗎？

重點	廚房裏的蟑螂是巴菲特從「煙蒂」企業轉向優秀企業的重要原因。
關鍵詞	煙蒂、廚房裏的蟑螂、數次失敗、好馬、一尺欄杆、出色生意。

8 非受迫性失誤

迷霧 巴菲特好像很少談他所犯過的錯誤？

解析 完全不是這麼回事。

在一個財經論壇上，我曾看到有一個網友說：巴菲特好像只是談自己的投資業績，而從來不談他曾經犯過甚麼錯誤。然而實際情況並不如此。如果那位網友能夠認真閱讀巴菲特歷年（特別是中後期）的致股東信，他也許就會得出一個完全相反的結論。

失誤一、巴郡公司

「7 月，我們決定關閉我們的紡織事業營運。到年底之前，這項令人不太愉快的工作終於告一段落。回顧我們紡織產業的歷史，將深具啟發性。當巴菲特有限合夥企業（我本人擔任普通合夥人）在 21 年前買下巴郡紡織公司的控股權時，公司的賬面淨值約為 2,200 萬美元，全部集中在紡織事業上。然而，由於公司當時所賺取的利潤水平與其賬面淨值極不相稱，因此其內在價值遠遠低於其賬面淨值。事實上，在此之前的 9 年（即巴郡與哈薩威兩家進行合併以後的經營期間），其合計的營業收入為 5 億多美元，卻最終出現了約 1,000 萬美元的虧損。公司雖然時有獲利，但卻總是進一步、退兩步。」

「在 1978 年的致股東信中，我曾經提到過我們繼續留在紡織業中原因（後來也曾陸續提及）：1、該公司是當地一個非常重要的僱主；2、公司管理人員坦誠面對困境並努力解決問題；3、勞工團體不僅體量我們所面臨的問題而且在行動上給予積極配合；4、相對於已投入的資金，公司尚能產生穩定的現金流。我後來還說過，只要這些條件不變 —— 我們也預期它們不會變 —— 我們仍會將紡織事業堅持下去，即使有更好的投資機會也在所不惜。」

「後來的事實證明，我的第 4 點判斷完全是錯誤的。雖然 1979 年公司的盈利狀況還算不錯，但之後的營運卻耗用了大部分的現金。到 1985 年中期，情況已變得再明顯不過，甚至連我本人也這樣認為，而且可以判定的是，這種艱難的處境還會繼續下去。當然，如果我們能夠找到合適的買主，他也願意將紡織業繼續進行下去，我們肯定會選擇將公司出售而不是把它予以清算。只是當我們看清楚這一點時，表示別人也會同樣能看清楚，因此沒有人會對接手這樣的公司感興趣。」

「國內紡織從事的是一般商品製造業，面對的是全球產能過剩下同類產品競爭。我們大部分的困境 —— 直接或間接地 —— 源自國外低勞動力成本的競爭，這些國家僅向工人支付相當於美國最低工資中一個很小部分的薪酬。這樣說，並不意味着我們關閉工廠是本國勞工的錯。事實上，比起美國其他產業的勞工，我們的工人 —— 就像其他紡織業的員工一樣 —— 薪資水準低得可憐。在簽訂勞資協議時，工會組織的成員也能充份體量整個產業所面臨的困境，從未提出不合理的調薪要求或不利於產業發展的訴求。相反地，大家都努力地工作以維持我們的競爭力。即使到了公司最後清算的時刻，他們仍能積極予以配合。諷刺的是，要是工會表現能過份一點，使我們早一點認識到這個行業已不具前景從而能在幾年前就關閉工廠，我們的損失反而可能會少一點。」（1985 年信）

失誤二、Dexter 公司

「Dexter 一共有 77 家零售商店，主要集中在西北地區。該公司同時也是高爾夫球鞋的主要製造商，全美市場佔有率大約為 15%。不過它的主要業務還是為傳統渠道商製造傳統的鞋類，這也是它最擅長的領域。就在去年，Dexter 獲得了由 Nordstrom 與 JC Penny 所頒發的年度供貨商特別獎。」（1993 年信）

「去年，我們的製造、零售與服務業的表現至少還算合情合理。唯一的例外是制鞋業，尤其是 Dexter。為了讓大部分的生產地點儘量留在美國的工廠內，我們為此付出了極大的代價。即便我們對生意模式做了一些較大的調整，但 2001 年仍將是辛苦的一年。」

「現在看來，我在 1993 年斥資買下 Dexter 明顯是個錯誤。更糟糕的是，這家公司還是我用 Berkshire 的股份換來的。去年，為了承認這一項錯誤，我們已將賬上與 Dexter 有關的商譽進行了一次性沖銷。也許在不久的將來我們還有機會在 Dexter 上找回一些經濟商譽，但就目前而言，它不值一毛。」（2000 年信）

「我在 Dexter 身上犯了 3 個錯誤，從而讓大家損失慘重：1、買下它；2、用巴郡股票交換；3、在明顯需要對經營作出改變的時候卻猶豫不決。我很想把這些過錯推到芒格身上（或者其他任何一個人），但這確實是我自己的錯。Dexter 在我們買下它的前後幾年的確有過一段美好的光景——儘管它一直面臨海外低成本產品的競爭。我當時認為 Dexter 應該有能力克服這些問題，不過事實證明我錯了。」（2001 年信）

失誤三、美國航空

「當 Richard Branson，維珍亞特蘭大航空公司非常富有的老闆，被問到如何才能變成一個百萬富翁時，他很快答道：『其實也沒有甚麼：只需先成為一個億萬富翁，然後再去買一家航空公司即可』。由於各位的董事長——也就是我本人不信這個邪，所以就在 1989 年作出一個決定：用 3.58 億美元投資了美國航空年利率為 9.25% 的優先股。」

「那時的我，很喜歡並崇敬美國航空當時的 CEO——Ed Colodny，到現在仍然如此。不過我對美國航空業的研究就實在是有些過於膚淺且錯誤百出了。我當時同時受到了兩件事的誘惑——該公司長時期的獲利歷史以及高等級證券可能給予我的保護——以致於忽略了關鍵的一點：公司的利潤會日漸加重地受到產業內毫無節制且十分慘烈的價格競爭影響，與此同時，公司的成本結構卻仍舊停留在以前公司利潤能得到產業保護時的年代。這樣的成本結構如果繼續得不到改善，將會導致災難性的後果，不管航空業曾經擁有多麼輝煌的歷史（如果歷史可以給出所有答案，那麼福布斯 400 大富翁就將全部由圖書管理員組成）。」

「在 1990 年至 1994 年間，美國航空累計虧損了 24 億美元，從而使得其股東權益幾乎耗損殆盡。在這段期間，美國航空基本上還可以繼續

向我們支付優先股的股息，但到了 1994 年，公司就停止了股息的支付。不久後，由於公司境況變得更加不樂觀，我們將該項投資的權益值下調了 75% 至 8,950 萬美元。隨後在 1995 年的大部分時間裏，我以面額 50% 的折價開始掛牌出售這批股票。」

「在另外一個場合，有一位朋友曾經問我：你很富有，但為何不夠聰明？在回顧了本人在投資美國航空上的表現之後，你會覺得他說得很有道理。」（1996 年信）

失誤四、康菲石油

「我在這份報告的前面部分曾經告訴過你們，去年我犯了一個很大的錯誤（可能更多，但這個比較突出）。在沒有受到查理或其他人的慫恿下，我在石油和天然氣價格接近歷史最高位的時候，買了康菲石油公司的大量股票。我沒能預料到能源價格會在下半年出現大幅度的下降。我依舊相信，未來油價會在遠高於當前 40 至 50 美元的水平上出售。但到目前為止，我完全錯了。即使價格未來可能會上升，但由於我在投資時間上的錯誤，已經給公司造成了數十億美元的損失。」（2008 年信）

失誤五、愛爾蘭銀行

「去年我還犯了其他一些已被證實的錯誤。雖然它們看起來相對較小一些，但不幸的是，實際上也不是那麼的小。在 2008 年，我花了 2.44 億美元買入了兩家愛爾蘭銀行的股票，當時他們看起來很便宜。年末我把這些股票給低價賣出了：0.27 億美元，損失了 89%。之後，這兩隻股票的價格還在進一步的下跌。打網球的人把這個錯誤稱為『非受迫性失誤』」。（2008 年信）

失誤六、Energy Future Holdings

「幾年前，我用 20 億美元購買了 Energy Future Holdings 發行的多種債券，這是一家為德克薩斯州的部分地區提供電力服務的公司。這次購

買是一個錯誤——一個巨大的錯誤。從大的方面看，這家公司的前景與天然氣的價格密切相關，後者在我們購買後上升了一陣子然後就開始大幅下跌並一直在低價位上徘徊。儘管自從我們購買後已收到大約 1.02 億美元的利息，但除非天然氣價格大幅上升，否則這家公司的支付能力將很快被耗盡。我們在 2010 年對這筆投資進行了 10 億美元的減計，去年又減計了 3.9 億美元。」

「年底，我們將這筆債券的賬面價值按其 8.78 億美元的市值予以計入。如果天然氣價格持續維持在目前的水平上，我們很可能會面臨更多的損失，損失的金額甚至最終能夠將目前的賬面價值全部抹平。相反，如果天然氣價格大幅回升，我們將有望找回一些損失，甚至全部的已減記金額。但無論結果如何，我在購買這些債券的時候都算錯了損益概率。在網球術語中，你們的主席所犯下錯誤被稱為『非常重大之非受迫性失誤』」。（2011 年信）

失誤七、Tesco

「細心的讀者已注意到，Tesco 在去年還是我們的主要持股之一，現在則已不復存在。我很慚愧地說：如果是一個同樣細心的投資者，他也許早就把這只股票給賣掉了，而我卻由於行動拖沓，終於在 Tesco 身上犯了一個大錯誤。」

「到 2012 年年末，我們共持有 4.15 億股的 Tesco。無論是在當時還是現在，Tesco 都是英國最大的食品零售商，在其他國家它也都是一個重要的競爭者。我們當時的投資成本為 23 億美元，與其市值相近。」

「2013 年，我察覺到公司管理層賣掉了他們所持有的 1.14 億股公司股票並賺了 4,300 萬美元，這點讓我感到有些不快。不過，由於我接下來的售出行動有點像閒庭信步，從而讓我們付出了慘痛代價。查理稱這種步調為「吮手指」（考慮到我所造成的損失，這種比喻實在是過於仁慈了）。」

「2014 年，Tesco 的問題加速惡化。公司的市場份額開始下滑、邊際利潤率大幅縮減，各類財務問題也隨之浮出水面。在商業世界裏，壞

消息總是會連環出現：你在廚房裏看到了一隻蟑螂；隨着時間流逝，你會不斷看到這只蟑螂的親戚。」

「我們去年利用一年的時間賣出 Tesco 的股票，目前已清倉完畢（說明一下，公司已聘請新的管理層，希望他們能一路走好）。這次投資讓我們一共損失了 4.44 億美元，約佔巴郡資產淨值的 0.2%。」(2014 年信)

失誤八、甲乙丙丁

「還有一些更大的錯誤我沒有公開講，比如有些公司，我熟悉它們的優勢所在，但卻沒有買進。錯失一些能力圈之外的大好機會沒有錯，但是我錯過的卻是一些已自動送到我的面前，而我也有能力識別出優劣的好生意。對於巴郡的股東來說，包括我自己在內，這種損失是十分巨大的。」(1989 年信)

輔讀一：失誤八里所講的那些「沒有買進」的公司具體都有誰我們不得而知，但讓巴菲特和芒格後悔沒有買進的公司中肯定有沃爾瑪超市（芒格曾經提到過這一點）。在彼得・林奇所著《選股戰略》一書的附表中（附錄四），我們可以看到 1976-1988 年沃爾瑪超市的股價圖，從圖中的數據隱約可以看見公司的股價從 1976 年的大約 0.5 美元一路漲到 1988 年的的 34 美元，一共翻了 68 倍，年複合增長率為 42.13%。圖的旁邊是彼得・林奇手寫的註釋：「看看這條陡升的線條！這家公司不斷擴張，盈餘和股價也大幅上漲。」

輔讀二：在巴菲特的「非受迫性失誤」中，理應還包括哪些被他過早賣出的優秀公司股票（如我們前面討論過的迪士尼、蓋可保險以及大都會等）。當然，對這個問題市場的意見並不統一，反對的意見主要是說不能總是從後視鏡裏看問題。不過在巴菲特後來的「懺悔」中，他也並非沒有意識到這個問題，他最後給出的結論是這樣說的（大意）：對於那些有着「可識別競爭優勢」的上市公司，最好的投資策略就是不要輕易將其脫手。

輔讀三：在巴菲特談及的諸多投資「失誤」中，有一個公司沒有被我們錄入，那就是美國聯邦抵押貸款協會（Fannie Mae）。所謂「失誤」

是講公司股價在巴菲特首筆買入後不久即開始上漲，後來巴菲特不僅停止了對這家公司的繼續買入，而且還把已買入的股份（700萬股）全部給賣了，最後導致損失慘重。沒有錄入這家公司，一是在於這並不是一個「買錯了」的投資失誤，只是在買的過程中犯了一個「不具任何專業水準」（巴菲特語）的錯誤。二是這家公司後來隨着次貸的危機爆發而出了大問題，被美國聯邦住房金融局接管並從紐約證交所退市。

輔讀四：對美國航空優先股的投資儘管被列入「非受迫性失誤」，但最後的結果還不算太差。不過整個過程也算是驚心動魄，因為巴菲特曾一度想把手中的優先股以半價折扣給賣掉，後來幸虧沒有成功。隨着公司業績的改善，這部分優先股的市場價值後來又回到了一個不錯的位置上，再加上期間巴郡收到的優先股股息（包括雙方事先約定的懲罰性股息），這筆投資總算沒有讓巴菲特太丟面子。

輔讀五：巴菲特在可口可樂股票的處理上，不知算不算是一個「失誤」。在這個問題上，巴菲特給我們的印象是很糾結。有時他會說在股價高漲時沒有賣出可樂是一個錯誤。有時他又會說這種事後諸葛亮的態度並不可取。除此之外，他也提醒大家，自己對可口可樂的巨量持股使得賣出並不容易。不管怎樣，因為多種原因，可口可樂後來的股價表現並不盡如人意，這讓人們不禁會想（包括巴菲特本人）：為何不在68倍PE時（1998年）把可口可樂給賣掉呢？

重點	巴菲特在其投資生涯中出現過不少「非受迫性失誤」，有些還是重大的失誤。
關鍵詞	低勞動成本競爭、毫無節制的價格競爭、非受迫性失誤、損益概率、吮手指。

⑨ 別處沒有的管理故事

迷霧 巴菲特買了那麼多私人企業，他管得過來嗎？

解析 他遵循的是一種與眾不同的經營與管理哲學。

　　我們知道，巴菲特既投資上市公司股票（取得公司的部分股權），又進行私人企業收購（取得公司全部或控股股權）。而隨着時間的推移以及公司資金規模的不斷擴充，收購的企業數目也就越來越多。當這些被收購的企業到達一定的數目時就會產生一個管理學上的問題：他管得過來嗎？

　　今天我們在這裏回望歷史，已知事情的大致結局：他不僅管得過來，而且還管得很好。這樣就產生出了另外 3 個問題：1、他當初為何會這樣做？2、這樣做都產生了哪些具體的效果？3、其他公司是否也可以這樣做？本節的介紹與討論將圍繞這 3 個問題展開。下面我們就先來看第一個問題：巴菲特選擇這樣做的背後原因是甚麼？

做減法，也做加法。

　　「本公司的某些財務決策權屬於公司最高管理人員，而對於具體的經營決策，我們旗下的經理人則有着非常高的自主權……這樣的管理方式，難免有時會讓我們的經營出現一些大的錯誤。而如果在一個嚴密的管控下，這樣的失誤可能就不會發生，或至少可以減小到最低的限度。但這樣做也會減少管理的層級，使工作進程與決策速度得以大幅度提升。由於每個人都有很多事情去做，很多事情就可以很快被完成。最重要的是，這樣做能讓我們吸引到最優秀的人才 —— 通常情況下這些人是很難請到的 —— 來為我們工作。在巴郡，他們覺得自己的工作就像是在經營自己的事業一樣。」（1986 年信）

　　輔讀：減法，即減少公司管理的層級；加法，即吸引更多的優秀人

才為公司服務。這兩個工作內容都非常重要，一個是防止公司出現大企業病，這是巴菲特一直努力的目標；一個是不忘初衷，讓巴郡變成一個優秀企業的集合體。

無需教尼克勞斯揮杆

「查理‧芒格，我們的副主席，和我平時只有兩項工作：一個是吸引並維繫優秀的經理人來打理我們旗下的各種不同事業。這項工作並不太難。在我們買下一家公司時，其經理人通常會跟着一起過來，他們早在認識我們之前便已展現出了在各種經濟環境下的管理才幹，我們所要做的只是不要妨礙到他們即可。這是一個基本的處事方法：如果我的工作是組織一支職業高爾夫球隊，而傑克‧尼克勞斯或阿諾‧帕瑪願意為我效力，我是不必費心教導他們去如何揮杆的……」

「查理和我必須要做的第二項工作是資金分配。相對於其他公司，這項工作在巴郡尤其重要，主要原因有三：一是因為我們賺錢比別人多；二是我們通常會將所賺的錢全部留存下來；三是因為我們旗下的大部分事業不需要太多的資金便能維持其競爭力以及持續地成長。」（1986年信）

輔讀：巴菲特提到的兩個人都是高爾夫界的前輩人物，也都是大師級的人物，曾多次獲得四大賽冠軍。

共同的想法

「查理和我與這些經理人互動的模式，與我們和巴郡股東互動的模式一致，那就是試着儘量站在對方的立場考慮問題。『工作』對於我本人也早就沒有了任何財務上的意義，我選擇繼續工作是基於以下幾個簡單的原因：它們會不斷地給我帶來成就感、可以讓我自由地去做我認為應該做的事、可以讓我有機會與我喜歡和信賴的人一起共事。如果我是這樣考慮問題的，那麼我們旗下的那些經理人 —— 一羣在各自的領域像藝術大師一樣工作的人們 —— 為何就一定要有不同的想法呢？」（1999年信）

遵循列根的生命哲學

「公平點兒說，還是有許多大企業表現得很不錯，其中有些企業還十分的出色。也有許多大師級的經理人我推崇備至：如美國運通的 Ken Chenault、通用電氣的 Jeff Immelt、富國銀行的 Dick Kovacevich 等。不過我認為他們的許多工作我本人是不能勝任的，而且我也不認為自己能欣然接受那些與工作職位相對應的各項義務 —— 像是應接不暇的會議、演說、出國旅行、慈善路演以及政府公關等。我很認同美國前總統列根說過的話：『繁重的工作也許壓不死人，但何苦要冒這個險呢？』」（2006年信）

輔讀：巴菲特稱自己的工作就是每天跳着踢踏舞步去西斯廷教堂繪畫，這多少反映出他與眾不同的生活與工作模式。有何不同？觀察一下那些有着數十萬員工的公司 CEO 是一個怎樣的工作狀態，再對比一下巴菲特的工作模式，你也許就清楚了。

企業管理上的效果呢

效果一：侏儒與巨人

「我們認同奧美廣告創辦人大衛奧美的哲學，他曾這樣說：『如果我們只僱用比我們矮小的人，那麼我們就會變成一羣侏儒；如果我們只僱傭比我們高大的人，那麼我們也會變成巨人。』」（1986年信）

效果二：易於擴張事業的版圖

「遵循這種管理風格，使得查理和我可以很容易地去擴展巴郡的事業版圖。我們看過許多管理學上的文章，精確指出了一個主管只能管轄多少人員。只是這類指引對我們來說一點意義都沒有。當你手下有一羣正直、能幹並且樂在其中的人員在幫你打理旗下事業時，你大可以同時管理一打乃至更多的人，而且還有空閒時間讓你在某個下午的時光去打個盹兒。相反，如果他們存心想要欺騙你或是能力不夠抑或缺少必要的

工作熱情，那麼只要一個人就夠你操心的了。因此，只要我們能繼續找到如同我們旗下這些經理人一樣的傑出人才，查理和我還可以管理比現在再多一倍的經理人。」(1986 年信)

輔讀：1986 時，巴郡旗下的私人企業數目可以被稱為「七聖徒」。到了 2016 年，巴郡旗下的私人企業數目，也許我們可以稱之為「七十聖徒」了。想一想，如果不是像巴菲特這樣去管理（到處蒐集出色的生意和出色的經理人，然後充分放權），有那個公司的 CEO 可以同時接受 70 個經理人的報告？而且這還只是一部分的工作，因為與此同時，他還要打理上千億美元市值的股票以及監控多家保險公司的運營。

效果三：盡享愉快的時光

「我們將繼續遵循這種只與我們喜愛與崇敬的人合作的處事準則。這一準則不但可以最大限度地加大我們走向成功的機會，還可以讓我們能夠享受愉快的時光。如果僅僅為了多賺一點點錢而成天與一些會令你反胃的人為伍，就如同你是為了錢而結婚一樣，這在任何情況下都是一個壞主意。而當你本來就很有錢時還會這樣做，那麼你一定是瘋了。」(1986 年信)

輔讀：縱觀巴菲特的整個投資生涯，無論是投資上市公司還是私人企業，他的一個重要標準就是管理人必須才德兼具。如果經理人光有才而沒有德，他是絕對不會投資這家公司的。巴菲特為何如此看重一個公司管家的綜合品質？因為他將與他們長期相處在一起，就像一對戀人要走進婚姻的殿堂。基於此，尋找企業的過程實際上就是一次尋找結婚伴侶的行動。

效果四：創造超額價值

「我們公司之所以擁有如此多的超額價值，完全歸功於旗下各事業體的經理人。查理和我可以很自在地誇耀這支團隊，因為他們所擁有這些才幹與我們一點關係都沒有，這些超級經理人一直都是如此。我們的工作只不過是去發現這些出色的經理人，同時提供一個環境，讓他們可

以好好地發揮他們的才幹。如果我們做到了這些，他們就會將現金源源不絕地送回總部，然後就是我們自己需要去完成的唯一工作——有效地運用這些資金。」(1990 年信)

輔讀：所謂「超額價值」，指的是超出公司賬面資產淨值的價值部分。巴菲特一直視公司旗下的那些出色經理人為巴郡的寶貴資產。在他看來，正是有了這些人，才使得公司的內在價值遠高於賬面價值；正是有了這些人，才使得公司的一些普通生意變成了出色生意；也正是因為有了這些人的不斷加入，才使得巴郡的明天充滿陽光。

效果五：同心圓

「我們有許多經理人並不是為了生活而工作，他們之所以這樣做，其原因與那些已經很富有的高爾夫球手在打巡迴賽時的說道一樣：他們喜歡高爾夫並希望把它打得更好。說他們是在工作也許並不恰當，他們只不過是更喜歡把大部分的時間花在他們所擅長的經營活動而非休閒活動上而已。我們的工作只是創造一個讓他們一直能有這樣一種感覺的環境，而截至目前為止，我們做得算是相當成功：回顧 1965 年到 1995 年這 30 年間，巴郡沒有任何一位經理人選擇主動離開去投入其他公司的懷抱。」(1995 年信)

輔讀：想一想，有哪家公司 (中國或美國) 在過去的 30 年裏，其旗下的經理人沒有一個選擇主動離開公司去投入其他公司的懷抱？

其他公司也可以這樣去做嗎？

前提條件一：自在的股東才有自在的經營

「很少有上市公司的經理人可以像我們這樣如此自在的經營公司，這主要是因為這些公司背後的股東往往只着重短期利益和報告利潤。相較之下，巴郡的股東則有着——相信未來數十年裏仍會如此——其他公司股東少見的長期眼光。事實上，這些股東中的大部分會一直持有巴郡的股票，即使他們死後仍然會如此。因此，我們對旗下的經理人的要

求是公司長期價值的最大化，而不是下一季的利潤有多少。我們不是不關心公司短期的經營成果——很多時候它們非常重要，但我們不希望因為要謀求公司的短期經營成果而犧牲公司長遠的競爭優勢。」（1998年信）

　　輔讀：巴郡的經營狀態不僅顯得有些特立獨行，它的股東結構在美國也是不多見的。這些，自然與巴菲特年復一年與股東的充分溝通有關。正是由於有着一羣與眾不同的股東，才使得公司上下都能聚焦於企業的長遠發展，而不是短期的業績表現。

前提條件二：自覺抗拒大企業病

　　「我的搭檔，也是巴郡副董事長的查理·芒格，和我現在共同經營的巴郡，目前已經是一個龐大的事業體，它擁有 217,000 位員工，年營業收入接近 1,000 億美元。當然，所有這些，並非出自我們原先的一早規劃，芒格一開始是一個律師，而我則將自己視同為證券分析師。站在當時的立場上看，對於任何形態的大型組織能否運作良好，我們都抱着懷疑的態度。過於龐大的組織可能會造成思想僵化、抗拒改變和自以為是。邱吉爾說過：『我們先塑造房子，然後房子塑造我們。』一個已知的事實是：1965 年按市值排名位於前 10 的非石油類公司，如通用汽車（General Motors）、西爾斯（Sears）、杜邦（DuPont）、柯達（Eastman Kodak）等，在 2006 年的名單中就只剩下一家了。」（2006 年信）

重點　巴郡有許多別處讀不到的管理故事。

關鍵詞　管理層級、藝術大師、侏儒、巨人、愉快時光、超額價值。

10 市值管理

迷霧 上市公司應當做市值管理嗎？巴菲特又是怎樣看待這個問題的？

解析 巴菲特認為上市公司應當做市值管理。

　　股市運行中有一個問題始終揮之不去：上市公司是否需要做市值管理？在如何對待這個問題上，市場至少可分成三個陣營：1、消極派：認為公司對股價無能為力，自己的職責只是打理好公司業務即可；2、積極派：認為在市值管理上，公司可以做的事情有很多；3、糾結派：一方面認為公司對股價的高低表現無能為力，一方面又時常抱怨股價不合理，沒有充分反映公司在業務上所作出的各種努力。

　　巴菲特是如何看待這個問題的呢？他實際又是怎樣做的呢？如果說他做了一些努力，效果又如何呢？本節的介紹與討論就圍繞上述這些話題而展開。

進行市值管理的方法與原因

　　「公司管理人員是無法決定股價的，他們能做的只是通過比較充分的信息披露和一些相關政策，促使市場參與者的行為能變得更加理性一點。就我個人偏好而言（可能你們已經猜到了），是期望公司股價的變化能夠始終與公司的價值接近。只有在這種情況下，公司股東在其持有股票的期間內才能與公司共同成長。股價的劇幅波動無法改變股東的最終收益，到最後，所有股東的收益總和與公司的經營所得會基本一致。但是如果公司的股價長時間偏離內在價值（高估或低估），將使得企業的經營成果會很不公平地在各新老股東之間進行分配，並導致投資的最終結果完全取決於每個特定股東的個人操作是聰明還是愚笨；是有幸還是不幸。」（1985 年信）

　　輔讀一：將市值管理的初衷定位於讓公司的新老股東都能得到公平

對待，這樣的董事長或 CEO 思維應當並不多見。

輔讀二：公司管理人員無法「決定」股價，但卻可以「影響」股價。這樣說並不是完全沒有道理：公司股價的高低是由公司所有現存和潛在的股東通過共同的投票來決定的，因此公司管理人員完全可以通過影響股東的思維與行為模式去改善股價的運行軌跡。公司可以做的事情包括：1、穩定公司業績；2、合法合規進行信息披露；3、與市場進行充分溝通（絕大部分的上市公司這方面做得都不夠好）；4、公司制定一些讓市場覺得自己重視長期股東的政策，比如關於分紅的政策、拆股的政策以及在業務上重長期價值，輕短期業績的政策等。

獨特的股東結構影響了公司獨特的股價表現

「長久以來，巴郡的市場價值與其內在價值一直存在着一種穩定的關係，在我熟悉的上市公司中，這是很少見的。這些都要歸功於所有巴郡的股東。正是由於大家都很理性、專注、以投資為導向，才導致巴郡的股價一直都保持在較為合理的水平上。這一併不尋常的結果，源於我們擁有一個並不尋常的股東結構：我們所有的股東都是個人投資者而非機構投資者。在這一點上，沒有一家上市公司能做到像我們一樣。」（1985 年信）

輔讀：最後的提示不僅有趣，也讓人思考。先說我們的股東「都很理性、專注、以投資為導向。」然後再作出提示：「我們所有的股東都是個人投資者而非機構投資者」。巴菲特是想告訴我們甚麼？

兩點不同

「我們與其他掛牌公司有兩點不同：第一、我們不希望巴郡的股價過高，只希望它能夠在靠近公司內在價值的一個狹小範圍內進行交易（我們希望內在價值能以合理的速度增加，能夠以不合理的速率增加快一些則更好）……第二、我們希望公司的股票交易量越少越好。如果我們經營的是一家只有幾位合夥人的私人企業，我們不會希望合夥人經常性地換來換去。經營一家上市公司也是同樣的道理。我們的目標是能夠

吸引到長期投資人，他們買進股票是想無限期地與我們同在，而不是手中持有一份標有賣出價格的時間表。」（1988 年信）

輔讀：這兩點不同自然應得到人們的認同與稱讚，但也有一個問題可以提出來供大家思考：正如大家已經知道的，巴郡有兩項投資業務：購買上市公司股票和私人企業收購。在進行私人企業收購時，應對方的要求，巴郡有時會接納以換股的方式完成併購。這樣，如果公司的股價處於一種被市場高估的狀態下，那麼換股併購無疑會提升公司的股東價值。我們就以 1998 年巴郡收購通用再保險為例：當時的公司股價是其每股資產淨值的 2.7 倍，與通用再保險換股時，就等於是用 167 倍的可口可樂、65 倍的華盛頓郵報、54 倍的美國運通、57 倍的聯邦家庭抵押貸款公司去交換通用保險的股份。這樣做無疑是大大提升了巴郡股東的價值。應如何看待這個問題呢？我一時沒有找到答案。

一個奇妙現象

「我們不能理解為何有公司的 CEO 希望自己公司的股票交易量越多越好，這代表公司的股東構成會不停地變來變去。在其他社會組織中，如學校、俱樂部、教堂等，沒有負責人會希望自己的成員離開的。（然而市場上偏偏就有這樣一羣人是靠說服人們離開所在組織來維生的，你是否聽過有人這樣勸你：反正最近基督教也沒甚麼搞頭，不如下禮拜大家改信佛教試試？）」（1988 年信）

輔讀：儘管比喻中的行為聽起來不免有些匪夷所思，但與生活的常識進行對比時，股市的奇妙現象可遠不止這一件事。比如當一個公司 CEO 進入股市買賣股票時，他的思維與行為模式有可能與他的經營模式完全不同；比如當一個投資者決定買一隻股票時，他的決策過程會比他買一件衣裳要簡單得多；比如（這是巴菲特說過的話）其他任何領域的專業人士做得都比非專業人士好，而股市卻有可能恰好相反；再比如只有在股市，一個做勞斯萊斯的人才會向一個做地鐵的人請教如何理財。等等。

股東優生計劃

「當然，會有一些巴郡的股東出於某種需要或意願想要把手中的股票給賣掉，我們只是希望他們能夠找到適當的人以適當的價格來接手。基於此，我們會試着透過我們的管理政策、經營表現與信息溝通，能夠吸引到真正了解我們營運、認同我們理念並能用同樣的方式來對待我們的新股東。如果我們能夠持續地達成這一意願，同時——這也很重要——又能讓那些較為短視的投資人遠離我們，相信巴郡的股票一定能夠長久地以合理的價格在市場上進行交易。」（1988 年信）

輔讀：「管理政策」至少包括從不分紅以及從不進行股票分割等；「經營表現」自不必所講，巴郡的每股淨值不僅增長迅速，而且波動也不是很大，算是比較平穩；「信息溝通」更無需多言，巴菲特作為公司的執行合夥人或上市公司董事長，一直保持着與股東進行充分的溝通，而且一做就是 60 年。

合夥人思維

「雖然我們的首要目標是讓巴郡股東經由公司股權所獲取的利益最大化，但與此同時，我們也期望那些以犧牲其他股東利益為代價的投資收益最小化。當我們經營一家私人合夥企業時，我們自然會樹立起這樣一個目標；那麼當我們經營一家上市公司時，同樣也應如此。對合夥企業來說，合夥人權益的平等體現在當他們加入或退出時其權益能得到公正的評估。對於上市公司來說，則惟有讓公司的股價與其內在價值經常性地保持一致，股東的公平性才能得以維持。」（1996 年信）

用時間換空間

「股東持有股票的時間越長，巴郡的經營成果就越能體現在他的投資回報上。屆時，當他買進或賣出股票時，其價格相較於內在價值的高或低，對他的影響也就變得越加不重要。這也是為甚麼我們總是希望能夠吸引到具有長期眼光的投資者加入我們的原因。總的來說，我相信我

們做得相當成功——巴郡或許是所有美國大企業中擁有最多具備長期眼光股東的公司。」（1996 年信）

輔讀：葛拉漢說：股市短期是投票機，長期是稱重器。這段話同樣可運用在巴郡身上。如果你從 1965 年或 1969 年買入巴郡的股票並一直拿到今天，那麼它的每股資產淨值、每股收益以及每股價格都經歷了大約 20% 左右的增長。期間不乏一些大幅（如 30%）甚至巨幅（攔腰砍斷）的股價下跌，但投資者如果能堅持下來，最終的結果不僅會滿心歡喜，而且會喜出望外。而發生在這家公司上的股價奇跡，如果沒有其出色的業績支撐，根本是不可能做到的。

竭盡所能

「總的來看，巴郡的股價最終是由公司的經營狀況來決定，而在大多數情況下，其價位也都能在一個合理的區間內變動。對於定期會將巴郡賣出的基金會而言，價格處於一個合理區間是重要的，而對於巴郡的新進股東來說，不讓他們付出過高的成本也同樣是重要的（關於這一點，請參見我們股東手冊的第 14 條）。通過我們的經營方針以及與股東的充分溝通，查理和我將竭盡所能，力促公司股價與其內在價值之間既不會出現大幅的折價，也不會出現大幅的溢價。」（2006 年信）

輔讀：相對於那些動輒就喜歡說「我不管股價」的 CEO 們，巴菲特與芒格的關於我們「將竭盡所能，力促公司股價與其內在價值之間既不會出現大幅的折價，也不會出現大幅的溢價」的選擇，是否更值得我們的尊重？

重點	上市公司在市值管理上有很多事情可以做。
關鍵詞	充分的信息披露、管理政策、兩點不同、具有長期眼光的股東、短視的投資人、竭盡所能。

⑪ 夜夜安眠

迷霧 巴菲特對借債是甚麼態度？

解析 非常保守。

　　很少有公司從來不借債，但借多借少相互間則差異很大。有些公司有很高的債務使用率，有些公司則崇尚保守的財務。不同的公司有不同的情況，我們很難用債務比率的高低去簡單判斷出哪家公司的財務更健康和更穩健。儘管如此，深入了解一個公司 CEO 有一個怎樣的債務觀，對了解他的公司究竟會有一個怎樣的運營風格乃至前景，也是不無益處的。

　　作為一家公司的 CEO，巴菲特又有着怎樣的債務觀呢？本節的介紹與討論將圍繞這個話題展開。我們先對巴菲特的舉債策略給出一個大概的輪廓，然後再介紹這些觀點的背後有一個怎樣的思考，最後我們將就幾個比較重要的話題展開討論。

策略一：很少舉債

　　「我們達到這樣成果的同時卻很少運用財務槓桿（不論是我們的資本／負債比率，還是資本／保費比率，都維持在一個較高的數值上）。我們也很少發行新股或回購公司股票。基本上，我們一直是在運用事業剛開始時候的資金。在原有紡織業的基礎上，我們和藍籌印花以及 Wesco 公司在私人股權市場上先後用現金收購了 13 家公司，還另外組建了 6 家公司（值得一提的是，把公司賣給我們的那些人，無論是在出售當時還是生意完成以後，幾乎無一例外地對我們相當的坦誠與公正）。」（1979年信）

策略二：未雨綢繆

「與大部份的公司不同，巴郡不會為了一些特定的短期資金需求而去融資。我們借錢，是因為我們認為在遠短於借款期的時間內，會有許多好的投資機會出現。最佳的投資機會往往出現在市場銀根最緊、資金價格最高的時候。而在那個時候，我們希望自己能夠擁有龐大的資金火力。」（1980 年信）

策略三：保守的資本結構

「無論在任何環境下，我們都會讓公司保持充足的流動性、適度的負債規模、恰當的債務結構以及非常強大的資本實力。雖然這種保守的態度會相應降低我們的資本回報，但這是一種唯一能讓我們感到安心的經營方式。」（1980 年信）

策略四：長期加定息

「我們很少大幅舉債，而當我們真得如此做時，我們傾向於有一個長期固定的利率成本。如果負債帶來會計報表的過度槓桿化，我們寧願放棄一些吸引人的投資機會。如此保守的作法儘管會使我們的經營績效打上一些折扣，但考慮到保單持有人、存款人、借款人以及公司股東已將大量的私人財產託付給我們，這是惟一令我們能感到安心的做法。」（1983 年信）

思考一：以最壞的經濟環境為準星

「儘管我們對於通貨膨脹一直保持悲觀的看法，但對於舉債的興趣還是相當有限。可以確定的是，即使巴郡通過大量舉債來增加權益報酬率，我們的負債比例還是會相當的保守。可以更加確定的是，就算我們這樣做了，我們仍然有足夠的財力應對比 1930 年經濟大蕭條更壞的經濟環境。但我們還是不喜歡這種似乎沒有問題的做法，我們要的是確定性。因此我們會堅持一項政策：不管是舉債或是做任何其他事情，我們

都希望即使在最壞的經濟環境下也能得到一個令人可以接受的長期回報，而不是在一個正常的經濟環境下，去爭取一個很好的回報。」（1987年信）

思考二：不忘信託責任

「不依賴財務槓桿，一項好的生意或一個好的投資決策也能產生令人滿意的結果。因此在我們看來，為了一點並不重要的超額收益而將我們非常重要的東西（包括那些無辜局外人 —— 比如我們的投保客戶與公司員工 —— 的福祉）暴露在不必要的風險之下，是相當愚蠢和錯誤的。這樣想不是因為我們年齡大了或是已足夠富裕了，這是我們一貫的觀點。」（1987年信）

思考三：享受過程而不是速度

「我們一貫保守的財務政策可能也是一種錯誤。不過我個人的看法卻並不認為如此。回想起來，我們只要能夠再多用一點財務槓桿（較之他人還是顯得很保守），就可以得到遠比現在年均 23.8% 還要高的股東權益報酬率。即使是在 1965 年，我們也可以 99% 地確定高一點的財務槓桿只有好處而沒有壞處。但相應地，我們可能也會有 1% 的機會，當出現一些 —— 不管是從內部或是外部 —— 令人異想不到的不利因素時，使得我們原本保守的負債率會一時沖高到介乎『暫時困境』與『債務違約』之間。

我們從來不會想要那種 99 比 1 的可能性，以後也不會。在我們看來，小概率挫敗的可能性沒有辦法用大概率地大賺一筆來彌補。如果我們的行為合理，就一定能夠得到好的回報。在大部分的狀況下，融資槓桿頂多只會讓你移動得更快而已。查理和我從來都不會讓自己在一件事面前變得急不可耐：我們享受過程更甚於速度 —— 儘管我們已經學會去接受後者。」（1989年信）

思考四：100% 的安全

「許許多多的投資者，將他們私人財富中的很大一塊投資到巴郡股票上面（應該強調其中包括我們大部分的董事會成員和主要經理人），公司的一個重大災難很有可能就會演變成這些投資者個人的重大災難。不僅如此，對於那些我們已經向其收取了 50 年甚至更長時間保費的人們，也會造成可能永遠無法彌補的傷害。對於上述這些人以及其他可能會加入我們的人，我們已經承諾無論發生甚麼情況 —— 如金融恐慌、股市關閉（例如 1914 年的股市關閉就曾延續了很長時間）、美國遭受核子武器和化學武器抑或生物武器的襲擊等，他們的投資都將是安全的。」(2005年信)

思考五：零乘以任何數都得零

「多年以來，一些非常聰明的投資人經過痛苦的經歷後已經懂得一個道理，那就是一長串讓人動心的數字乘上零，結果只能是零。我永遠都不想親身去體驗這個等式，我更加不想因為我個人的緣故而將這一懲罰強加於他人身上。」(2005年信)

思考六：夜夜安眠

「我已經對你們、評級機構及自己保證過，要以足夠多的現金儲備來運行巴郡公司。我們從來不想靠陌生人的仁慈來履行未來的債務清償。當需要被迫進行選擇時，我不會放棄一晚的睡眠去換取可能的額外利潤。」(2008年信)

巴郡的財務槓桿

儘管在舉債問題上巴菲特有着非常保守和理性的態度，但這並代表巴郡公司就有一個很低的財務槓桿比率，只是這裏說的財務槓桿不是指一般性的銀行或市場舉債，而是指保險浮存金。關於保險浮存金問題我們後面有專門的一節進行討論，這裏只是給出一張表（摘自巴菲特 2015

年致股東信），以便讀者對公司的浮存金變化過程以及現有規模有一個
大致了解：

表 5.9　巴郡浮存金（單位：百萬美元）

1970	1980	1990	2000	2010	2015
39	237	1,632	27,871	65,832	87,722

註：巴郡 2015 年股票持倉的總市值為 1,123 億元。

為何要做最壞的打算？

在前面的第六十一節中，我們曾摘錄了巴菲特在 2010 年致股東信
裏說過的一番話：「回想一下 1941 年的 12 月 6 日，1987 年的 10 月 18
日，2001 年的 9 月 10 日，這些時點告訴我們：不管今天有多麼平靜，
明天永遠是不確定的。」本人理解，這就是巴菲特為何總是做最壞準備
的緣由所在。明天永遠是不確定的，這樣的看法並不代表他不看好美國
的未來，可一旦有大事發生時，公司必須能夠挺過去。怎麼才能夠做到
這一點呢？這就需要犧牲一些眼前的利益，比如更少的負債、更多的流
動性（包括保有大量的現金與現金等價物）以及更穩健的經營等。

關於信託責任

風險管控自然也是一種信託責任。公司 CEO 不僅要為利益相關方
努力地工作，同時也要保障他們的利益無論在任何情況下都不會受到損
傷。做到第一點的也許不少，做到第二點的恐怕就不多了。背後的原
因除了一些觀念上的差異外，很重要的一點就是兩者之間存在着一些矛
盾，當後者影響了前者時，大多數人的選擇都是偏向前者而忽略後者。
不久前曾相繼發生的亞洲金融風暴、次貸危機以及金融海嘯等，為人們
上了很好的一課。

關於 99：1

如果一把左輪手槍有一顆實彈，你敢不敢玩俄羅斯輪盤賭？相信你不敢，如果中槍的比率減少到 99：1 甚至 999：1 呢？相信答案就會變得複雜起來。你也許會說那要看如果贏了我會得到甚麼。對這個遊戲，巴菲特的回答很乾脆：不管我能得到甚麼，我都不會玩這個遊戲。這是因為我得到的並不是我生活中必需要得到的東西，而一旦我輸了，失去的將是生命。俄羅斯輪盤賭如此，做生意也同樣是如此。為了多賺幾個錢而借入很多的債務，這其實就是一種變相的輪盤賭，只是它的風險看起來沒有那麼高而已。

關於夜夜安眠

巴郡的夜夜安眠不僅在於它有很低的債務，還在於它始終保持很高的流動性，其中一個表現就是公司手中始終握有不低於 200 億美元的現金（含現金等價物）。在很多人看來，這樣做也許是過於謹慎了。但是當你了解到巴菲特把每一個明天都視為可能是歷史上最壞的一天時，你也許也就多少有些認同了。不過認同歸認同，真正也會這樣去做的的，恐怕是鳳毛麟角。

主要點	債務的風險管控應以最壞的經濟狀況為準星。
關鍵詞	充足的流動性、適度的負債規模、恰當的債務結構、強大的資本實力。

12 發動機

迷霧　浮存金於巴郡意味着甚麼？

解析　公司業務不斷發展的引擎所在。

如果對巴郡做一個業務切割的話，可被切分成主要的三塊：1、保險事業經營；2、證券投資；3、私人企業收購。如何定位三者之間的關係呢？本人認為，如果把兩項投資業務比喻成兩門大炮的話，那麼保險事業負責的就是不斷地為這兩門大炮輸送炮彈。

巴郡的每股淨值或每股收益之所以能在數十年裏取得驚人的增長，除了公司幾乎從不分紅外（當然還有一直不錯的資本回報），一個重要的貢獻來自於公司保險事業為公司的兩項投資業務輸送了源源不斷且數額巨大的彈藥。本節的介紹將把巴菲特在歷年致股東信中的相關表述分成五個部分：1、基礎知識；2、資金成本；3、功能定位；4、背後功臣；5、成長速度。由於本人不是保險從業人員，除了一些中文表述可能不夠準確外（甚至會出現錯誤），也不打算做過多的輔讀了。好在將內容切分成五個部分後，已有助於大家對下面這個問題的了解：浮存金於巴郡究竟意味着甚麼？

第一部分：基礎知識

綜合比率

「綜合比率代表保險的總成本（理賠損失加上各項費用）佔保費收入的比例。比率在 100 以上，代表有承保損失；比率在 100 以下代表有承保收益。比率越高，說明當年的保險經營情況越差。如果把承保人利用其持有的保費收入（浮存金）而賺取的投資收益考慮在內，綜合比率達到損益兩平的範圍大概是在 107-111 之間。當然，由股東權益創造的投

資收入應剔除在外。」（1990 年信）

浮存金

「前面我曾提到過『浮存金』，系指保險業者在從事保險業務時暫時持有的屬於投保人的資金。由於這些資金可被用來進行投資，所以承保財產意外險的公司即使承保損失與費用達到保費收入的 107%-111% 時，仍能自我消化掉這些損失並達到損益兩平。再次強調：這需要扣除基於公司資產淨值——即股東自有資金——上的投資回報。」（1990 年信）

例外情況

「然而，7% 至 11% 這個超額數據會有許多例外情況，例如當保險業者承保穀物的冰雹傷害損失時，就幾乎沒有浮存金。保險業者通常是在冰雹即將來臨之前才能收到保費收入，而只要有任何一位農夫發生損失就要立刻支付賠償金。因此，即使穀物冰雹保險的綜合比率達到了 100%，保險業者也不會賺取一毛錢的利潤。」

「另外一個極端的例子是執業過失險——一種專門提供給醫生、律師以及會計師的用於分散其潛在責任風險的險種。較之每年收到的保費收入，這一險種的浮存金會高出很多。這一類的保險浮存金，源自理賠訴訟通常是在業務過失發生很長一段時間之後才會提出來，而實際的理賠也要等到冗長的法律訴訟程序結束後才予以執行。保險業界將這種執業過失險及其他一些類似的險種統稱為『長尾』業務，意思是說保險業者在將理賠金支付給權益申請人和他的律師（也可能是保險公司的律師）之前，可以將這些巨額的資金持有相當長的時間。」（1990 年信）

承保損失與浮存金的比率

「到底該如何衡量一家保險公司的獲利能力呢？分析師與保險公司經理人通常會習慣性地去看綜合比率——在評估一家保險公司盈利潛力時，它的確是一個很好的指標。但我們認為還有一個更好的衡量標準：

承保損失與浮存金的比率。」

「這個『承保損失／浮存金』比率，與人們常用的旨在衡量保險經營績效的其他統計指標一樣，是不適宜用於短期業績考察的。一個季度乃至一年的承保數據，會因為估計的成分太過濃厚而無參考價值。但是當時間拉長至數年以上時，這個比率就可以大致告訴我們保險浮存金成本的高低。資金成本低，就代表這是一樁好生意；如相反，就是一樁壞生意。」(1990 年信)

評估標準

「只有將保險業的承保結果與保險浮存金可以獲得的無風險收益做比較，才可以正確地評估一家財產意外險公司真實的經營狀況。當然，一家保險公司利用其浮存金與股東資金所能創造的投資收益也很重要，這也是投資人在評估保險公司的經營表現時一個重要的參考指標，但就我們現在討論的內容來說，這些是需要另做分析的。保險浮存金的價值——實際上應當說是把它們從保險運營轉移至投資運營時的價格——可以簡單地以長期無風險的利率作為評估標準。」(1993 年信)

第二部分：資金成本

過去 24 年

「1990 年我們手中大概握有 16 億美元的浮存金，這些錢最終都會流入其他人的手中。由於當年的承保損失僅為 2,600 萬美元，因此我們從保險營運所獲得資金的成本約為 1.6%。如同上面表格所示，有些年度我們有承保利潤，導致我們的資金成本低於零。但也有些年度——比如 1984 年——我們則必須為浮存金支付相當高的成本。在我們從事保險業的 24 年裏，其中有 19 個年度我們所負擔的資金成本低於美國政府債券。」(1990 年信)

GEICO

「到目前為止，巴郡位於資金成本非常低的陣營。我們擁有 48% 股權的 GEICO 其表現尤為出色，幾乎每年都有承保利潤。通過自身的不斷成長，GEICO 自我生成了越來越多的浮存金以供其投資，而它的資金成本更是遠低於零。這等於是 GEICO 的保單持有人不僅向公司提供了保險浮存金，而且還要為這些浮存金再額外付息（幹得好才是真正的好，GEICO 非凡的獲利能力源自公司的高效營運和對風險的嚴格管控，如此還能讓投保人享受到最低價格的保單）。」（1990 年信）

過去 26 年

「就像最近幾年我多次向各位提到過的：對於我們的保險事業來說，真正重要的是我們從保險業中所取得的資金成本，套句專業術語就是『浮存金成本』……我們去年保險營運所產生的浮存金成本繼續低於美國政府當年新發行的長期公債利率。這也就意味着我們在過去 26 年的保險業營運中，有 21 年的浮存金成本低於政府公債利率，而且兩者相差的幅度通常都相當可觀（哪天要是我們浮存金的平均成本高於政府公債利率的話，我們就沒有理由繼續留在保險業裏面了）。」（1992 年信）

與股本相比

「由於多年來我們的保險浮存金沒有讓我們增加任何的成本，所以它們實際上可視同於股本。當然，它又不同於真正的股本，因為這些資金並不屬於我們。然而，現在讓我們假設 1994 年我們持有的不是 34 億美元的浮存金，而是 34 億美元的股本。在這種情況下，不僅我們在 1995 年所擁有的資產一點都不會增加，我們的盈利卻還有可能下降，這是因為我們去年的浮存金成本是負的。也就是說，我們的浮存金還為我們提供了盈利。此外，如果我們用資本金去取代浮存金，它意味着巴郡還需要發行大量的新股。由此我們將面臨這樣一個結果：更多的股本、相同的資產、更少的盈利。顯然，它無疑會大幅降低我們股票的內在價

值。至此大家應該明白，為甚麼浮存金對於一家保險公司來說是如此的重要──尤其是當它們有一個很低的成本結構時。」(1995 年信)

240 億美元

「我們的承保盈利在過去的 12 年裏已累計達到 240 億美元，其中 2014 年賺取了 27 億美元。所有的這些成果全部始於我們在 1967 年以 860 萬美元的價格購入國民產險公司（National Indemnity）公司。」(2014 年信)

第三部分：功能定位

事業的重心

「我們的彙報先從保險業開始，因為這是我們旗下事業的重心所在。」(2003 年信)

核心業務

「自從巴郡在 1967 年買下國民產險公司（NICO）以後，承保財產險便成為我們的核心業務之一，更是促進我們不斷成長的動力來源。保險事業使我們取得了源源不斷的資金去進行股票投資與企業收購，讓巴郡以從未有過的規模與方式為股東帶來源源不斷的利潤。」(2004 年信)

發電站

「我們的保險運營──巴郡公司的核心業務，是經濟上的發電站。」(2008 年信)

發動機

「我們的財產險業務一直是公司發展壯大的發動機，它已為我們創造了很多奇跡。」(2009 年信)

引擎

「讓我們先來看看保險業——巴郡的核心業務，過去幾年推動我們業務發展的引擎所在。」(2011 年信)

異樣的負債

「這些浮存金是如何影響內在價值的估算呢？我們的浮存金作為一筆負債，需要從巴郡的資產淨值中全額扣除，這樣的會計處理就好像我們明天就要償還這筆錢而且還無法再補充似的。如此去看待浮存金是不對的。正確的看法應該是把它當作一筆可循環往復的周轉金。接下來，如果浮存金既是無成本的，又是可長期持有的，這項負債的真實含義將遠低於會計意義上的負債。」(2011 年信)

價值支撐

「查理和我相信，我們保險事業商譽的經濟價值——我們以此作為購買相同質量浮存金的依據——要遠遠超過其賬面價值。為甚麼我們總是說巴郡的內在價值大大超過我們的賬面價值？我們所擁有的浮存金價值就是其中的一個原因，一個大大的原因。」(2011 年信)

神奇的蛋糕

「我們的保險業務去年繼續取得驕人的成績。在為巴郡貢獻了 730 億美元的免費投資資金之外，還貢獻了 16 億美元的承保利潤——這是我們連續第 10 年實現承保利潤。這真是一塊你吃掉了它卻還繼續存在的蛋糕。」(2012 年信)

第四部分：背後功臣

傑出的經理人

「我們的成績之所以這麼出色，背後的原因只有一個：我們擁有真

正傑出的經理人。保險公司出售的保單都不是專賣品，相互之間可以任意複製對方的產品，沒有固定的客戶羣、關鍵專利、核心不動產以及任何獨特的自然資源來保護其競爭定位。通常情況下，品牌的重要性也不那麼明顯。因此，關鍵因素在於管理者的頭腦、紀律以及品格。我們旗下的經理人具備所有這些特性。」（2003 年信）

非比尋常的貢獻

「讓我再一次強調，免費使用浮存金並不是整個財產險行業的普遍現象：在大部分時間裏，保險費並不足以支付客戶的索賠及公司運營費用。結果，整個產業的有形資產回報，在數十年裏都遠低於標普 500 指數的平均回報。巴郡之所以能取得出色的成績，完全是因為我們擁有眾多出色的經理人，他們為我們作出了非比尋常的貢獻。我們的保險 CEO 們值得我們所有人去說一聲謝謝，正是他們使巴郡的公司價值增加了數十億的美元。下面，讓我很榮幸地向大家介紹這些超級明星們。」（2009 年信）

第五部分：成長速度

1967-1977 年

「我們的保險事業在 1977 年持續大幅地成長。還是在 1967 年，我們以 860 萬美元收購了國民產險公司和國家海上火險公司（兩者為姐妹公司），從而開始進入保險行業。當年，兩家公司的保費收入大約為 2,200 萬美元。1977 年，我們的保費收入已達 1.51 億美元。在此期間，巴郡沒有發行過任何的新股用以支撐上述的成長。」（1977 年信）

1967-1996 年

「自從 1967 年我們進軍保險業以來，我們的浮存金平均以 22.3% 複合成長率增加。有很多年份，我們的資金成本都在零以下。這些『免費』資金，有力促進了巴郡的經營業績。還有，在完成對 GEICO 的併購之

後，我們取得『免費』資金的速度又加快了許多。」（1996 年信）

下表為 1967-2015 年巴郡擁有的浮存金狀況。

表 5.10　浮存金概況

年份	浮存金（百萬美元）
1967	20
1970	39
1980	237
1990	1,632
2000	27,871
2010	65,832
2011	70,751
2012	73,125
2013	77,240
2014	83,921
2015	87,722

下面我們簡要討論一下浮存金給巴菲特以及巴郡股東帶來的五大好處：

大大提升了每股淨值的增速

1965-2015 年，巴郡每股淨值的年複合增長率大約為 19.2%，也即是說，如果你在 1965 年交給巴郡 1 萬美元，到了 2015 年末，這 1 萬美元就變成了 6,513 萬美元。這樣的投資回報，在全球的範圍內可能也是極為少見的（高回報有不少，延續 50 年的恐怕不多）。巴郡之所以能創造出這樣的奇跡，除了巴菲特本人的貢獻外，還有一個重要因素不得不

提，那就是公司保險浮存金的不斷增長。

比常規類債務的成本更低

縱觀巴郡近 50 年的浮存金滾動和積累，其成本一直控制在較低的水平上。有不少年度，其成本不僅遠低於無風險收益率，甚至乾脆就是零成本或負成本。這樣的成本結構，任何一種常規性的負債恐怕都難以達到。除此之外，它還是一筆不僅可以長期使用而且數額也在年年遞增的資金。就像公共汽車，儘管乘客上上下下忙個不停，但車上總會保有一定數目的人，而隨着公司保險事業的不斷擴大，汽車上的人數也越來越多。

比股本更具財富效率

這個不難理解，既然是債務，就都有這個功能。由於浮存金是一筆優質的債務，自然就更具這一功能。

為公司提供了又一個利潤源

保險業的功能定位是為巴郡的兩項投資業務創造源源不斷的而且是低成本的現金流，除了這個重要作用外，如果保險業自身還能夠創造利潤，則無疑是錦上添花，這就好比是在一個鋪滿各種水果的蛋糕上又澆上一層厚厚的奶油。隨着公司保險實力的不斷增強以及管理水平的不斷提升，保險業不僅繼續為公司的投資業務提供越來越多的浮存金，而且在最近的十幾年裏連續獲得了承保盈利。盈利數字總計在 2014 年末已累計達到了 240 億美元。

搭建了一個優秀的投資平台

經過本人的長期觀察，我覺得目前市場上流行的涉及資金管理的運行平台，大多與價值投資（或者說巴菲特式的價值投資）有着天然的且難以調和的矛盾。我們可以想像，如果巴菲特後來不是構建了巴郡這個

投資平台，而是繼續運行早期的有限合夥公司，或者組建一個私募或公募基金，那麼還會取得今天這樣的成就嗎？我可以大膽猜測：不能。現在我們完全可以這樣說：不僅是巴菲特成就了巴郡，也是巴郡成就了今天的巴菲特。

重點	低成本的浮存金是巴郡業務不斷得以發展的引擎所在。
關鍵詞	浮存金成本、評估標準、承保盈利、發電站、傑出經理人。

13 世界總部

迷霧 巴郡總部有多少人？

解析 25 人，截至 2014 年末。

從 1965 年投資巴郡，再到 1969 年接手公司管理，再到 2015 年末，在 50 年的歷程中，巴郡在巴菲特的帶領下已發展成為世界矚目的集團公司。在這個不斷發展壯大的公司中，其集團總部是一個甚麼樣子呢？有多少人？佔據多少地方？每年的花費又是多少？本節的介紹與討論將圍繞這個話題展開。

我們先來看來自《投資聖經》裏的一段描述：

巴郡總部坐落於美國的一個中等城市奧馬哈，巴菲特給這個小小的總部起了一個雅號，叫做「世界總部」。總部租界的辦公室面積只有 10,000 平方英尺。把它設想成諾亞方舟吧，然而諾亞方舟的面積要大很多，足有一個橄欖球場那麼大。《聖經》上說，諾亞方舟長 450 英尺，寬 75 英尺，高 45 英尺。上帝可以在諾亞方舟放上兩個巴郡總部還綽綽有餘……諾亞應該有自己的想法，但巴菲特似乎沒有：「我們不僅沒有戰略部門，也沒有甚麼具體的戰略。巴郡從未僱傭過經濟學家，即使我們收購一家僱傭了經濟學家的企業，他們也會離開。」（2014 年巴菲特對喬治敦 MBA 學生的演講）這個世界總部似乎沒有甚麼具體的使命，如果有的話，可能就是公司的一個股東所描述的：「賺取利潤；收購一家偉大的企業。然後重複，永不停息。」

在 1979-2014 年的致股東信中，巴菲特多次提到他的這個世界總部，下面我們就分別作出介紹。在每個介紹的後面，我們照例給出一些必要提示和背景資料。

「我們的公司總部佔地 1,500 平方呎，總共只有 12 人，剛好可以組建一隻籃球隊。」（1979 年信）

輔讀：1979 年，巴郡共持有至少 13 家上市公司的股票，截至年末的總市值為 3.36 億美元。按 3% 的通脹調整，那時的 3.3 億美元相當於今天的 10 億美元，或 60 多億人民幣。有讀者可能會問：這也沒甚麼可稀奇的呀？讓我們繼續……

「我們的稅後日常開支佔報告利潤的比率不到 1%，佔公司年度透視盈餘的比率更是低於 0.5%。在巴郡，我們沒有法律、人事、公關、投資者關係或戰略策劃等部門。這也代表着我們不需要警衞、司機和跑腿的人。最後，除了 Vernre 以外，我們也沒有僱傭任何的公司顧問。Parkinson 教授一定會喜歡我們的營運模式 —— 雖然我必須説查理還是覺得我們的公司總部過於龐雜。」

「在某些公司，總部費用會佔到營業利潤的 10% 以上。這種向企業總部繳納的「什一稅」，不但對經營利潤有不利影響，對企業價值也有很大的傷害。比起一家總部費用僅佔其盈餘 1% 的公司，一家賺取同樣利潤，但總部費用佔比高達 10% 的公司，其投資人會因總部的額外開銷而遭受 9% 的價值損傷。查理和我這麼多年觀察到的一個情況是，高運營成本與公司良好的績效之間沒有任何關係。事實上，我們發現那些組織越是簡單、成本越是低廉的公司，其運作起來反而會比那些擁有龐大官僚組織的同行更有效率。」（1992 年信）

輔讀一：「帕金森定律（Parkinson'sLaw）是官僚主義或官僚主義現象的一種別稱，被稱為二十世紀西方文化三大發現之一。也可稱之為『官場病』、『組織麻痹病』或者『大企業病』，源於英國著名歷史學家諾斯古德・帕金森 1958 年出版的《帕金森定律》一書的標題。帕金森定律常常被人們轉載傳誦，用來解釋官場的形形色色。帕金森在書中闡述了機構人員膨脹的原因及後果：一個不稱職的官員，可能有三條出路，第一是申請退職，把位子讓給能幹的人；第二是讓一位能幹的人來協助自己工作；第三是任用兩個水平比自己更低的人當助手。這第一條路是萬萬走不得的，因為那樣會喪失許多權利；第二條路也不能走，因為那個能幹的人會成為自己的對手；看來只有第三條路最適宜。於是，兩個平庸的助手分擔了他的工作，他自己則高高在上發號施令，他們不會對自己的

權利構成威脅。兩個助手既然無能，他們就上行下效，再為自己找兩個更加無能的助手。如此類推，就形成了一個機構臃腫，人浮於事，相互扯皮，效率低下的領導體系。 帕金森於是得出結論：在行政管理中，行政機構會像金字塔一樣不斷增多，行政人員會不斷膨脹，每個人都很忙，但組織效率卻越來越低下。」

輔讀二：受巴菲特的邀請，彼得·林奇曾於 1989 年造訪過巴郡位於奧馬哈的總部。在為《勝券在握》一書作序時，他給出了這樣一段描述：

「大約在六個月後，我依他的囑咐前去拜訪他。禾倫·巴菲特讓我參觀他辦公室的每一個地方，那不需要花很長的時間，因為他所有的工作所需就塞在小於半個網球場的地方裏。」

「去年對巴郡來說還有許多好消息：我們總共談成了三個渴望已久的公司收購。其中的兩家——Helzberg 鑽石店與 R.C. Willey 家具店——的財務數據將會列入巴郡 1995 年的財報，另外一項更大的交易案——買入 GEICO 剩餘的全部股權，則是過了年後沒有多久就正式敲定。」

「這些新加入的公司將會使我們的營收增加一倍。儘管如此，已完成的收購案並沒有讓我們流通在外的股份和債務增加多少。另外，儘管這三家公司共僱傭了 11,000 個員工，但我們企業總部的人員卻僅增加了 1 個人，即由原來的 11 人增加為 12 人（放心，我們還沒有到走火入魔的地步）。」（1995 年信）

輔讀：截至 1995 年末，巴郡旗下已有十數家商業運營公司，數家保險公司以及繼續持有大量上市公司的股票。以稅前利潤計，公司總利潤已達 10 億美元，股票總市值已達 220 億美元。1975-1995 年，公司每股投資和每股收益均以近 30%（每股收益還要高）的速率增長，然而公司總部的人數則繼續維持在 1979 年的水平上。

「認認真真地講，控制費用開支非常重要。舉例來說，很多共同基金每年的營業費用——大部分都給了基金經理——平均在 100 個基點上下，這等於是長期向投資者的回報徵收 10% 的稅。關於我們的表現，查理和我不敢向各位保證甚麼。然而我們卻可以保證：巴郡所賺的每一

分錢都會落入股東的口袋。我們坐在這個位置上是幫各位賺錢的，而不是相反。」(1996 年信)

輔讀：我記得巴菲特的年薪當時應當是 10 萬美元 (記不大清了)，而公司的利潤則已超過 10 億美元，與此同時他還管理着多於 200 多億美元市值的股票。對比一下：一個同等規模的基金經理或管理公司的正副總裁每年拿多少錢？美國的我不知道，但中國基金公司的經理們恐怕動輒就會數百萬甚至上千萬吧？除此之外，基金公司差不多均設有投資部、研發部、合規部、法律部、行政部、電腦部等職能部門，這些都需要有龐大的人員和辦公費用支出。對比之下，巴郡算得上是一個「怪胎」了。

「隨着財務實力的增長，我們僱用的員工人數也在同步增加。我們現在已擁有 47,566 位員工，其中包括 1998 年購併通用再保險後新加入的 7,074 人以及內部增聘的 2,500 人。為了服務新增加的 9,500 個員工，我們的總部人員也從原來的 12 人擴編為 12.8 人 (0.8 指的不是查理或我本人，而是我們新聘請的一位會計，一個星期工作 4 天)。儘管這是一個組織開始臃腫的警號，但總部去年的稅後開支只有 350 萬美元，僅佔我們資產總額的大約一個基本點 (低於萬分之一)。」(1998 年信)

輔讀：像巴郡這樣的比率：即公司員工人總數與總部人員數相比以及總部費用與公司資產相比，不知地球上是否還有第二家？

「截至 2012 年年末，巴郡的僱員總人數已達到創紀錄的 288,462 人，較前一年增加了 17,604 人。然而我們公司總部的人數沒有任何的變化——還是 24 個。」「截至 2013 年底，巴郡的僱員總數——算上亨氏——再創紀錄，達到了 330,745 人，比上一年又增加了 42,283 人。我得承認，在這些增加的人裏包括一名在奧馬哈總部上班的人 (不要慌，目前公司總部的辦公室還足夠讓我們這幫家伙坐的，而且一點都不擠)。」「截至去年底，巴郡的僱員總數 (包括亨氏) 達到創紀錄的 340,499 人，較前一年增加了 9,754 人。我要自豪的説，在這增加的數字裏並沒有任何總部的人 (目前我們只有 25 人在總部工作)。我們並沒有為此而抓狂。」(以上摘錄分別來自 2012、2013 和 2014 年信)

輔讀：我們用一張表來當作本段表述的輔讀以及這一節討論的結束：

表 5.11　總部人數與幾個數據比較 (巴郡：1979-2014)

	總部人員	持倉總市值 (億)	利潤 (億)	浮存金
1979 年	12	1.85	0.47	2.37
2014 年	25	1174.7	147.26	839.21
期末 / 期初 (倍)	2.08 倍	635	313	354
年複合增長 (%)	0.21	20.16	17.84	18.84

註：(1) 浮存金的期初數是 1980 年的；(2) 1979 年的利潤數是稅前數據。

重點　　巴郡總部的人員數目及辦公費用與其生意規模嚴重不成比例。

關鍵詞　世界總部、帕金森定律、總部人員佔比、總部費用佔比、什一稅。

14 **600 個巴郡**

迷霧 通過各種辦法巴菲特讓巴郡少繳了很多稅，是這樣的嗎？

解析 你先要看他們交了多少稅。

　　巴郡是一個在美國註冊的公司，過去 50 年來，在巴菲特的領導下其盈利能力不斷提升，利潤規模也不斷擴大。任何人或任何公司，只要參與商業活動，都不可避免地會與政府的稅務機關打交道，巴菲特也自然不能例外。從 1956 年獨自開辦公司開始，巴菲特就開始了他長達一個甲子的向聯邦政府或州政府繳稅的事宜，從未間斷。

　　下面，我們先借用巴菲特的筆，看看過去這麼多年來他和他的公司到底交了多少稅以及他本人對向政府繳稅這事的態度和想法，然後我們再就一些涉及避稅的敏感話題展開討論。

超高納稅額

7.9 億，1.5%

　　「巴郡可以說是聯邦政府的納稅大戶。1993 這一年，我們總共需要繳納 3.9 億美元的聯邦所得稅，其中 2 億美元為利潤所得稅，1.9 億美元為資本利得稅。此外，由我們持股公司向美國和外國政府繳納的屬於我們持股部分的所得稅還有 4 億美元，這些都是你在本公司的財務報表上無法看到，但又確確實實存在的。1993 年，由巴郡直接和間接繳納的聯邦所得稅佔去年所有美國企業納稅總額的 1.5%。」（1993 年信）

8.6 億，2000 個納稅人

　　「1961 年，甘迺迪總統曾經說過一句話：不應該問國家能為你做些甚麼，應該問你能為國家做些甚麼。去年我們決定試一試他給出的建

議。誰說如果只是詢問將永遠不會傷害到你？我們得到的答案是：總共要向美國國庫繳交 8.6 億美元的所得稅。

讓我們解釋一下這個數字到底有多大：如果全美有 2,000 名與巴郡一樣的納稅人，則美國國庫不需要再有任何的稅收進項 —— 包括所得稅、社會安全稅以及其他所有種類的稅收 —— 即可在 1996 年作出財政上的平衡預算。巴郡的股東可以大聲地說：『我已為國家做了一些甚麼』」。（1996 年信）

27 億，625 個納稅人

「我們規模擴大後的一個直接受惠者就是美國國庫。今年，巴郡與通用再保險已經支付或即將支付的聯邦所得稅為 27 億美元。它意味着僅我們一家就已經扛起了美國政府半天以上的費用開銷。」

「這也就是說，全美國只要有 625 個像巴郡及通用再保險這樣的納稅人，其他所有的美國公司或 2.7 億個美國公民都可以不必再支付任何的聯邦所得稅或其他任何形式的聯邦稅（包含社會保險及房產稅）。巴郡的股東可以說是功在國家。」（1998 年信）

44 億美元，600 個納稅人

「按照巴郡 2006 年的利潤，我們需要向美國聯邦政府交付 44 億美元的所得稅。美國政府上一年度的支出共計 2.6 萬億美元，即每天花費大約 70 億美元。換句話說，巴郡可以支付聯邦政府半天以上的所有開支 —— 範圍涵蓋從社會福利、醫療開支到國防預算的所有賬單。如果美國有 600 個像巴郡這樣的納稅人，那麼所有的美國人就無需再繳交任何的聯邦所得稅。」（2006 年信）

納稅的態度

不曾有任何的怨言

「對於這個比例，查理和我本人不曾有一點怨言。我們知道我們生

活在一個市場經濟的國家，我們的努力所得到的回報，比一些對這個社會有着同樣甚至更多貢獻的人只多不少。透過稅賦的調節，雖然可以多多少少地減少一些這種不合理性。但總的說來，我們還是覺得自己受到了特別優厚的對待。」(1993年信)

並無任何不妥

「查理和我本人相信，巴郡支付如此高額的稅負並無任何的不妥。我們對於整個社會的貢獻最多也只是等於社會對我們所做的貢獻。巴郡是在美國才得以繁榮與發展，而不是在世界其他別的甚麼地方。」(1996年信)

不會感到困擾

「對查理和我來說，簽發後面有一長串『零』的支票一點都不會感到困擾。巴郡身為一家美國企業以及我們身為美國公民，已經在這裏積累起巨大的財富，這是在其他國家所不可能達到的。事實上，如果我們生活在其他任何一個地方，就算是我們有能力逃避所有的稅負，我們也不可能像現在這麼富有（包括人生的其他領域）。總之，我們感到幸運的是能夠在一生中用我們的雙手給政府簽發支票，而不是因為我們身體殘障或者失業，由政府為我們簽發支票。」(1998年信)

巴菲特是避稅大戶嗎？

關注巴菲特的人應當清楚，最近一些年來巴菲特就稅收的問題談了一些自己的看法，其中有一些觀點涉及如何多繳稅的問題。比如他一直認為自己的稅率與秘書相比就顯得有點低，鼓勵美國其他像自己一樣的富人應當向美國政府貢獻更多的稅賦。從上面的介紹中我們可以看到，僅僅從繳稅這個層面上說，巴郡確實是「功在國家」。

但也有一些不同的聲音。

在美國，曾指責巴菲特通過各種方法向美國政府少繳稅的，也不乏

其人。這些人中，包括被要求多繳稅的美國富人、政府負責稅收的官員以及一些媒體等。這些指責也不都是無的放矢、泛泛而談，不僅有所指而且言辭極為犀利，甚至不乏嘲諷之語。對此，巴菲特也都及時作出了回應。按照媒體的報道，巴菲特並沒有迴避自己曾設法少繳一些稅的問題，但表示只是限於「利用我們可得的稅收優惠來合理避稅」。

我們先來看一個合理避稅的案例：70 年代初，巴菲特用大約 1 千萬美元投資了華盛頓郵報，而且一拿就是 40 年。2013 年，亞馬遜的貝索斯以 2.5 億美元收購了華盛頓郵報，僅留下一個從事教育的事業體繼續由凱瑟琳・葛拉漢的兒子打理。由於此次出售，巴菲特繼續持有華盛頓郵報的理由已經不復存在，因此需要將手中的股票賣出。然而經過 40 年後，這部分持股的價值已從原來的 1 千萬美元變成了 12 億美元，如果將股票出售，巴菲特需要繳交大約 4.5 億美元的稅收。因此，巴菲特與有關方做了一個特別的資產重組。通過重組，相當於使巴郡的繳稅稅率從原來的 38% 降至 9%。

我們再聊聊巴菲特的「兩條船」或「雙性戀」。通過前面的介紹，我們已知巴菲特除了投資股票外，還有一塊重要的業務就是私人企業收購，而巴菲特自己也講過：後者的其中一個好處就是可以少繳稅（投資股票需要交付紅利稅和資本利得稅）。僅憑這句話，人們自然可以對巴菲特的避稅行為作出抨擊。但對巴菲特有一些了解的人應當清楚，巴菲特之所以選擇甚至偏好私人企業收購，背後還有其他諸多的原因（這裏就不逐一重複了）。如果把這些原因簡單化為就是為了避稅，無論對巴菲特本人還是對巴郡公司都是欠缺一些公平的。

最後，我們再談一下長期投資問題。在不少人看來，巴菲特之所以選擇長期投資，除了受到資金規模的制約以外，還有一個重要原因就是逃避資本利得稅的「懲罰」。不過相關話題我們在前面已經討論過了：儘管美國有很高的資本利得稅，如果不停地買賣股票，自然需要繳交很重的稅賦，但巴菲特選擇進行長期股票投資的最主要原因其實與稅無關，正如巴菲特自己說過的，即使沒有資本利得稅，我們照樣會選擇進行長期投資。

指責別人之前，需要先看自己做了甚麼。那些喜歡嘲諷巴菲特是避稅大戶的人，不知自己或自己的公司向美國政府交了多少稅。

重點　巴菲特合法避了不少稅，也合法交了不少稅。

關鍵詞　1.5%、2000 個納稅人、625 個納稅人、600 個納稅人。

---

15 B 股

迷霧 巴郡為何要發行 B 股？

解析 抵制別有用心的機構炒作。

1995 年，巴郡股東會議上提交了一份資本重組提案，根據這份提案，巴郡的股本將被拆分為兩種類型：A 股和 B 股。隨後股東大會表決通過了這項提案，並與 1996 年完成了此項資本重組計劃。從此，巴郡的股東也分成了兩個陣營：A 股股東和 B 股股東。

巴郡為何要在 20 年前進行這次資本重組呢？ B 股發行的細節和背後原因又是甚麼呢？本節將圍繞這個話題展開介紹與討論。

有關事宜

「今年的股東大會將會有一項資本重組提案需要提交各位進行投票表決。該項提案一旦獲得通過，巴郡發行在外的普通股將會被分解為兩種類型：A 股和 B 股。B 股僅擁有 A 股三十分之一的權利，但以下兩點除外：1、B 股的投票權只有 A 股的二百分之一（而不是三十分之一）；2、B 股不能參加巴郡股東指定捐贈計劃。此次資本重組完成後，A 股將具有一項可轉換權，即如果股票持有人願意，一股 A 股可以在任何時間轉換成 30 股 B 股。這種轉換是不可逆的，也就是說 B 股持有人無權將 B 股轉換成 A 股。」（1995 年信）

發行規模

「我們期望 B 股與 A 股一樣，也能在紐約證券交易所掛牌交易，屆時它們會在 A 股的旁邊進行報價。為了給上市交易提供一個必要和足夠的股東數量基礎以維持掛牌後的股票流通性，巴郡預計將會發行至少價

值 1 億美元的 B 股。所有 B 股都將公開募集。」（1995 年信）

套利機會與流動性

「B 股的價格最終會由市場決定，不過大概應在 A 股三十分之一左右的價位進行交易。持有 A 股的股東如果有股票贈予計劃，可以很容易地在將 1 到 2 股 A 股轉換為 B 股。如果由此而導致 B 股需求強烈，有可能會推高 B 股股價，從而在 A 股與 B 股之間出現套利機會。」

「然而，由於 A 股享有完整的投票權以及可參與巴郡股東指定捐贈計劃，所以總的來看，持有 A 股還是比持有 B 股有更多的好處。我們預期大部分的股東 —— 如同巴菲特與芒格家族一樣（我們自己只在有股票贈予計劃時，才會考慮將少量的 A 股轉換成 B 股）—— 會選擇繼續持有 A 股。由於我們預期大部分的 A 股股東會繼續持有 A 股，所以我們預計 A 股的流通性也應該會比 B 股來得更大一些。」（1995 年信）

發行利弊

「這次的資本重組對巴郡來說有利有弊。原因倒不在於發行新股會帶來大量現金，因為我們一定可以為它們找到合理的用途。也不在於發行 B 股的價格，就在我撰寫本份年報的時刻，巴郡的股價大約為每股 36,000 美元，查理和我本人都不認為這樣的價位處於某種低估狀態。因此，發行 B 股不會使公司的每股內在價值受到稀釋。關於公司價值不妨讓我們講的再坦率一點：以目前的價位，查理和我不會考慮買進巴郡的股票。」

「B 股發行給巴郡帶來的真正問題是營運成本的增加，其中包括因為我們需要管理數量龐大的股東所帶來的服務增量。不過換個角度看，對於那些有股票贈予計劃的股東來說，如今會變得方便許多。而對於那些喜歡股票分割的投資人來說，也由此得到了一個可以『自己做』的方法。」（1995 年信）

事出有因

「其實，我們之所以進行資本重組是基於另外一個原因 —— 應對目

前市場上出現的一種聲稱可以用低價位且容易轉手的方法克隆巴郡的信託基金。這樣的所謂克隆並不是首次出現：近幾年來，一直有人向我表達想要設立一種能複製巴郡的投資基金並以較低的價位對外發行。由於我始終都沒有表示同意，這些人也就再沒有進一步的行動。」

「所謂巴郡信託基金，最近就是打着這種誘人的旗號（指股價較低且可以迅速升值——編著）粉墨登場。可以想像，他們一般都會通過經紀人以高額的佣金進行銷售、一般都會給投資人帶來高昂的運營成本、一般都會以一些涉世不深的投資人作為銷售的對象。在推銷中，他們會利用巴郡過去的業績以及查理與我本人近年來獲取的知名度而作為他們到處招搖撞騙的工具。最後的結局可想而知：投資人一定會大失所望。透過 B 股——一種較低面額但肯定遠優於『複製巴郡信託基金』——的發行，我們希望可以讓那些克隆產品無法再在市場上生存。」（1995年信）

必要提示

「不過，不論是現有的還是未來的股東都需要特別注意的是，雖然過去 5 年巴郡的每股內在價值以相當快的速度成長，然而公司股價的提升速度更快。換句話說就是：在這段期間內，股票的表現遠勝於公司經營的表現。」

「顯然，巴郡的股價不可能以這樣理想的方式運行。但如果現有與未來的公司股東在其做投資決策時，能與我們進行充分的溝通、能以公司的生意為導向、且不會受到高佣金推銷員的引誘和欺騙，我們就有可能接近甚至達到這樣的目標。也正是為了這一目的，我們才試圖去挫敗市場上那些所謂克隆巴郡信託基金的不良行為——這正是我們決定推出 B 股的原因所在。」（1996年信）

進一步的思考

「我相信，這些試圖模仿巴郡的基金很容易就能募集到數十億美元的資金。我也相信，這些基金的成功會促使更多的同類基金在市場上發

行（在證券行業，沒有甚麼東西是賣不掉的）。這些基金一定會將所募集的資金不管青紅皂白，全部傾注到數量固定且十分有限的巴郡股票上。最後的結果將導致巴郡股票價格的暴漲並進而出現投機性泡沫。用不了多久，股價的上漲又會吸引更多天真而敏感的投資人買入更多的信託基金並進而導致市場對巴郡股票的更多買入。」（1996 年信）

兩項舉措

「B 股的發行不僅可以抑制這些仿巴郡基金的銷售，同時也提供給投資人一個投資巴郡的低成本管道——如果在他們聽到我們之前所發出的警告後仍執意要投資的話。為了抑制大多數的股票經紀人在新股發行上的熱情（因為它有利可圖），我們刻意將承銷佣金降到 1.5%，這是我們觀察到的所有新股發行中最低的佣金比率。此外，我們對發行新股的數量不設上限，以避免一些熱衷於新股搶購的投機客利用新股發行數量上的稀少而刻意炒作從而導致股價在短期內的大幅飆升。」（1996 年信）

我們的期望

「總之，我們希望買入 B 股的人都是一些準備長期持有的投資者。事實證明我們的做法相當成功：公開發行後的 B 股交易量與發行量的比率（一個測量股票周轉率的大致指標）遠低於一般初次上市的股票。發行結束後，我們總計新增了 40,000 名股東。我相信他們中的大部分人都了解他們擁有的是甚麼，並願意與我們一起共同成長。」（1996 年信）

下面談幾點個人看法：

發行時機

儘管 B 股與 A 股有諸多的不同，但畢竟也是屬於新股發行。這樣就自然引伸出一個問題：老股東的權益會否因為此次發行而受到傷害？打擊坑蒙拐騙沒有錯，但如果因此而讓巴郡老股東的利益受損，顯然也是不應該的。無論是美國市場還是中國市場，因為各種冠冕堂皇的理由

而低價增發公司股票的事情實在是太多了，而這樣的發行每進行一次，老股東的利益就會被傷害一次。然而巴郡的此次 B 股發行，其老股東應當沒有這個疑慮。一是巴菲特一直以來就是一個股東利益的強力維護者，二是經過一段時間的股價高漲後，當時市場對巴郡的估值——按照巴菲特的說法——一點也不低。我相信，如果當時的股價處於比較低估的狀態，巴菲特是不會發行 B 股的。

其他動機

此次發行 B 股，除了巴菲特提到的那些緣由外，還有沒有其他動機呢？我本人認為是有的，那就是讓更多小投資者有機會買入巴郡的股票。由於巴郡一直沒有拆股，1995-1996 年間的每股股價大約在 3-4 萬美元之間，對於一個小投資者來說，這個股價實在是有點高了。儘管我們在前面討論過，這樣的股價就是要嚇跑那些投機者，但巴郡的業績畢竟是太優秀了，只要股價合適，相信會有不少的投資者願意長期持股巴郡。1965-1995 年，巴郡的每股淨值的年複合增長率為 23.6%，按照 72 法則，這意味着投資本金差不多 3 年就會翻一番……

發行安排

在此次 B 股發行前，巴菲特做了兩件事，一是告知市場公司的股價沒有被低估，二是為防止炒作，將發行中介的服務費降到市場最低。試想：有哪家上市公司的新股發行會在發行前做這樣兩件事？巴菲特之所以這樣做，與他過往的理念相一致：無論做甚麼事情，公司的 CEO 既要注意維護老股東的利益，也要儘可能地照顧新股東的利益。一家公司有這樣的董事長兼 CEO，真乃股東之幸也。

重點	B 股的發行再次顯示，巴郡是個以股東利益為導向的公司。
關鍵詞	（不會）稀釋、（沒有）低估、引誘、克隆、招搖撞騙、挫敗。

16 股票回購

迷霧 為何巴郡一直以來很少進行股票回購？

解析 背後的原因有點複雜。

　　自從巴菲特 1965 年投資並接手巴郡的管理後，這家公司在過去的 50 年裏不僅從不分紅（僅在較早期時發過一次股息），也從未進行過股票回購——即使在股票價格大幅下跌甚至被腰斬時也是如此。一個喜歡甚至推崇上市公司進行股票回購的人，為何自己長期以來從不進行股票回購（直到 2011 年才實施了第一筆股票回購）？背後究竟有着甚麼特殊的原因呢？

　　在 2011 年的致股東信中巴菲特較為集中地談了這個問題，我們的介紹與討論將主要圍繞這封信中的相關內容而展開。

情況介紹

　　「去年 9 月，我們宣佈巴郡將以不超過股票賬面價值 110% 的價格回購股份。我們入市購買才不過幾天的時間，市場價格就超越了我們的底線。幾天裏，我們共計買入了 6,700 萬美元的股票。不管怎樣，關於回購股票的重要性，我還是想多說幾句。」

回購條件

　　「當滿足以下兩個條件時，查理和我會選擇股票回購：1、公司擁有充裕的資金可以滿足日常運轉和流動性的需要；2、股票價格遠低於經保守估計的公司內在價值。」

價格、價格、價格

「我們曾目睹了很多的股票回購沒有能滿足上述第二個條件。當然，有時候這種違背——即便是很嚴重的違背——是由於無知造成的，有不少公司的 CEO 永遠都認為他們的股票是很便宜的；但在一些其他回購的場景中，情況可能就沒有這麼簡單了。如果說股票回購僅僅是為了抵消因股票增發而帶來的股權稀釋，或者說僅僅是因為公司手裏握有太多的現金，這是遠遠不夠的。只有當回購價格低於股票的內在價值時，對於選擇留下來的股東來說，其利益才不致收到損害。資本配置的第一準則——無論是用於企業收購還是股票回購——應當是：在某一個價格上你是明智的，在另一個價格上你可能就是愚蠢的（摩根大通的首席執行官 Jamie Dimon 就始終重視價格與價值的比值在回購決策中的重要性，我建議你們去讀讀他一年一度的致股東信）。」

射殺垂死的魚

「當巴郡的股票以低於其內在價值很多的價格出售時，查理和我的心情是複雜的。一方面，我們希望為留下來的股東創造更多的利益，而最好的方法莫過於買入我們自己的股票，因為我們知道它的真實價值至少值多少——特別是當它正以低於這個價值的價格出售時（就像我們一位董事曾經說過的，這就好比在一個水已流幹的桶裏射殺那些正在做垂死掙扎的魚）。但不管怎樣，我們並不希望那些賣出股票的股東以一個打折的價格去變現自己的資產，儘管我們回購行動或許會讓原有的股票價格提高一些。因此，當我們進行回購時，我們希望那些選擇退出的股東能被告知他們所拋售的資產究竟價值幾何。」

回購限制

「以我們預設的不高於資產淨值 110% 的價格回購股票，將肯定會增加巴郡的每股內在價值。我們買得越多並且價格越便宜，留下來的股東所獲得的利益就會越豐厚。因此，如果有機會，我們會在我們的限定

價格內積極地進行股票回購。然而需要指出的是，我們對用股票回購來支持股價這事毫無興趣，而且在一個走勢疲軟的市場上，股票回購也不會引起大的漣漪。此外，如果我們手中的現金少於 200 億美元，我們也不會進行股票回購。在巴郡，保持強勁的財務實力比其他所有事情都重要。」

下面本人就巴菲特的上述表述談一下自己的兩點思考：

關於股本成本

企業融資中，一般情況下股本融資的成本應當是最貴的，越是好的企業就越是如此。假設一家優秀上市公司的 ROE 為 20%，投資者按 2PB 的價格買入，儘管他的即時資本回報僅為 10%，但下一年留存利潤的資本回報就會變成 20%（假設企業的 ROE 保持不變）。以巴郡為例，由於其長期持有的公司股份是類似華盛頓郵報、大都會、蓋可保險、可口可樂、美國運通以及吉利刀片這樣傑出的上市公司，旗下的全資或控股企業又不乏時思糖果、內布拉斯加家具大賣場、波仙珠寶這樣的優秀公司，因此它的股本成本無疑是很高很高的。

每當巴郡進行公司併購時，巴菲特最願意使用的支付工具是現金而不是股份，其原因除了他手中從不缺少現金外（後期經營尤其如此），還有一個重要的考慮就是（我們以前討論過這個問題）他覺得任何置換進來的公司股本都不會比巴郡的股本更有價值。那麼，為甚麼巴郡從不進行股票回購呢？如果說股價不合理，然而歷史上巴郡股價大幅下跌甚至被腰斬的情況不乏其例，但巴菲特都無動於衷，任由公司的股價下滑而從未有股票回購的行動。背後的原因究竟是甚麼呢？

關於背後原因的猜想

既然是猜想，也只能僅供參考。巴郡是個龐大的企業集羣，股票市場更是風雲變化、波詭雲譎，在股海的風浪中摸爬滾打數十年的巴菲特到底在想甚麼，別人是無法知道的，即使他和股東之間有較為充分的溝通，也不可能面面俱到，更談不上對公司所有事情都能推心置腹，無所

保留。因此，有些事情我們只能猜想。

猜想一、不斷提升保險公司的資本實力：

本人雖不懂保險事業如何經營，但從巴菲特的言談話語中你還是能夠感受到一家保險公司的資本實力有多麼的重要。巴郡無疑就是一個保險業集團，旗下的保險公司為公司的兩項投資業務提供了源源不斷而且是低成本的保險浮存金。正如巴菲特所講，沒有保險業，就沒有巴郡的今天。在每年一度的致股東信裏，巴菲特都要花費差不多四分之一的篇幅來介紹過去一年保險公司的經營情況，由此也可以看出保險業在他心中的位置有多麼的重要。低成本的股票回購雖然會提升留存股東的價值，但無疑也會削弱巴郡的資本實力。如果一家公司的發展不需要有不斷壯大的資本實力，問題就會變得簡單許多。但如果需要呢？

猜想二、不斷優化公司的資本結構

上一個猜想講的是不斷擴充的資本實力將有利於保險業的經營，這一個猜想的出發角度則是風控。前面我們已經介紹過了，巴菲特對自己的其中一項工作職責是這樣定位的：無論明天美國發生甚麼情況，巴郡的資本結構都能讓公司度過難關。儘管巴郡很少舉債，但它的浮存金槓桿還是很高的，規模也是十分龐大的（到 2015 年已達 800 多億美元）。因此，巴菲特需要構建的堅實的資本結構，只有這樣，公司才能夠從容應對可能發生的任何危機。

猜想三、收集更多的優秀私人企業

將巴郡打造成一個優秀企業的集羣，這樣的想法儘管不知何時出現在巴菲特的腦海中，但巴菲特在資本構建上的舉措無疑暗合了他的這個夢想。巴郡儘管有源源不斷的浮存金流入，但那畢竟是保險公司的錢，所投資的資產需要保持足夠的流動性。這樣，要想收購更多的私人企業，就需要有不斷擴充的長期資金，而這個長期資金最堅實的來源，就是公司的股本。正如巴菲特所講，如果我們從一開始就把經營利潤分光吃光，就不會有今天巴郡強大的優秀企業集羣。

接下來進入本節的第二部分：IBM 的股價與回購

2011 年，巴菲特斥資 108 億美元買入 IBM 公司的股票。截至 2015

年 12 月 31 日，其賬面虧損已達 26 億美元。關於巴菲特投資 IBM 的是是非非，我們就不在這裏討論了。下面我們要介紹與討論的是一些與股票回購有關的內容，從這些表述中，我們可以看出巴菲特投資思想中另一個與眾不同的地方。所有摘錄仍全部來自 2011 年致股東信。

「今天，IBM 有 11.6 億股的流通在外股票，我們擁有其中的 6,390 萬股，佔總股本的 5.5%。自然地，公司未來 5 年的盈利狀況對我們來說會非常重要。除此之外，公司還可能會花費大約 500 億美元在未來幾年內回購自己的股票。我們今天不妨做一個測試：一個長期投資者 —— 比如巴郡 —— 在接下來的這段時間內最應該為哪件事情而鼓掌和加油呢？」

「還是不保留懸念了。我們所希望的是：IBM 的股價在未來 5 年內表現疲軟。」

「讓我們做一個數學題。如果 IBM 的股價在這一時間段的平均價格為每股 200 美元，公司計劃使用的 500 億美元就可以回購 2.5 億股的股票，這將導致流通在外的股票變為 9.1 億股，而我們由此將擁有其中 7% 的股份。反之，如果公司股價在未來 5 年內以平均 300 美元的價格出售，IBM 將僅能購買到 1.67 億股，這將導致 5 年後公司還有大約 9.9 億股流通在外的股票，而我們將擁有其中的 6.5%。」

「如果 IBM 繼續盈利，比如第 5 年有 200 億美元的利潤，我們能夠享受到的份額將會是 1 億美元。這個以較低股價為回購藍本的數額，無疑將大於以較高股價實施回購後的數額。而在以後的某個時點上，我們可以分享到的份額可能就會變成 15 億美元 —— 那麼它也一定將高於公司以較高股價回購股票後我們所能享受到的金額。」

下面摘錄自一篇關於巴菲特投資 IBM 的報道：

「巴菲特早年的投資生涯與科技股並無任何交集。但是他晚年唯一一次對科技股的投資，卻需要他不停地站出來，表示將繼續力挺自己的投資對象。巴郡在 2011 年宣佈開始建倉 IBM 股票，並一躍成為該公司第一大股東。巴菲特當年投資 IBM 時曾列出了投資該公司的數個原因，如管理技巧、公司的 5 年發展目標以及準備斥巨資進行股票回購

等。但事實上，IBM 未能實現自己此前制定的 5 年目標……IBM 此前發佈的財報顯示，該公司第四季度來自於持續運營業務的營收為 220.59 億美元，比去年同期的 241.13 億美元下滑 9%，這也是 IBM 的季度營收連續第 15 個季度出現同比下滑。」

表 5.12　IBM 的營收與利潤

年	2012	2013	2014	2015
營業收入（億）	1045	997	927	820
每股收益	15.0	14.2	10.5	11.5

不管怎樣，根據這張表以及 IBM 最近幾年的股價表現就推斷巴菲特已投資失敗，時間也許有些過早。畢竟這家公司正在處於轉型之中。在 2015 年的戰略規劃中，公司的新業務包括雲計算、大數據分析、手機平台應用等，都為公司帶來了不菲的利潤。而巴菲特最近的表示也不承認投資 IBM 是個錯誤，只是表示它「可能是個錯誤」。未來發展究竟如何，還是讓我們拭目以待吧。

重點	股票回購需滿足兩個前提條件和兩個限制條件。
關鍵詞	流動性需要、保守估計、限定價格、財務實力。

17 股息

迷霧 如何看過去數十年巴郡從不分紅這一現象？

解析 要看留下來的錢公司都做了甚麼以及做的如何。

　　分紅還是不分紅，這個話題已經掰扯了 100 多年，至今仍然莫衷一是。主張分紅的人道理一籮筐，主張不分紅的人也是道理一籮筐。究竟應如何看待這個問題呢？在這個問題上巴菲特持有甚麼觀點？巴郡數十年沒有分過一毛錢的股息，他又是怎樣解釋的呢？本節的介紹與討論將圍繞這個話題展開。

　　在前面的「六道門檻」一節，我們曾討論過有關的話題，話題的重點是引導投資者如何去判斷公司管理層的資金配置能力。這一節討論的內容稍有不同，話題的重點會從一個較為寬泛的角度逐步聚焦在巴郡身上。當然，會有一些重合的地方，但也有不少新的內容。

利潤再造

　　「基於某些理由，公司經理人往往會將那些非限制性的，完全可以分給股東的利潤保留下來，以擴充企業帝國的版圖，同時還能讓公司的財務實力更加厚實。但我們相信，將非限制性利潤保留下來，只能有一個站得住腳的理由，那就是基於公司過去的歷史記錄或深入的財務分析，可以預期公司所保留的每一塊錢能為公司股東帶來至少一塊錢的市場價值。所有這些，只有在增量資本可以為股東帶來實打實的利潤時方可實現。」(1984 年信)

　　輔讀：這段話要說的內容與前面「六道門檻」和「股東利潤」中的某些觀點或概念有些重合，但聊股息就難免會涉及一些基本的邏輯問題，沒有這個邏輯做支撐，許多問題就不好聊下去了，還請讀者耐心地繼續往下看。

選擇基準：機會成本

「假設有一位投資者持有一種年利率為 10% 的永久性無風險債券，而這只債券有一個很不尋常的特色，那就是投資人每年有權或選擇領取 10% 的現金利息，或選擇將這 10% 的利息用於買進新的同等條件債券。如果某一年市場的長期無分險利率降為 5%，則投資人在那一年應當不會笨到選擇領取現金，而是會選擇將它們繼續買進同等條件的債券，因為後者顯然能夠產生更高的回報。如果這位投資人真的需要現金的話，大可以在利息轉投債券後再到市場上以更高的價格將債券出售。再重複一次這種簡單的邏輯：如果市場上的債券投資人都夠理性的話，將沒有人會在市場利率降至 5% 時選擇領取現金 —— 即使他迫切需要現金用於生活的支出。」

「然而，當市場利率提升至 15% 時，一個理性的投資人也絕不會笨到選擇用他的利息去轉投利率僅為 10% 的債券。相反，投資者一定會選擇領取他的現金利息，即使他當時對現金沒有任何的需求。如果他選擇的不是現金利息而是利息再投資，他最終只會得到一個比選擇現金更低的市場價值。如果他真的需要投資這只年利率為 10% 的無風險債券，他完全可以選擇用他收到的現金利息直接走到市場上，以較低的價格去購買這只正在打折出售的債券。」(1984 年信)

輔讀：顯然，這裏說的儘管是債券，但所涉及的內容與邏輯自然可以延伸到股票上面。在以前的介紹與討論中我們已知：在巴菲特的眼裏，債券就是特殊的生意，而生意就是特殊的債券。因此，適用於債券的邏輯自然也就同樣適用於股票。從上面這段話裏我們是否可以解讀出如下的信息：所謂留存的一塊錢需要創造至少一塊錢的市場價值，其實只是一個分與不分的底線標準。當一個投資者（或一個 CEO）評估分紅還是不分紅究竟哪個好時，還要看社會的平均機會成本，如相關產業的平均回報、股市的平均回報以及優秀企業的平均回報等。如果後者的回報總是好於某個特定企業的回報，即使企業可以「創造至少一塊錢的市場價值」，但選擇分紅還是比不分紅要好。

新資本回報

「許多看起來能持續在資本或整體資金回報上交出好成績的公司，事實上已經把保留利潤的大部分用在了不具經濟前景（甚至很差）的事業之上。公司出色的核心業務掩飾了資金配置上的一個又一個錯誤（最常見的例子就是用高價去併購平庸的企業）。經營階層會一再強調他們已從前一次的失誤中得到了教訓，但接下來他們會馬上又去物色下一次的犯錯機會。」

「在這種情況下，只有當保留利潤僅用於高回報的生意，而餘下資金或以現金股利，或以股票回購回饋給股東時，公司的股東價值才可以得到良好的維護（一種既可以增加股東在出色生意上的利益，又可以避免股東被帶入平庸生意的方法）。那些把從高回報生意賺來的資金不斷地投入到低回報生意上的經理人，不管公司的整體回報表現如何，都應當對這種資金配置作出說明。」（1984年信）

輔讀：巴菲特的這段表述至少對我本人是有啟發的。以前我曾簡單地認為，看一家公司的留存利潤是否得到了很好的使用，只要看它的ROE就行了，如果這個指標一直表現不錯（比如高於產業平均數或市場平均數），那麼企業選擇保留利潤或者說不分或少分紅，就可以接受。但看了巴菲特的這段話後，我才意識到事情並沒有那麼簡單。下面我們來看一張表：

表 5.13　貴州茅台的幾個相關數據（單位：億元）

年	2006	2007	2008	2009	2010	2011	2012	2013	2014	2015
ROE（%）	27.67	39.30	39.01	33.55	30.91	40.39	45.00	39.43	31.96	26.23
貨幣資金	45	47	81	97	129	182	220	251	277	368
資本支出	7.37	7.72	10.11	13.57	17.32	21.85	42.12	54.06	44.31	20.61

注，ROE 為加權數據

從這張表的整體數據上看，茅台過去10年的資本回報無疑是極為

出色的。如果公司像巴郡那樣選擇不分或少分紅，股東利益不但不會受到損害，甚至可能還會得到持續地提升。但情況真的如此嗎？我們恐怕至少還要看 3 個數據才能得出初步的結論：一是它的資本支出，二是它的新資本回報率（已投入的部分其回報應當沒有問題，但還要加上沒有投入，躺在銀行裏的部分），三是它的貨幣資金總額是否與它的流動性需要相匹配。不管怎樣，當公司選擇在 2015 年大比例分紅時，這個決定應當說明了一些甚麼。

巴郡的選擇

「過去的記錄顯示，巴郡已經為其保留利潤賺取了較高的市場回報，即每一塊錢的保留利潤創造了大於一塊錢的市場價值。在這種情況下，任何發放股利的動作都將不利於巴郡的股東利益，不論是大股東還是小股東都如此。」

「事實上，我們過去的經驗顯示，如果我們在公司的經營早期就發放了大量的現金股利，這將是一件讓我們感到非常後悔的事情。當時，查理和我管理着 3 家企業：巴郡、多元零售與藍籌印花（現已合併為一家公司）。藍籌印花只發放了一點點股利，而其餘兩家皆未發放任何股利。如果當時我們把所賺到的錢全部用於股息發放，那麼我們現在可能已無任何利潤可賺，甚至連原有的資本金都會用光。」（1984 年信）

輔讀：巴菲特的早期目標是讓巴郡的每股內在價值每年平均增長 15%，而從 1999 年開始，隨着公司資金規模的不斷擴充以及經營重心的轉移，新的目標修訂為「略微超越標普 500 指數」。從不分紅的巴菲特究竟做得如何呢？我們下面來看一張表：

表 5.14　巴郡每股淨值增長率（年複合）

時間	1965-1975	1975-1985	1985-1995	1995-2005	2005-2015
每股淨值增長率	14.69%	32.97%	24.26%	15.20%	10.11%

總體來看非常優秀，基本實現了巴菲特自己定下的目標。不過細心的讀者也許會發現，儘管巴郡每股淨值的年增長率表現非凡，但從 1975-1985 這個時間段開始，接下來的時間段呈現出逐步下滑的趨勢。這個除了與巴郡的資金規模變大有關外，還有一個重要原因就是從 90 年代中期開始，巴菲特的工作重點已經從投資股票轉向私人企業收購，如果關注後期的另一組數據：每股收益的變化，整體情況還是比較平穩的。

持續不變的選擇

「雖然過去犯過一些錯誤，但我們對未分配利潤的首要配置依然是看它們能否被我們的現有業務進行有效地再利用。2012 年，我們創紀錄的多達 121 億美元的固定資產投資以及相關業務收購就再一次表明：巴郡還有一大片肥沃的土地有待進一步開墾。我們具備選擇優勢，是因為我們運營着眾多的業務，可供備選的空間比一般公司要大得多。在進行投資決策時，我們可以澆灌鮮花，避開雜草。」（2012 年信）

輔讀：可以看出，儘管巴郡的資產規模已十分龐大，但作為公司 CEO 的巴菲特還是偏好留存儘可能多的利潤。既然巴菲特說過公司是否留存利潤要看是否能夠帶來更高的的市場價值並需要以之前的歷史記錄作為參考，那麼我們下面就再做一次計算，看看在過去的 50 年裏巴郡每股股價的變化以及與標普 500 指數的對比情況。

表 5.15　年均百分比變化

	1965-1975	1975-1985	1985-1995	1995-2005	2005-2015
巴郡股價	20.41	50.65	29.23	10.68	8.34
標普 500 指數	3.64	19.00	14.85	9.08	7.31

僅從過去的記錄看，巴菲特如果繼續選擇不分或少分紅，至少是有歷史數據做支撐的。至於未來 5-10 年又會有一個怎樣的結果，我們也只能選擇等待了。

最後還要說明一點，巴菲特在 2012 年致股東信裏提出了一個「賣

出法」方案，用以替代「分紅法」。由於這個方案涉及太多的假設條件，因此本人認為對大多數的公司來説不具實際意義，因此就不在這裏介紹和討論了，有興趣的讀者可以直接找來相關內容一讀。

重點	分紅或不分紅的依據是要看留存利潤能否創造更高的價值。
關鍵詞	實打實的利潤、高回報生意、土地肥沃、很大的選擇空間。

18 Clayton

迷霧	巴郡旗下有搞房屋貸款的公司嗎？在次貸危機中是否也受過傷？
解析	有這樣的公司，但在次貸危機中毫髮無傷。

　　發生在數年前的美國次貸危機至今令人記憶猶新。巴郡作為一個經營多元化業務的企業集羣，有沒有涉及房地產業務的？有沒有從事房地產貸款的？在震驚全球的美國次貸危機中，巴郡的這些公司是否也同樣受到了嚴重傷害？本節的介紹與討論將圍繞這個話題展開。

　　在 2008 年的致股東信中，巴菲特比較集中地談了這個問題。我們的摘錄與討論也將圍繞這一年股東信的有關內容來進行。

弱化信貸操作

　　「市場上的一些主要金融機構卻遭遇了很嚴重的問題，因為他們捲入了我在去年的致股東信中曾經提到的『弱化信貸操作』。富國銀行的 CEO，John Stumpf，對這些借貸者的行為進行了恰當的評價：『有趣的是，這個行業讓人賠錢的方法本來就不少，人們還要再去發明一些新的方法去揮霍金錢。』」

錯誤的自信

　　「你可能會想起 2003 年的時候硅谷很流行的一個車貼：『上帝，請再給我們一次泡沫吧。』很不幸，這個願望很快就實現了，因為幾乎所有的美國人都開始相信房價永遠都是上漲的。這一信念使得那些借款者的收入狀況和現金資產在貸款者的眼裏已變得不再重要，他們只是不斷把錢借出去，相信房價的持續上漲可以解決所有的問題。正是這種錯

誤的自信，導致我們國家目前正在經歷不斷蔓延的痛苦。一旦房價下跌，大量的金融愚蠢行為就會顯露無疑。只有在退朝後，才知道誰在裸泳——而我們正在共同見證的那些大型金融機構們，其景象可謂是慘不忍睹。」

不該借款的人從不該貸款的人那裏借到了資金

「那個時侯，行業中的許多公司採取了一種很糟糕的銷售方式。後來在我的一篇文章裏，我將它描述為『不該借款的人從不該貸款的人那裏借到了資金』⋯⋯更加荒謬的是，一些根本不可能支付月供的借款人也在合同上簽了字，反正他們也沒甚麼可以再失去的了。這樣形成的按揭貸款還會經常被打包出售（證券化），由華爾街的投資銀行賣給不知情的投資者。這種荒唐的鏈條只會面臨一個糟糕的結局——而事實也正是如此。」

在同一個地方跌倒兩次

「1997-2000 年的大失敗本應該成為規模大得多的傳統房產市場的『金絲雀警告』，但是投資者、政府和評級機構卻絲毫不肯吸取房屋建造業崩塌的教訓。相反的是，相同的災難竟然十分詭異地再一次降臨，2004-2007 年的傳統住房市場竟然重複上演了以前的錯誤：貸款人愉快地將錢借給那些憑藉自己的收入根本還不起借款的人，借款人同樣愉快地簽下那些他們根本償還不了的貸款合約。雙方都同意簽署這種本不可能簽署的合約，是因為合約雙方都把自己的希望寄託在『房價上漲』上面。郝思嘉的電影台詞再一次在我們耳邊想起：『明天再想這件事吧。』現在，這一行為的嚴重後果已經波及到了我們經濟的每一個角落。」

我們沒有受傷

「年末，我們的貸款不良率為 3.6%，僅比 2004 年和 2006 年的 2.9% 略高一些（除了自行貸款，我們還從其他金融機構購買了一些不同種類

的貸款組合）。2008 年，Clayton 喪失抵押品贖回權的貸款比率為 3%，這一數字在 2006 年是 3.8%，2004 年則是 5.3%。」

我們做了甚麼

「為甚麼這些只擁有中等收入和遠達不到優秀信用評級的借款人會表現得如此優異？答案很簡單：嚴格按貸款 101 條款的要求去做。我們的借款人只是簡單地將他們需要定期償還的按揭貸款金額與他們實際的而非臆想的收入作對比，然後再決定他們是否接受這份貸款合約。簡單來説，他們借款是因為他們有能力還款 —— 不管房價會有一個怎樣的走勢。」

我們沒做甚麼

「同樣重要的是我們的借款人不做甚麼。他們不指望通過再融資來幫助他們還款；他們也不會接受銀行的回贈品而讓貸款規模超出他們的支付能力；他們也不會假設當自己的收入不足以應對還款時，完全可以通過出售房屋而獲得盈利。」

一個重要事實

「對於當前房地產危機的評論，經常忽略了這樣一個重要事實，那就是大多數抵押品贖回權的喪失並非因為房屋的價值已經低於抵押品（所謂的貸款「倒掛」），而是因為借款人已無力支付他們所承諾的月供。那些已經支付了首付的房屋所有者們 —— 通過儲蓄而非債務 —— 很少僅僅因為房屋價值低於抵押品而放棄他們的首選居住地。他們選擇離開，是因為他們已付不起月供。」

本應有的收入匹配準則

「擁有一所房子是一件幸福的事情。我和我的家人已經在現有的這所房子裏生活了 50 年，而且還會繼續享受下去。購買房產的主要動機

應當是對美好生活和實用性的追求，而不是用於獲利或者再融資。購買的房屋應該與購買者的收入水平相匹配。」

不低於 10% 的首付

「房地產的崩盤應該已經給房屋購買者、貸款人、房產經紀商和政府上了簡單的一課，這將為未來市場的穩定性增添了一些保障。購置房產理應附帶一個實打實的比例不低於 10% 的首付，房產的月供也必須與借款人的收入水平相匹配。而且，這個收入水平應該被認真核實過。」

幸福的忽略

「事實上，人們在按揭貸款相關證券上的損傷很大程度是源於證券推銷員、評級機構和投資者使用了有缺陷的、基於歷史數據的模型。他們在查詢歷史中的失敗記錄時，忘記了那時的房價只是溫和地上漲，而房地產業中的投機行為及其影響也微不足道。然而，他們卻將這些歷史數據當作衡量未來的標尺。他們十分幸福地忽略了房價在近幾年的飛漲、貸款狀況的惡化以及許多購買者樂於購買他們根本買不起的房子。簡而言之，過去和現在的世界已有着完全不同的含義，但是貸款人、政府和媒體中的大多數人卻沒有認識到這一重要的事實。」

當心那些滿腦子都是數學公式的奇客

「投資者應該對那些基於歷史數據的模型始終保持懷疑的態度。這些模型似乎是由一個呆頭呆腦的術士所創造，使用了大量諸如 β、γ、Σ 之類的深奧術語，看起來讓人印象深刻。然而在通常情況下，投資者會忘記去檢驗一下這些符號背後的條件假設。我們的建議是：當心那些滿腦子都是數學公式的奇客們。」

重點	由於堅守貸款準則，巴郡旗下的相關公司在次貸危機中毫髮無傷。
關鍵詞	弱化信貸操作、實際而非臆想的收入、月供、實用性追求、貸款首付。

19 我們有所不為

迷霧 一個人不做甚麼有時比做甚麼還要重要，甚麼事情是巴菲特從不會去做的呢？

解析 巴菲特自己說了四條，我們又給補充了幾條。

很久以前，查理就為自己制訂了一個遠大的人生抱負：「我只想知道我會死在何處，然後我就絕不會去那個地方。」這一智慧是受到了普魯士偉大數學家 Jacobi 的啟發，他將『倒過來想，一直倒過來想』作為協助自己解決難題的一個方法。以下這些例子體現了我們如何在巴郡應用查理的這一思想：

—— 查理和我會避開那些我們不能評估其未來的生意，無論他們的產品有多麼的激動人心。

過去，即使是普通人也能預測到汽車（1910 年）、飛機（1930 年）和電視機（1950 年）行業的快速發展。不過，它們的未來也包含了一種競爭動力，後者會吸引幾乎所有的公司進入這個產業。最後的結局是：即使你是一個倖存者，通常也會鮮血淋漓地離開。

即使查理和我能夠明確預知某個行業未來的強勁增長，也並不代表我們能夠判斷那些爭奪產業霸權的競爭者們會有一個怎樣的利潤邊際和資本回報，因此在巴郡，我們只會堅守在那些可以合理預期其未來數十年利潤增長的生意上面。即使如此，我們還是會經常犯錯。

—— 我們絕不會依賴陌生人的善舉。「大到不能倒」，也不是巴郡的思維模式。反之，我們會提前作出安排，讓我們任何可以想像的現金需求與自身的流動性相比都顯得微不足道。除此之外，源自我們多項生意的現金流將不斷為我們注入新的流動性。

2008 年 9 月，當金融體系陷入幾近癱瘓之時，巴郡成為流動性和資本金的提供者而不是求助者。在危機到達頂峰時，我們向商界一共投入

了 155 億美元。不然的話，這些企業就只能向聯邦政府求助了。其中的 90 億美元投入了 3 家當時已倍受關注而以前則一直讓人覺得非常安全的美國公司，以增厚他們的資本金——當時這 3 家企業需要我們刻不容緩地投出明確的信任票。其餘的 65 億美元則用於兌現我們為收購綠箭而提供資金的承諾，這椿交易在周圍充滿了恐慌情緒的情況下順暢完成。

——我們傾向於讓旗下眾多事業體自主經營，並且不會實施任何程度的指導和監視。

這意味着我們有時會遲於發現管理上的問題以及他們在運營和資本配置方面的不當決策，這些決策如果徵詢我們的意見時我們可能會不同意。然而，我們絕大多數的經理人都很好運用了我們給予的自主權，始終保持着一種在大型機構中少見的，以股東利益為導向的行為模式。我們寧願承受由一些糟糕決策造成的有形代價，也不願承受由僵化的官僚作風而導致的決策過於遲緩或者根本就沒有決策所帶來的大量無形代價。

——我們沒有嘗試去討好華爾街。基於媒體或分析師的點評進行買賣的投資者不是我們喜歡的類型。

我們希望我們的合作夥伴加入巴郡是因為他們想對自己了解的生意進行長期投資，同時認可我們的各項經營策略。假如查理和我計劃與幾個合夥人開辦一家小型風險投資企業，我們一定會尋找與我們有着共同特質、一致目標以及會共同促進股東和經理人共建美好「姻緣」的同道中人。即使企業發展到一個巨大的規模，也不會改變我們的這一理念。」

上面一共說了四條，我自己的總結是：1、從不碰不可預期的生意；2、從不把命運交到別人的手上（之所以提出這一條，顯然與 2008 年的金融海嘯有關——編著）；3、對旗下的企業從不進行過多的干預；4、從不會去討好華爾街。

在 2004 年的巴郡股東年會上，有個年輕的股東問巴菲特怎樣才能在生活中取得成功。在巴菲特分享了他的想法之後，查理·芒格插話說：「別吸毒。別亂穿馬路。避免染上艾滋病。」芒格的告誡聽起來好像有點不太禮貌，不過本人倒覺得他的話裏包含了很深的哲學思想：一個

人既要有所為，更要有所不為。

在投資領域，巴菲特有所不為的事情顯然不止上面說的四條，以下給出一些補充：

從不投機

按別人的話講，巴菲特一生都在進行價值投資；按巴菲特自己的語境，他的一生都在進行以價值為導向的投資。在葛拉漢、費雪和芒格的共同影響下，巴菲特不僅從不做與投機有關的事情，而且即使是所謂價值投資，也被他做到了極致。當巴菲特說企業是特殊的債券，債券是特殊的企業時，我認為這種投資理念已達到了一個很高的境界。

從不做時機選擇

在《漫遊華爾街》一書中馬爾基爾有一句話是這樣說的：「準確預測股票價格未來走勢以及買進賣出的適當時機，被列入人們最堅持不懈的努力之一。」如果從這本書的首次出版算起（好像是 1972 年），時間已過去了 40 多年。然而，如果把這段話放到今天說，相必大家一定會認為它同樣適用。我們一言以蔽之吧：為何大多數業餘和職業投資者的投資業績不盡人意甚至慘不忍睹？原因之一就是他們都熱衷於在股票市場進行基於時機選擇的「投資」；為何巴菲特會笑到最後？原因之一就在於他從不做時機選擇。

從不碰價格不便宜的股票

投資中不要買錯股票自然很重要，但不要買貴也同樣重要。既然做的是「以價值為導向」的投資，那麼當一件價值 100 元的物品叫價 120元時還要買入，這自然不是價值投資。按照巴菲特的理解（理念源自葛拉漢），一件價值 100 元的物品，最好等到它叫價 50 元時再買入才是正確的投資行為。一為價值、二為緩衝、三為提升你的投資回報。如果價格都不便宜怎麼辦？那就耐心等待，直到那只小小的棒球落入你的最佳

擊球區域。

從不買過多的股票

巴菲特集中持股的極致是 1987 年，當時他把價值 21.15 億美元市值的資金僅僅投放在 3 隻股票上。即使縱觀他的整個投資人生，其重倉持有的股票也很少超過 8 隻。背後的道理在巴菲特看來倒是很簡單：如果你有 40 個妻子，你就無法知道她們都在想甚麼和做些甚麼。比照那些機構投資者，其持有的股票數目動輒就會上百乃至數百。不是說分散投資就一定不可行，但如果把分散當作降低風險的一項舉措，在巴菲特看來這並不可取。

從不和大多數人站在一起

這句話聽起來儘管有些耳熟，但是真正能夠做到的就很少了。投資不是賭博，看別人買大你就買小。既然投資是基於價值的操作，那麼當股票價格出現非理性或恐慌性下跌時，市場就會提供極佳的投資機會。這時候，逆向操作的基本前提是「你必須比市場先生更懂得你手中股票的價值」。做不到這一條，所謂不要和大多數人站在一起，就會變成一句空泛的口號。巴菲特為何有優異的投資回報，除了其他一些眾所周知的原因外，其中一條就是他幾乎「從不和大多數人站在一起」。

> **重點**　很多時候，你贏只是因為你堅持有所不為。
>
> **關鍵詞**　不能評估其未來的生意、別人的善舉、大到不能倒、自主經營、討好華爾街。

20 我們的優勢

迷霧 巴菲特如何為巴郡估值？

解析 即要定量，也要定性。

給巴郡估值可不是一件容易的事，即使是巴菲特本人也同樣如此。而且，越到公司發展的後期（按巴菲特接手公司管理算起）估值就越不容易。在公司的早期階段，巴菲特是用每股資產淨值來顯示公司內在價值的成長性。隨着公司業務的不斷多元化，巴菲特又提供了兩組新的數據以幫助大家追蹤公司內在價值的變化，即每股投資和每股收益。前者記錄巴郡股票持倉的市值變化，後者記錄旗下數十家私人企業的經營業績。

本節的討論並不是真要給巴郡估值，畢竟讀者中目前願意買這家公司股票的應當還是少數。我們只是在這裏提供一個分析的框架，而這個分析框架也是巴菲特和他的老師葛拉漢的共同看法：當為一家公司估值時，不僅要做定量分析，也要做定性分析。那麼，與巴郡有關的「定性分析」又有哪些呢？

在 2013 年的致股東信中，巴菲特在以「內在價值：今天與明天」為題的一個討論中向我們介紹了巴郡所具有的幾項公司優勢。在巴菲特看來，儘管在考察今後的巴郡會有一個怎樣的成長速率時，規模是一個明顯的劣勢，但公司所具有的幾項優勢可以在一定程度上緩衝其規模的劣勢。（以下摘錄全部來自 2013 年致股東信）

優勢一：有一隻出色的經理人團隊

「首先，我們擁有一批熟練的管理人員，他們在自己的工作崗位上可以為巴郡及其股東作出傑出的貢獻。我們許多的 CEO 早已實現了財富獨立，他們工作，是因為他們熱愛這份工作。他們是工作崗位上的志

願者，而非為了金錢而來。由於其他地方不可能再為他們提供一個讓他們更加熱愛的工作，因此他們不會因誘惑而離開。」

輔讀：我們嘗試着列舉一些被巴菲特稱為「藝術大師」級管理人員的名單如下：託尼・奈斯利（蓋可保險公司）、盧・辛普森（蓋可保險公司）、阿吉特・傑恩（巴郡再保險部）、B 夫人及其後人（內布拉斯加家具大賣場）、阿・尤里奇（國家飛安公司）、凱瑟琳・葛拉漢（華盛頓郵報）、唐・葛拉漢（華盛頓郵報）、弗蘭克・羅尼（H.H 布朗鞋業）、斯坦・利普西（布法羅報）、查克・哈金斯（時思糖果）、拉爾夫・斯西（司考特費茲）⋯⋯

我們的優勢二：可投資一切

「我們的第二個優勢與我們對旗下企業利潤的分配模式有關。在滿足了這些企業本身的發展需要後，我們通常還會剩餘大量的資金。大多數的企業都會限定自己僅能在所處的行業裏進行再投資。然而，這樣做常常會讓他們在廣闊的商業世界裏將自身局限於一個小範圍、低效用的資金配置中。除此之外，為數不多的機會必將帶來慘烈的競爭。賣者會佔上風──這就像在有眾多男孩參加的舞會上一個僅有的女孩所處的位置一樣。這種不均衡狀態對女孩來說無疑很有利，對男孩來說則糟糕透頂。」

輔讀：有讀者可能會質疑：這也算公司優勢？誰都可以這樣做吧？其實，巴菲特之所以把這一條列為公司的優勢之一，是因為巴郡具有三項其他公司沒有或較少具有的特質：1、嚴格杜絕機構慣性（固執、守舊、旅鼠等）；2、多元化的經營所提供的資金配置便利；3、不僅投資實業，也投資股票。特別是後兩條頗具巴郡風格：公司涉獵的產業範圍之廣恐怕少有公司能比；公司將股票持倉當作一種實業投資也少有公司能做到這一點。

我們的優勢三：難以複製的企業文化

「我們的最後一項優勢就是難以複製的並且滲透於巴郡公司上下的

企業文化。在企業經營中，企業文化至關重要。首先，代表你們的董事會成員都能夠像公司的所有者一樣行事。他們只收到象徵性的董事酬金：沒有股票期權、沒有限制性股票，也就是說，他們再沒有任何其他的現金補償。我們沒有為董事和高級職員購買任何的責任保險，而這在幾乎所有的大型上市公司中都很流行。如果他們沒有管理好你們的資金，他們會承擔和你們一樣的損傷。

這種股東導向的行為模式，也同樣流行於我們的經理人中間。許多實例表明，他們選擇巴郡，是因為他們把巴郡當作收購他們及其家人所屬事業的理想持有人。他們以主人翁的姿態來到我們身邊，我們則負責向他們提供一個寬鬆的環境以使這種姿態得以長期保持。擁有一羣深愛自己事業的經理人，這是一個不小的優勢。

在巴郡的『世界總部』，我們的年租金僅為 270,212 美元。除此之外，我們在辦公家具、藝術品、可樂售賣機、午餐室及高科技設備——你們是這樣稱呼的——上的投資總共是 301,363 美元。查理和我在管理你們的資金時，就如同在管理我們自己的資金。巴郡的其他經理人也都有着同樣的行為模式。

我們的薪酬計劃、年度會議、甚至於我們的年度報告，均着眼於能夠不斷強化我們的企業文化，並使之成為防範和驅逐不良經理人的利器。這一企業文化每年都會得到進一步的增強，而且在我和查理離開公司這個舞台之後，仍可以完整無缺地繼續存在下去。」

輔讀一：以上共列舉了三條巴郡特有的公司文化現象：1、有一羣與眾不同的董事，他們自己做的飯自己也吃並總能以股東利益為導向；2、有一羣與眾不同的經理人，他們工作不是為了生活需要，而是把公司事業當作自己的事業並力求做到極致；3、有一個超凡脫俗的公司總部，他們從不過多監視或干預旗下企業的經營，因此其總部規模以及費用支出讓幾乎所有的公司都相形見絀。

重點	巴郡未來的成長性既取決於它的規模，也取決於它所具有的各項優勢。
關鍵詞	志願者、分配模式、企業文化。

21 聰明錢

迷霧 巴菲特之後會由甚麼樣的人擔任投資經理呢？

解析 需符合多項要求。

在巴菲特年過 70 後，巴郡董事會就慢慢開始了對巴菲特「接班人」的培養和選拔工作。按照董事會事先的安排，巴菲特的工作將被分解成至少兩大部分：經營與投資。我們暫且把負責經營的繼任人繼續叫做 CEO，把負責投資的繼任人暫且叫做 CIO。那麼，公司後來對相關人士的物色與選拔工作做得如何呢？具體的標準又是甚麼呢？本節的介紹與討論主要聚焦在 CIO 上面。在 2006 和 2010 年的至股東信中，巴菲特具體談了他關於這個問題的一些思考。

CIO 比 CEO 難找

「4 年前我曾告訴過你們，我們需要增添一個或多個年輕一點的經理，以便當查理、Lou 和我不在的時候可以繼續我們的事業。當時我們很快就有了幾個可以接替我這個 CEO 位置的候選人 (現在也是)，但是在投資經理的位置上，我們卻沒有好的候選人。」(2006 年信)

輔讀：之所以 CEO 比 CIO 容易找，我想可能有以下幾個原因：1、由於巴郡是一個優秀企業集羣，因此它有豐富的 CEO 人才備選庫；2、儘管公司的經營比較多元化，但公司上下負責做股票投資的，除了羅·辛普森 (負責蓋可保險的部分投資事宜) 外，就只有巴菲特一人。當開始尋找接班人時，自然就會比尋找 CEO 更難一些；3、儘管商場如戰場，當好一個 CEO 一點都不容易，但股票市場的風雨變換與波詭雲譎似乎更難把控。

難以名狀的技能

「要想找一些近期有出色記錄的投資經理是很容易的。過去的業績雖然很重要，但不足以用來判定其未來會如何。投資記錄是如何實現的恐怕更為關鍵，比如投資經理對於風險的理解和敏感性等（許多學者用 Beta 來衡量風險，我們則一定不會使用這個指標）。至於風險判定的標準，我們正在尋找的是這樣一種人，他具有一些難以名狀的技能，能夠事先觀察到在某種經濟狀態下可能會產生的結果。最後，我們希望找到的這個人，巴郡對他來說不僅僅只是一份工作。」（2006 年信）

輔讀：儘管巴郡的股票市值已有上千億美元，但公司總部並沒有一個類似機構投資者那樣的龐大的風控體系（我曾經考察過一家著名的歐洲基金公司，它有着非常複雜的風控流程設計），所有的工作似乎就是由巴菲特一人獨自承擔。可想而知，這個未來的投資經理其身上的擔子會有多重。我們前面已經討論過一些相關的話題，比如風控中會有風險識別的問題，其他公司的流程設計大多有着相同的內容，然而巴郡風險識別的落腳處只是那句著名的話：告訴我會死在哪裏，然後我就從不到那裏去。要知道所謂有所不為也許說說容易，真正能做到就不那麼容易了。

與生俱來的風險意識

「長期來看，市場將會出現非比尋常，甚至十分詭異的舉動。無論你積累了多少成功紀錄，只要犯下一個大錯誤，都可能會被一筆抹煞。因此，我們需要具有與生俱來的風險意識，能識別和規避重大 —— 包括那些以前從未遇到過的 —— 風險的人士。如今，許多金融機構投資策略中的一些操作性風險，並不能被這個羣體所廣泛使用的一些投資模型所識別。」（2006 年信）

輔讀：這一段話還是談風控，可見巴菲特的風險意識有多麼的強烈和根深蒂固。儘管 2006 年還沒有爆發金融海嘯，但互聯網泡沫的破裂仍讓人記憶猶新，由次貸以及衍生性金融商品構建的風險也在慢慢積累着不知何時爆發。所有這些，讓巴菲特暗暗感覺到市場有可能會出現「非

比尋常甚至十分詭異的風險」(不幸被他說中)。正如巴菲特所說，次貸危機和金融海嘯讓不少老牌公司犯下了「大錯誤」，從而讓過去的所有努力最終被「一筆抹煞」。在這場幾乎人人自危的風暴中，巴郡之所以會毫髮無傷，靠的就是在巴菲特身上所具有的「與生俱來的風險意識」，從而讓公司成為危機中為數不多的施救者，而不是為數眾多的被救者。

考核指標：相對業績

「當查理和我遇到 Todd Combs 時，我們就知道他符合我們的要求。Todd 與 Lou 一樣會有自己的工資，然後再依據其與標普指數對比後的相對業績來獲取額外的報酬。我們有一些延期支付的安排，以預防那些業績起伏不定的經理人得到不當的酬勞。」(2010 年信)

輔讀：以標普指數作為業績考核基準，不少機構投資者恐怕也會如此。但後者通常會多一個指標：機構間的業績排名。正是這個排名 (大多都是短期排名)，讓機構投資者的行為模式發生了變異。也正是因為這個排名，在機構投資者運行的數十年裏，人們已習慣於用以下詞彙來形容機構投資者的操作風格：時機選擇、快進快出、用腳投票、華爾街時差、抱團取暖、旅鼠情結……。反之，數十年來，巴菲特給自己定的目標就是超越指數，他現在只是要求繼任的投資經理也要同樣如此。

風雨同舟

「在對沖基金的領域裏可以見證一些普通合夥人的可怕行徑：他們會因為投資收益而獲取巨額的酬勞，但當壞結果出現時，他們就會富有地離去，留下他們的有限合夥人把先前的盈利給回吐出來。有時，同一批的普通合夥人會迅速創建一個新的對沖基金，以便讓他們又可以參與未來利潤的分配，而不用為過去他們所造成的損失承擔責任。將資金交給這些人打理的投資者，他們不應當被稱為合夥人 (partners)，而應被稱為受騙者 (patsies)。」(2010 年信)

輔讀：我們以前討論過，巴郡儘管是一家上市公司，但在巴菲特的眼裏，它就是一個合夥公司，而他與芒格只是執行合夥人。想一想，今

第五章　說公司

天巴郡已有上千億美元的股票倉位,但它向它的股東收過一分錢的管理費嗎?不僅沒有管理費,它還為股東節省了大量的摩擦成本以及巨額的稅賦支出。除此之外,它的盈利模式也是以股東利益為導向:只有股東賺錢了,管理人才能夠賺錢。這樣的「機構」投資者,想必市場上沒有幾家吧?(當然,也不能簡單對比,畢竟像巴郡這樣的投資平台不是誰都可以擁有的。)

聰明錢

「只要我還是 CEO,我將會繼續管理巴郡大部分的股票和債券投資。Todd 最初將管理 10 億至 30 億美元的資金,資金數額每年可以重新設定。他目前的投資重點主要是股票,但又不限於股票。基金顧問喜歡將投資風格描述成『多空策略』,『宏觀』,『國際股票』等。在巴郡,我們唯一的風格是『smart』。(2010 年信)

輔讀:打開晨星基金的排名網,你會看到不同風格的基金名稱 (先不管是否名符其實),如新興產業、消費升級、互聯網+、一帶一路、資源整合、趨勢精選、紅利回報等。如果你想投資 QDII,照樣可以找到按地區劃分的各類不同基金,如香港精選、海外精選、大中華地區、金磚四國、全球新興市場等。如果時間回溯得更早一些,基金風格還會分成價值型、成長型、混合型、大型××、小型×× 等等。然而,如果我們把巴郡也看作是一隻共同基金的話,那麼它的主體風格就只有一個:買股票等同於買企業。在這個目前已有千億美元市值的證券組合中,在所謂『smart』風格的背後,隱藏着一句非常重要的話 (我們不妨再重複一遍):股票就是特殊的債券;債券就是特殊的股票。

重點	「Smart」是巴郡「基金」的唯一風格。
關鍵詞	難以名狀的技能、與生俱來的風險意識、延期支付、合夥人、聰明錢。

22 不離不棄

迷霧 當旗下的企業經營不佳時巴菲特如何處理？

解析 大體上可用一個詞彙予以概括：不離不棄。

截止到 2015 年，巴菲特已經收購了數十家私人企業，它們中的大部分公司目前都運作良好。當然，因為各種各樣的原因，也有少數的企業其經營表現不那麼盡如人意。對這些企業，一般情況下巴菲特的選擇就是不離不棄。真的如此嗎？

中庸之道

「我不會因為企業的利潤率能增加一個百分點，便結束不太賺錢的事業。但我也認為一個非常賺錢的公司用資金去支持一項完全不具前景的事業，同樣不太妥當。亞當 史密斯一定不讚同我的第一個看法，而卡爾 馬克斯又會反對我的第二個見解。選擇中庸之道，是惟一能讓我感到安心的作法。」（1985 年信）

戀舊情結

「我們旗下各事業體（包括去年盈利出現下滑的公司），一直都由一羣傑出而專注的經理人在打理並因此而大為受益。就算我們現在有機會能夠聘請到業界其他非常出色的經理人，我們還是不會考慮換掉他們中的任何一人。」（1995 年信）

無傷大雅

「這個集團公司生產從棒棒糖到噴氣式飛機等多種產品。有一些生意做得非常出色——衡量的依據是其淨資產回報率（排除對財務杠杠的過度使用）高達 25%-100%。其他的生意只能算是有較好的回報，淨資

產收益率分佈在 12%-20% 之間。但是，也有少數幾個生意的資本回報表現得很糟糕，這是因為我在做資本配置時犯了一些嚴重錯誤。之所以會有這些錯誤，是因為我在評估這些公司的競爭力以及所在行業的未來前景時出現了誤判。

巴郡的新進股東可能不理解為何我們還繼續持有這些公司。總的來看，這些公司的盈虧狀況對巴郡的價值影響很小。而且，問題公司比優秀公司需要更多的管理時間。那些管理諮詢人員或華爾街的投資顧問們會覺得這些公司拖了我們的後腿，他們給出的建議只會是：扔掉他們。」（2011 年信）

信守承諾

「過去 29 年來，我們已經定期在公司年報上公示巴郡的經營準則（第 93-98 頁），其中第 11 條講的就是我們在總體上會抵制出售表現糟糕的公司（大多數情況下，這種糟糕的表現是因為行業的原因而不是管理上的失誤）。我們的作為與達爾文主義相距甚遠，而你們中的很多人也可能不同意我們的這一做法。我理解你們的立場。然而，我們曾經——並將繼續——對賣方有所承諾，即不管是順境還是逆境，我們都會保留這些公司。到目前為止，這些承諾的資金成本並不算太高，而且我們因遵守承諾而建立起來的信譽往往會抵消掉這些成本，這是因為還有不少潛在的賣方正在為他們出色的生意和忠實的夥伴尋找一個可以永久停留的家。這些人很清楚我們給予他們的是他們無法從其他人那裏得到的，而在未來的數十年裏我們也會信守這份承諾。」（2011 年信）

兩個例外

「但是請你們理解，查理和我既不是受虐狂，也不會盲目樂觀。如果我們的第 11 條經營準則中所規定的兩個不符情況有任何一個出現（它們是：1、這些業務長期來看很可能會讓現金枯竭；2、勞工衝突在當地很流行），我們將採取快速而堅決的行動。在我們 47 年的經營歷史中，這種情況只發生過幾次，而我們現在所擁有的生意中，還沒有一個因陷

入如此的窘境需要我們予以果斷放棄。」(2011 年信)

從上面的表述中我們了解到，對那些表現不佳的旗下企業，巴菲特的選擇確實是不離不棄。

關於信守承諾

我們先來看印發於 1996 年 6 月的巴郡「股東手冊」其第十一條是怎樣說的：「你們應當特別注意查理和我的一個做法，這個做法會在一定程度上削弱我們的整體財務表現：無論甚麼價格，我們都不會出售巴郡旗下的任何一家優秀企業。對那些較差的公司，只要我們預期還能產生一些現金流以及對其管理層和勞資關係較為滿意，我們也不大會願意將其出售。當然，我們希望今後不再重犯資本配置上的錯誤，導致我們買入一些這類的公司。對於那些只要有大筆的資本支出即可讓一些蹩腳生意重獲新生的建議，我們也會慎之又慎（對結果的預期總是令人鼓舞，提出建言的人也足夠真誠，但到最後，在一個慘淡的產業中進行大筆的投資，期結果無異於在流沙中進行痛苦的掙扎）。不管怎樣，拉米紙牌式的行動（在每一輪中丟棄有最差前景預期的公司）不是我們的管理風格。我們寧可讓我們的財務表現略受影響，也不願意採取那樣的行動。」

這就是巴菲特給出的承諾，既然給出，就理應信守。

關於無傷大雅

如何理解巴菲特所說「這些公司的盈虧狀況對巴郡的價值影響很小」呢？我們不妨重讀他在 2002 年信中所說過的一句話：「在投資股票時，我們預期每一次行動都會成功，因為我們已將資金集中在那些具有穩健財務、較強競爭優勢、由才幹與誠實兼具的經理人所管理的公司上。如果我們再能以合理的價格買進，出現投資損傷的機率通常就會非常小。事實上，在我們經營巴郡的 38 年裏（不含由通用再保險與 GEICO 自行作出的投資），我們從股權市場獲取的投資收益與投資虧損的比值關係大約是 100：1。」這個比例，如果適用於股票投資，也應同樣適用於企業收購。

原因補充一：費心費力

因為旗下企業的經營表現不那麼盡如人意就將其轉手、拍賣或清盤，並不是一件容易的事情。如果選擇將其轉手，你需要考慮接手公司會如何處理這家公司。市場上誰都不是傻子，別人接手你脫手的公司，真的只是為了改善其管理，讓公司青春永駐嗎？如果選擇拍賣，更加會有同樣的疑慮。而選擇清盤則是一件費心費力的事情。早期巴菲特不是沒有嘗試做過類似的事情，結果把自己搞得灰頭土臉，狼狽不堪。

原因補充二：關係投資

這個我們以前討論過，下面給出的一段摘錄來自《滾雪球》：

「在生意中，當我和自己喜歡的人相處時，我發現這對我是種激勵（甚麼生意不這樣呢），而且能獲得相宜的資本回報（比如說 10%-20%），為了多那麼幾個百分點而在各種情況下倉促行事是愚蠢的。而且對我而言，在一個合理的回報率下和高品位的人建立愉悅的私人關係，比在更高的回報率下面對可能的憤怒、惱火加劇以及甚至還要糟糕的情況，要明智的多。」

原因補充三：以小博大

當信守承諾變成一種品牌時，巴郡就能以一個無傷大雅的成本換取巨大的回報。如果說這個效應在巴郡開展購併活動的早期表現得還不是很明顯的話，那麼到了其不斷進行企業購併的後期，效果就變得顯而易見了。想一想：為何會有很多的企業把巴郡作為首選甚至唯一的買家？如果巴郡沒有遵守自己的承諾，會有這樣的結果嗎？接下來的問題就變得簡單了，你願意以「1」的成本去換取「100」的所得嗎？

重點　「不離不棄」的背後有着複雜的故事。

關鍵詞　一個百分點、影響較小、信守承諾、兩個例外、果斷放棄。

第六章

談估值

① 厚錢包

迷霧　規模拖累成長，在巴郡身上是否同樣適用？

解析　同樣適用，只是程度大小不同。

從 1965 年入主巴郡，一晃 50 個年頭過去了。在巴菲特的帶領下，巴郡從昔日的一個小小紡織公司早已蛻變成一個有着近 70 家子公司的大型企業集團。除此之外，其持有的股票市值也從早期的數千萬美元發展至今天的上千億美元。做為一個外部的潛在投資者，不管你何時想進入巴郡，都會面臨一個同樣的問題：它的未來還會有一個怎樣的成長速率？

1975 和 1985 年想必有人會這樣問，1995、2005 以及 2015 年恐怕同樣也會有人這樣問。就像巴菲特曾經為我們講過的可口可樂的故事一樣，每一個投資者在進入這家公司的門檻之前都會問一個問題：我是不是來得太晚了？過去的輝煌在未來的日子裏是否還會延續下去？無論是誰提出這樣的問題，都可以理解。自然中的重量影響速度，與投資中的規模拖累成長，有着同樣的道理。即使是巴郡，同樣也不例外。

不過，巴郡還是發生了一個不大不小的奇跡。不是說規律在這裏已經失效，而是在程度或時間上出現了一些意外驚喜。

巴郡的奇跡

「在現有管理層過去 19 年的任期內，公司每股賬面價值已由 19.46 美元增加到 975.83 美元，年複合增長率為 22.6%。考慮到我們現有的規模，未來將無法再支撐這麼高的成長率。不信的人，最好選擇去當銷售員而非數學家。」（1983 年信）

「過去我曾經以學者的口吻向各位提到過：快速增加的資本會託累我們今後的資本回報率。不幸的是，今天我會以一個記者的口吻向各位

報告：我們過去 22% 的成長速率將會成為 —— 歷史。」（1984 年信）

「目前我們的權益資本是 10 年前的 20 倍。而市場的一個鐵律是隨着規模的增加，成長的速率終將會逐步減弱。看看那些往日有着高報酬率的公司，一旦其資本金規模超過 10 億美元時將會有一個怎樣的變化。據我所知，沒有一家公司能夠在全部或大部分利潤轉投資的基礎上，還可以在以後的 10 年裏維持 20% 或以上的資本回報。」（1985 年信）

「當我們管理的資金規模只有 2,000 萬美元的時候，一項獲利 100 萬美元的投資就可以使我們的年回報增加 5 個百分點。時至今日，我們需要有 3.7 億美元的獲利（如以稅前計算，則需要 5.5 億美元），才能達到相同的結果。要一下子就賺 3.7 億美元，比起一次賺 100 萬美元的難度可是大多了。」（1991 年信）

「錢包如果太厚，將難以讓投資獲取優異的回報。目前巴郡的資產淨值已高達 119 億美元，而當初查理和我開始管理這家公司時，資產淨值只有 2,200 萬美元。雖然市場上還是一樣有許多好的生意，但如果它們的規模 —— 相對於我們的資產淨值 —— 太小，買入它們對於我們來說可能就意義不大（就像查理常常提醒我的：如果一件事情不值得去做，那麼你把它做得再好也沒有用）。現在，我們只對至少能動用我們 1 億美元以上資金的投資項目感興趣。在這樣的門檻下，巴郡的投資世界已大幅縮小。」（1994 年信）

「對於任何一個資金管理人來說，成功就意味着未來增長速率的下滑。我個人的投資歷史就足以證明這一點：當我在 1951 年進入哥倫大學向葛拉漢學習投資時，一個能夠賺到 1 萬美元的投資就能讓我的年度投資回報超過百分之百。時至今日，一筆能讓我們賺取 5 億美元的投資項目，也只能讓巴郡增加一個百分點的投資回報。也難怪我個人在 1950 年代接近 30% 的年複合回報，比接下來的任何一個 10 年都要好。」（1997 年信）

「如今我們有兩個條件已與過去截然不同：1、以前我們常常可以用比現在的市場價更便宜的價格買入我們看好的公司或股票；2、我們當時管理的資金規模比現在要少很多。許多年以前，一個 1,000 萬美元

的項目就可以讓我們雀躍不已（比如 1973 年的華盛頓郵報和 1976 年的 GEICO 保險）。時至今日，就算有 30 個這樣的項目且每一個項目的資金規模都擴至 3 倍以上，也僅僅能讓巴郡的資產淨值增加 0.25% 而已。我們需要大象一樣規模的項目才能讓公司淨值實現大的增長，但這樣的項目實在是少之又少。」（2001 年信）

獨家「神器」

可以看出，至少從 1983 年開始，巴菲特就已不斷告誡公司股東（包括潛在的股東）：由於公司的資本規模不斷擴充，過去的高成長恐怕已成為歷史。那麼實際情況又是如何呢？在巴菲特接掌巴郡公司管理的 20 年、30 年、40 年和 50 年後，公司究竟有一個怎樣的增長率變化呢？下面，我們通過兩張表來直觀地作出一些說明：

表 6.1　巴郡股票持倉總市值（單位：億美元）

年	1985	1986	1987	1988	1989	1990	1991	1992	1993	1994
總市值	11.98	18.74	21.15	30.54	41.43	54.08	90.24	154.99	106.7	139.7
年	1995	1996	1997	1998	1999	2000	2001	2002	2003	2004
總市值	220.0	277.5	362.5	372.6	370.0	376.2	286.7	283.6	352.9	377.2
年	2005	2006	2007	2008	2009	2010	2011	2012	2013	2014
總市值	467.2	615.3	750.0	490.7	590.3	615.1	769.9	876.6	1175	1175

表 6.2　巴郡每股淨值年複合增長率

年	1985	1986	1987	1988	1989	1990	1991	1992	1993	1994
增長率	23.2	23.3	23.1	23.0	23.8	23.2	23.6	23.6	23.3	23.0
年	1995	1996	1997	1998	1999	2000	2001	2002	2003	2004
增長率	23.6	23.8	24.1	24.7	24.0	23.6	22.6	22.2	22.2	21.9
年	2005	2006	2007	2008	2009	2010	2011	2012	2013	2014
增長率	21.5	21.4	21.1	20.3	20.3	20.2	19.8	19.7	19.7	19.4

從以上兩張表可以解讀出如下信息：1、巴菲特在 1983 年提出過去的輝煌已成為歷史，然而從 1985 年到 2000 年的 15 年裏，巴郡的每股淨值年複合增長率不僅沒有任何的降低，反而還有略微的提升；2、在保持這樣高速增長的背後，公司的股票持倉市值從 1985 年的 11.98 億美元提高到了 2000 年的 376.2 億美元；3、直到 2010 年，也就是巴菲特接掌公司管理 45 年後，公司每股淨值的年複合增長率才從 2 字頭降低為 1 字頭。但即便如此，仍然保持着高速增長；4、在長達 50 年的時間裏每股淨值保持 19.4% 的年複合增長，我們不得不說，巴郡在抵抗地球吸引力方面具有獨家「神器」。

正如前面討論過的，這個獨家「神器」除了公司有巴菲特和芒格外，本身還具有其他公司所沒有的幾項發展優勢。正是這幾項優勢，讓公司即使拖着沉重的身體，仍然可以讓它的每股淨值、每股收益、每股投資以及每股價格在長達 50 年的時間裏一直保持着快速成長。

在巴郡身上所發生的規模與成長奇跡，在其他公司身上也同樣可以發生嗎？這個至少本人還是比較悲觀的。現在我們回頭看，不難發現無論是巴菲特還是芒格抑或是巴郡，在他們的身上都具有某種難以複製的特質。正是這些特質，才讓他們創造了一個又一個經營學、管理學和投資學上的奇跡。任何想抵消規模影響而創造速度奇跡的人或公司，恐怕都需要先問一問自己：我與大家有何不同？

| 重點 | 在規模與成長問題上，巴郡創造的的奇跡難以複製。 |
| 關鍵詞 | 資金規模、資本拖累、鐵律、投資世界、更便宜的價格。 |

2 賬面價值與內在價值

迷霧 巴菲特如何看待賬面價值與內在價值的關係？

解析 一言以蔽之：這是兩個完全不同的東西。

受老師葛拉漢的影響，巴菲特認為一間公司的賬面價值與其內在價值是兩個完全不同的東西。也正如我們以前介紹和討論過的一樣，巴菲特之所以總是提賬面價值，那是因為巴郡的內在價值不容易計算，但由於兩者的變動速率差不多，因此巴菲特就將賬面價值作為內在價值的替代指標。

那麼，在巴菲特的筆下，兩者之間都有哪些不同呢？

兩個完全不同的東西

「有一點必須要清楚：賬面價值和內在價值是兩個完全不同的東西。賬面價值是會計名詞，記錄的是原始資本與公司留存利潤的再投入；內在價值是經濟名詞，反映的是企業未來現金流的折現值。賬面價值告訴你已經投入的，內在價值則是估算你未來可能獲得的。」

「一個類似的比喻也許可以道出兩者的不同：假設你花費了相同的資金供兩個小孩讀書一直到大學。這兩個小孩的賬面價值（即學費和生活費等支出）是相同的，但如果把他們走出校門後在未來創造的回報折現為今天的價值，則可能會有從零到數倍於賬面價值的巨大差距。所以，一個有着相同賬面價值的公司，卻可能有着截然不同的內在價值。」（1983 年信）

不靠譜的重置價值

「有關我們紡織業投資的傳奇還要再補充一點。一些投資人在買賣

股票時把賬面價值看得很重（就像早期我本人的作法一樣），也有些經濟學家和學者認為在估算一家公司的股價是否合適時，資產重置價值是一個重要參考因素。對於這兩種說法，1986 年早期由我們實施的紡織機器拍賣，讓我好好地上了一課。」

「賣掉的設備（包括幾個月前已處分掉的）堆滿了位於貝德福德一個大約 75 萬英尺的廣場，且全部都還可以使用。設備的原始成本大約為 1,300 萬美元（包括 1980-1984 年追加投入的 200 萬美元），賬面價值為 86.6 萬美元（經過計提折舊）。雖然沒有人會笨到進行這樣的投資，但要買一套全新的設備也要花費 3,000 萬至 5,000 萬美元。」

「整個拍賣過程完成後，我們只收到 163,122 美元，扣掉清算成本，最後一毛錢也沒有剩下。我們在 1981 年購入的每台大約 5,000 美元現代織布機，開價 50 美元還沒人要，最後以近乎下腳料的價格（每個 26 美元）才被賣掉，連支付搬運的費用都不夠。」（1985 年信）

破產前的有趣數據

「當然，真正重要的是每股內在價值的增加而非賬面價值的變化。許多情況下，一家公司的賬面價值與其內在價值一點關聯都沒有。舉例來說，LTV 與 Baldwin-United published 在宣佈破產前，經會計師審計的年度報告顯示其賬面淨值分別還有 6.52 億與 3.97 億美元。而另一個公司 Belridge 石油在 1979 年以 36 億美元的高價賣給殼牌公司時，其賬面淨值僅為 1.77 億美元。」（1987 年信）

一個有效指標

「當然，真正重要的是每股內在價值而非賬面淨值。賬面淨值是一個會計名詞，用來衡量一家公司已投入的資本 —— 包括已用於投資的所有留存利潤。內在價值則是指一家企業在以後的時間裏所能產生的淨現金流的折現值。對大部分的公司來說，這兩個價值並沒有甚麼關聯。不過巴郡是一個例外：我們的賬面淨值雖然遠低於公司內在價值，但卻是追蹤內在價值的一個有效指標。」（1993 年信）

一個替代物

「我們會定期公佈公司的每股淨值數據，雖然作用有限，但卻是一個比較容易計算的數據。就像我們定期會提醒各位的：真正重要的是內在價值。雖然該數據無法進行準確計算，但卻是估值的本質所在。」（1994 年信）

股票總市值

「如今我們可以掌控的資產淨值已達 574 億美元，這一數字居所有美國公司之首（如果艾克森和 Mobil 石油合併成功，我們則必須讓出寶座）。當然，我們在資產淨值規模上的領先並不代表巴郡的企業價值也能同樣領先：對於公司股東來說，股票的總市值才是值得關注的。比如，通用電氣和微軟公司的股票總市值就達巴郡 3 倍以上。資產淨值只是反映了管理層可以運用的資本，而在巴郡，這個數字確實已變得十分巨大。」（1998 年信）

每股內在價值

「真正重要的是每股內在價值，而非賬面價值。一個好的消息是：1964 年到 2003 年，巴郡已經從一家原本慘淡經營且內在價值遠低於賬面價值的北方紡織公司，蛻變成一個跨足多個行業且內在價值遠高於賬面價值的大型企業。基於此，39 年來我們內在價值的增長速率要高於 22.2% 的賬面價值增長速率。」（2003 年信）

三個問題

我們要討論的第一個問題是：如何追蹤巴郡的業績？到目前為止，我們從巴菲特那裏一共收到至少 5 個追蹤指標：1、每股內在價值（最重要，但難以計算）；2、每股賬面價值（隨着巴郡進入巴菲特管理的後期，已變得越來越失效）；3、每股投資（隨着 90 年代中期公司業務重心的轉移，指標也開始逐漸失去靶心）；4、每股收益（有望逐步替代每股

投資這一指標）；5、每股價格（從 2014 年開始，巴菲特已將其作為每股淨值的輔助乃至替代指標）。

究竟應當用那個指標來追蹤巴郡的業績？或者說究竟應當用那個指標來估算巴郡的內在價值？目前本人暫時沒有答案。也許正像巴菲特所說（大意）：給巴郡估值需要涉及多個指標，沒有任何一個單一指標能夠獨自完成任務。

我們要討論的第二個問題是：為何巴郡的市淨率不高？巴菲特在上面自己也說了：儘管我們的資產淨值規模居美國公司之首，但我們的股票總市值卻遠遠落後於微軟和通用電氣等公司。為何巴郡的市淨率不算高呢？我想可能有以下幾個原因：1、巴郡資產淨值中的主體是所持股票的市值；2、巴郡旗下的企業從事的大多是傳統經濟；3、巴郡從不分紅（除了 60 年代的一次「例外」）；4、巴郡的業務過於龐雜；5、巴郡股票的價格太高了且從不分割，讓人不免望而生畏；6、巴菲特和芒格正在一天天老去。

當然，股價合理反應公司的內在價值而不是過度反應才是巴菲特的工作目標。總體來看，巴郡的股價增長與其每股淨值、每股投資和每股收益的增長大致還是相符的（股價增長會相對快一些）。如果你從 1965年買入巴郡的股票並一直持有至今，你的投資回報基本上可以印證公司在過去 50 年裏所作出的努力。

我們要討論的第三個問題是：巴郡的資產淨值儘管主要表現為所持股票的市值（早期尤其如此），但數十年來它的波動為何不是很大（如果波動很大，恐怕就不能作為公司內在價值的替代指標了），表現出少有的穩定性？我們先來看一張表：

表 6.3　波動數據對比

	巴菲特合夥 (1957-1969)	芒格合夥 (1962-1975)	紅杉基金 (1972-1997)	羅·辛普森 (1980-1996)	巴郡 (1965-1997)	標普 500 (1965-1997)
標準差	15.7	33.0	20.6	19.5	13.0	16.4
最低回報 %	6.8	-31.9	-24.0	-10.0	4.7	-26.4
最高回報 %	58.8	73.2	72.3	57.1	59.3	37.6

資料來源：《禾倫·巴菲特的投資組合》

表中的數據顯示，無論是早期的巴菲特合夥企業，還是後來的巴郡公司，其資產淨值的波動性都低於甚至遠低於對比公司（含指數）。究其原因，可能包含（但不限於）以下幾條：1、由於深受老師葛拉漢投資理念的影響，巴菲特買入的股票均有着充足的安全邊際，表現在股價波動上，就會比那些「買貴」的股票小一些；2、巴郡的資產淨值不僅有股票市值，還有旗下眾多私人企業的利潤貢獻，加上他們都是非上市公司，因此公司的資產淨值就會表現得相對平穩一些；3、過去數十年來巴郡收購了數十家私人公司，其中有不少涉及換股併購，公司的資產淨值中也有來自股票溢價的貢獻。

重點　　賬面價值與內在價值是兩個完全不同的東西。

關鍵詞　會計名詞、經濟名詞、例外、估值的本質。

3 內在價值評估

迷霧 如何給一個企業估值巴菲特似乎講的不多？

解析 整體上看其實講了不少，比如關於估值的 12 個你必須知道的內容。

　　這個故事想必不少讀者都聽到過：在一次股東會議上的問答環節，芒格調侃說（大意）：「我從未見過巴菲特計算現金流量。」巴菲特接着回答（大意）：「如此秘密的事情我是不會當眾做的。」這個故事雖有一些調侃的味道，但巴菲特究竟如何給一家企業估值，人們似乎了解的並不多。在歷年的致股東信裏，巴菲特好像也沒怎麼聊過他是如何給一項生意估值的。事實真的如此嗎？

　　基於本人的學習體會，我覺得上述感覺倒也基本符合事實。儘管巴菲特在致股東信中多次強調內在價值評估的重要性，但卻較少提到他為某個生意進行的估值的脈絡與過程。也許正是因為如此，在 1994 年版的《勝券在握》中，羅伯特・海格斯壯為我們展現的估值細節，恐怕也只是他個人的猜想而已。至於巴菲特是否像他那樣逐一的並詳細地進行了現金流計算，人們其實並不知道。

　　但是如果說巴菲特只講概念，從不講細節，似乎也並不如此。在歷年的致股東信中，巴菲特整體上還是談了不少與估值有關的內容。本人根據巴菲特的這些表述，總結出了一份估值小手冊，你可以稱它為「關於估值的 12 個你必須知道的內容」。

估值手冊

1、現金流折現

　　「真正重要的還是內在價值，這個數字代表我們公司旗下所有事業體的綜合價值。通過準確的預測，這個數字是將企業未來的現金流量（含

流進與流出）以現行的利率進行折現而得出。不管是馬鞭製造商還是移動電話從業者，都應在這個相同的計算基礎上對其經濟價值進行評估。」
（1989 年信）

2、估計值

「巴郡的內在價值繼續以一個較大的幅度高於賬面價值。不過我們無法告訴你精確的差距是多少，因為內在價值只是一個估計值。事實上，查理和我本人所估算出來的公司內在價值數據，其差異就有可能超過 10%。」（1990 年信）

3、簡易計算

「幾年前的一個傳統觀點，認為新聞、電視和雜誌等媒體事業由於其折舊資金可滿足資本支出的需要以及僅有着較小的營運資本需求，因此它們的經營利潤可以在不必投入增量資本的前提下，無限期地以每年 6% 左右的速率成長。也因此，其報告利潤（無形資產攤銷前）全部都是可自由分配的利潤，它意味着如果你擁有一家媒體事業，就等於擁有了一份每年可按 6% 增長的年金。假設我們用 10% 的折現率來計算這筆年金的現值，就可以得出如下結論：這個每年可賺取 100 萬美元的生意，可以給出 2,500 萬美元的估值（你也可將這一稅後利潤的 25 倍市盈率轉換為稅前的 16 倍市盈率）。」

「現在讓我們把假設條件改變一下：這 100 萬美元的利潤僅代表的是這家公司的平均水品，即公司每年的利潤會上下起伏不定。這種飄忽不定的利潤模式也是大部分公司的實際狀況，除非股東注入新的資金（通常都會以留存利潤的方式）。我們把假設條件改變後，一個同樣可賺取 100 萬美元利潤的生意，同樣使用 10% 的折現率，公司的估值卻因此變成了 1,000 萬美元。可以看出，一個看起來並不算很大的條件改變，就可讓原有的估值從 25 倍 PE 降低為 10 倍 PE。」（1991 年信）

4、50 年前的公式

「John Burr Williams 在其 50 年前所寫的《投資價值理論》（The Theory of Investment Value）中，便已提出計算價值的公式，我把它濃縮如下：任何股票、債券或企業的價值，都將取決於將資產剩餘年限的現金流入與流出以一個適當的利率加以折現後所得到的數值。」（1992 年信）

5、便宜為大

「經過現金流折現後，投資人應選擇的是價格相對於價值最便宜的投資標的——不論其生意是否增長、利潤是否穩定、市盈率或市淨率是高還是低。此外，雖然大部分的價值評估都顯示出股票的投資價值高於債券，但這種情況並不絕對。如果計算出來的債券投資價值高於股票，投資人就應當買入債券。」（1992 年信）

6、兩座基石

「雖然用於評估股權投資的數學計算並不難，但即使是一個經驗豐富、智慧過人的分析師，在估計未來『息票』時也容易出錯。在巴郡，我們試圖用兩種方法來解決這個問題：首先，我們試著堅守在我們自認為了解的生意上，這表示它們必須簡單易懂且具有穩定的特質。如果生意比較複雜且經常變來變去，我們實在沒有足夠的智慧去預測其未來的現金流。附帶說一句：這一點不足不會讓我們有絲毫的困擾。就投資而言，人們應該注意的不是他到底知道多少，而是能夠清晰地界定出哪些是自己不知道的。投資人不需要做太多對的事情——只要他能儘量避免去犯重大的錯誤。」

「第二點一樣很重要，那就是我們在買股票時，必須要堅守安全邊際。如果我們計算出來的價值只比其價格高一點點，我們就不會考慮買進。我們相信，葛拉漢十分強調的安全邊際原則，是投資人走向成功的基石所在。」（1992 年信）

7、確定性

「在觀察我們的投資時 —— 不論是收購私人企業或是買入股票，大家一定會發現我們偏愛那些變化不大的公司與產業。這樣做的原因很簡單：在從事上述兩類投資時，我們尋找的是那些在未來 10 年或 20 年內能夠擁有確定競爭力的公司。快速變化的產業環境或許可以提供賺大錢的機會，但卻無法提供我們想要的確定性。」(1996 年信)

8、唯一合理方法

「我們將內在價值定義為一家企業在其剩餘時間所能產生現金流量的折現值。任何人在計算內在價值時都會依賴於自己的主觀判斷，而這個主觀判斷又會因未來預估現金流量與市場利率的變動而變動。儘管計算這一數據時做不到十分的精確，但它卻是一個非常重要的指標，也是評估某項生意或某項投資是否具有吸引力的唯一合理方法。」(1998 年信)

9、伊索寓言

「扣除稅負因素不計，我們評估一隻股票與一項生意的公式並無區別。事實上，這個評估所有財務性資產的公式，從公元前 600 年由某位先知首次提出後就一直沒有變動過。

我們說的這位先知就是伊索，而他的那個歷久彌新但略顯不太完整的投資觀念就是：『二鳥在林，不如一鳥在手』。要進一步詮釋這一理念，你需要再回答 3 個問題：1、樹叢裏有鳥的確定性有多大？2、它們何時會出現以及數量有多少？3、無風險收益率是多少（我們通常以美國長期公債利率為准）？如果你能回答這 3 個問題，那麼你就會知道這個樹叢的最高價值是多少以及能夠決定樹叢價值的鳥兒有幾隻。」(2000 年信)

10、成長迷幻

「一些共用的投資標尺，諸如股息收益率、市盈率、市淨率甚至是成長率，除非它們能夠提供一家企業未來現金流入與流出的足夠線索，否則與價值評估沒有一點關聯。事實上，如果某個投資項目其早期的現金投入大於之後的現金產出，成長對價值不僅無益，甚至還會有害。不少市場分析師與基金經理習慣性地將「成長」與「價值」列為兩種相互對立的投資風格，顯示的是他們的無知而不是老練。成長只是一個要素，在評估價值時，它可能是一個增項，也可能是個減項。」(2000 年信)

11、懂企業

「通常，數據的範圍會如此之大，以至於我們無法得到一個有用的結論。不過有時候，即使我們對鳥的數量作出最保守的預估，相對於樹叢的價值，股票價格還是會顯得有些過低了（我們暫且把這個現象稱為 IBT——樹叢無效理論）。可以確定的是，投資人除了必須對企業的經營有一定的了解外，還要有能力去作出獨立的思考以便能讓自己得出經得起推敲的結論。除此之外，才華橫溢、觀點亮麗，並不是成功投資的必要前提。」(2000 年信)

12、沒有任何一個標準能獨自完成工作

「芒格和我用來衡量巴郡表現以及評估其內在價值的方法有很多種，其中沒有任何一個標準能獨自完成這項工作。有時，即使是使用大量的統計數據，也難以對一些關鍵要素作出準確描述。比如，巴郡迫切需要比我年輕得多且能夠超越我的經理人就是一例。我們從未在這方面作出改觀，但我卻沒有辦法單純用數字來證明這一點。」(2006 年信)

下面，我們就幾個本人認為比較重要的話題展開討論：

1、關於內在價值的爭議

儘管威廉姆斯在 70 多年前就給出了企業內在價值的定義，儘管巴

菲特在歷年的致股東信中也多次提到內在價值就是一家企業在剩餘時光裏的現金流折現值，甚至儘管我們在 600 年前伊索寓言中就可以找到相同的思想，但還是有不少的投資者對評估內在價值的公式提出了質疑：有這麼多的假設條件，這麼長的剩餘時光，靠譜嗎？

下面這段關於內在價值的表述也許具有一些概念上的差異性，它來自由瑪麗·巴菲特與大衞·克拉克所著《巴菲特原則》一書：「決定企業的實質價值是探究禾倫投資哲學的關鍵，對禾倫而言，內在價值就是投資所能創造的預期年複合回報率。禾倫就是用這個預期複合回報率估算該項投資是否划算。例如，禾倫先預估一個企業 10 年後的未來價值，然後再比較買下這個企業所需的價格與達到這個預估價值所需的時間。」你可以把上面這段話看作現金流折現的另一種表述，但我記得（一時找不到出處了）瑪麗·巴菲特曾明確表示過她對傳統估值公式的質疑，理由則與我們前面講的相同。

當然，瑪麗·巴菲特的觀點不一定嚴謹，甚至有可能是翻譯的問題（沒有核對英文）。這裏只是給出一個關於內在價值如何評估的（可能存在的）不同看法，僅供大家參考。

2、關於簡易計算

不管怎樣，列出企業的現金流量表是很繁瑣的一件事。先不管它是否就一定準確，在每次投資前（購買股票或進行企業收購），如果都要仔細計算相關股票（企業）現金流量，這似乎也不太現實。因此，本人除了覺得瑪麗·巴菲特的觀點有一定的可操作性外，也相信巴菲特應當會在不少場合選擇進行簡易計算——就像他在 1991 信中所計算的那樣。

巴菲特曾多次表示過（大意）：只要知道投資對象是不是一個胖子，而其標售的價格是不是與其體型相符就行了。這個觀點也許就暗示了簡易計算的可行性。我們以華盛頓郵報為例，當時的市場和巴菲特本人都覺得企業標售的價格出現了嚴重低估，那麼在這些結論的背後，就真的躺着一份又一份的現金流量表嗎？我看未必。

3、關於便宜為大

對這個問題我想強調兩點：A、所謂便宜，不僅是看市盈率（或市淨率、市現率、市銷率），還要看企業的內在品質究竟如何。這個意思是說，某些企業儘管其靜態估值看起來很高，但如果與企業的內在價值（而不是近期的某個財報數據）進行比較，也許不僅不高，甚至還很便宜；B、請謹記葛拉漢與巴菲特師徒二人為我們作出的理論建樹：債券是特殊的企業；企業是特殊的債券。如果你同意他們的觀點，那麼在「便宜為大」這個問題上你也許就不會出現錯誤的解讀。

4、關於確定性

這個是個老話題了，之所以又提出來，是因為它太重要了。背後的邏輯既清晰又簡單：不論你是用威廉姆斯的公式，還是瑪麗‧巴菲特的公式，抑或是巴菲特的簡易計算，一個必要前提就是你預估的企業未來是否具有較高的確定性。如果沒有，任何的計算結果都會變成海市蜃樓。

在這個問題上，葛拉漢表現出了高度的謹慎（這與他的經歷有關）。而其他的許多人，則似乎表現出了極度的樂觀態度。我想說的是，正是基於估值對確定性的要求，使大部分的上市公司可能都不宜進行所謂的現金流折現。也正是由於估值對確定性的要求，才使得巴菲特的投資組合表現出了較高的集中性。以中國的 A 股為例，假如你想做一個巴菲特式的價值投資者（這個定語已變得越來越有必要），那麼你覺得這 2000 多家的上市公司都能裝入你的估值公式嗎？

5、關於懂企業

在巴菲特所有與估值有關的論述中，我覺得這一條要求最為重要。1993 年巴菲特在接受福布斯雜誌採訪時曾說過一段著名的話：「因為我是經營者，所以我成為好的投資人；因為我是投資人，所以我成為好的經營者。」在 1996 年巴郡年會上，巴菲特也說過一句很重要的話（大意）：「計算內在價值沒有甚麼公式可以輕鬆被你利用，你必須要了解這

個企業。」我們中的不少人，也許揹起估值公式來滾瓜爛熟，說起其中的道理來，也許頭頭是道，但他是否真的懂企業，可能就是另一個問題了。巴菲特在股東信中曾表示，比起那些名校畢業的 MBA 來，他更喜歡在一線奮鬥了很多年的那些「老家伙」們，背後的道理恐怕也是如此。

　　沒有企業經營經歷的人，是否就一定不懂企業呢？我本人倒不那麼悲觀。儘管我們中的不少人缺少經營企業這一課，但我們現在的學習環境要比上世紀 50、60、70 甚至 80 年代好了很多。只要肯認真學習、多些深入觀察、多點獨立思考，我們還是有希望能以勤補拙的。股票投資講究「道」，企業經營也是如此。如果你能掌握這些道道，你的價值投資就能提高很多勝算。

重點	你需要掌握的 12 個估值要點。
關鍵詞	12 個要點構成了 12 個關鍵詞。

參考文獻

- 1977-2014 年巴菲特致股東信。
- 本傑明·格雷厄姆著，王中華，黃一義譯：《聰明的投資者》（北京：人民郵電出版社，2010）
- 本傑明·格雷厄姆，戴維·多德著，邱巍，李春榮，黃錚譯：《證券分析》（海口：海南出版社，1999）
- E. 迪姆森，P. 馬什，M. 斯湯騰著，戴任翔，葉康濤譯：《投資收益百年史》（北京：中國財政經濟出版，2005）
- 埃德加·史密斯著，曹澤枝，劉俊偉譯：《用普通股進行長期投資》（北京：中國華僑出版社，2009）
- 西格爾著，範霽瑤譯：《股市長線法寶》（北京：機械工業出版社，2009）
- 艾麗斯·施羅德著，覃揚眉，丁穎穎，張萬偉譯：《滾雪球》（北京：中信出版社，2009）
- 斯科恩菲爾德著，穆瑞年，田唯譯：《主動型指數投資》（北京：機械工業出版社，2009）
- 伯頓·馬爾基爾著，劉阿鋼，史茨譯：《漫步華爾街》（北京：中國社會科學出版社，2014）
- 伯格著，王華玉譯：《伯格投資》（北京：機械工業出版社，2006）
- 羅伯特·P.邁爾斯：《投資大師沃倫·巴菲特的管理奧秘》（吉林：遼寧人民出版社，2003）
- 詹姆斯·阿爾圖切爾著，胡志強譯：《像巴菲特一樣交易》（北京：機械工業出版社，2006）
- 巴頓·比格斯著，張樺，王小青譯：《對沖基金風雲錄》（北京：中信出版社，2007）

- 彼得‧林奇著，張立譯：《選股戰略》(臺北：金錢文化企業股份有限公司，1986)
- 瑪麗‧巴菲特，大衛‧克拉克著，餘永碩譯：《巴菲特原則》(臺北：金錢文化企業股份有限公司，1987)
- 瑪麗‧巴菲特，戴維‧克拉克著，北京海德堡譯：《新巴菲特法則》(廣州：廣州經濟出版社，2007)
- 王巍，康榮平：《中國併購報告》(北京：中國物資出版社，2001)
- 安迪‧基爾帕特里克著，何玉柱譯：《投資聖經 —— 巴菲特的真實故事》(北京：民主與建設出版社，2003)
- 傑克‧韋爾奇，約翰‧拜恩著，曹彥博，孫立明，丁浩譯：《傑克韋爾奇自傳》(北京：中信出版社，2004)
- 約翰‧布魯克斯著，萬丹譯：《沸騰的歲月》(北京：中信出版社，2006)
- 吉姆‧柯林斯，傑裏‧I. 伯勒斯著，真如譯：《基業長青》(北京：中信出版社，2002)
- Seth A. Klarman, Margin of Safety (New York: HarperCollins, 1972)
- 約翰‧鄧普頓著，付瑜，張清泉譯：《約翰‧鄧普頓爵士的金磚》(北京：中國青年出報社，2012)
- 邁克爾‧尤辛：《投資商資本主義：一個顛覆經理職位的時代》(海口：海南出版社，1999)
- 小弗雷德‧施韋德著，吳全昊譯：《客戶的遊艇在哪裏》(海口：海南出版社，1999)
- 羅伯特‧海格斯壯著，羅若蘋譯：《勝券在握》(臺北：遠流出版公司，1996)
- 安德瑞‧史萊佛著，趙英軍譯：《並非有效的市場》(北京：人民大學出版社，2003)
- 彼得‧泰納斯著，朱仙麗譯：《投資大師談投資》(北京：北京大學出版社，1998)
- 菲利普‧費舍著，羅耀宗譯：《怎樣選擇成長股》(海口：海南出版

社，1999）

- 華安基金改成華安基金管理公司：《基金能夠把握市場時機嗎？》（華安基金，2003）

- 彼得・考夫曼著，李繼宏譯：《窮查理寶典》（上海：上海人民出版社，2010）

- 理查德・比特納著，覃揚眉，丁穎穎譯：《貪婪、欺詐和無知：美國次貸危機真相》（北京：中信出版社，2008）

- 劉守英：《巨人的智慧》（成都：四川人民出版社，1999）

- 羅伯特・哈格斯特朗著，江春譯：《沃倫・巴菲特的投資組合》（北京：機械工業出版社，2000）